Uni-Taschenbücher 84

UTB

Eine Arbeitsgemeinschaft der Verlage

Birkhäuser Verlag Basel und Stuttgart
Wilhelm Fink Verlag München
Gustav Fischer Verlag Stuttgart
Francke Verlag München
Paul Haupt Verlag Bern und Stuttgart
Dr. Alfred Hüthig Verlag Heidelberg
Leske Verlag + Budrich GmbH Opladen
J. C. B. Mohr (Paul Siebeck) Tübingen
C. F. Müller Juristischer Verlag – R. v. Decker's Verlag Heidelberg
Quelle & Meyer Heidelberg
Ernst Reinhardt Verlag München und Basel
K. G. Saur München · New York · London · Paris
F. K. Schattauer Verlag Stuttgart · New York
Ferdinand Schöningh Verlag Paderborn
Dr. Dietrich Steinkopff Verlag Darmstadt
Eugen Ulmer Verlag Stuttgart
Vandenhoeck & Ruprecht in Göttingen und Zürich

Grundkurs Physik · Band 1/2
Herausgeber: *H.-J. Seifert · M. Trümper*

Hans-Jürgen Seifert ist Professor für Mathematik an der Hochschule der Bundeswehr Hamburg (Fachbereich Maschinenbau).
Manfred Trümper ist Professor für Physik an der Universität Oran (Algerien) im Institut de Sciences Exactes.

Hans-Jürgen Seifert

Mathematische Methoden in der Physik

Teil 2:

Differentialrechnung II · Integrale · Gewöhnliche Differentialgleichungen · Lineare Funktionenräume · Partielle Differentialgleichungen

Mit 47 Abbildungen

Springer-Verlag Berlin Heidelberg GmbH

Der 1942 in Berlin geborene Autor studierte Physik an der TU Berlin (1961 bis 1964) und der Universität Hamburg (1964 bis 1968). Er arbeitete dort in dem Forschungsseminar für Relativitätstheorie bei *P. Jordan* und *W. Kundt* (Diplom 1967, Promotion 1969) und ist seit 1973 Professor für Mathematik am Fachbereich Maschinenbau der Hochschule der Bundeswehr Hamburg. Wichtigstes Forschungsgebiet: Mathematische Grundlagen der Allgemeinen Relativitätstheorie (Differentialgeometrie, Hyperbolische Differentialgleichungen).

CIP-Kurztitelaufnahme der Deutschen Bibliothek

Seifert, Hans-Jürgen:

Mathematische Methoden in der Physik / Hans-Jürgen Seifert. – Darmstadt: Steinkopff.

Teil 2. Differentialrechnung II; Integrale; Gewöhnliche Differentialgleichungen; Lineare Funktionenräume; Partielle Differentialgleichungen. – 1979.

(Uni-Taschenbücher; 845: Grundkurs Physik; Bd. 1)

ISBN 978-3-7985-0517-9 ISBN 978-3-642-48437-7 (eBook)

DOI 10.1007/978-3-642-48437-7

Ursprünglich erschienen bei Dr. Dietrich Steinkopff Verlag GmbH & Co. KG., Darmstadt 1979

Einbandgestaltung: Alfred Krugmann, Stuttgart

Gebunden bei der Großbuchbinderei Sigloch, Stuttgart

Vorwort zum zweiten Teilband

Der zweite der beiden Teilbände befaßt sich mit der Mathematik, die in den einführenden Physikbüchern und -vorlesungen benutzt wird, im allgemeinen bevor sie im Mathematikkurs behandelt werden kann: Elementare Funktionen im Komplexen, Tensoranalysis und mehrfache Integrale, Differentialgleichungen, Fourierentwicklung.

Für dieses Verfahren und Begriffe wird

- eine Darstellung gegeben, die sie als Erscheinungsformen der grundlegenden Konzepte Vektorraum, Linearisierung, Summation (Integration) zeigt,
- durch physikalisch/technische Beispiele belegt, daß sie anwendbar sind,
- untersucht, wieso gerade sie so wichtig sind. Etwa, was unter allen denkbaren Ableitungen von Feldern die in den Naturgesetzen auftretenden grad, rot, div auszeichnet; wie man bei dem Aufstellen von Differentialgleichungen linearisiert und welche Aspekte dabei korrekt oder falsch beschrieben werden; warum für die äußerlich ähnlichen Potential- und Wellengleichungen ganz verschiedene Problemstellungen sachgemäß sind.

Für diese Ziele bilden beide Teilbände eine Einheit; ihr dienen zahlreiche Querverweise, die umfangreichen Register (für Strukturen mathematischer Beweise, für physikalische Beispiele u.a.) und eine einheitliche, daher an manchen Stellen vom üblichen abweichende Schreibweise.

Davon abgesehen kann der vorliegende Teilband im Prinzip unabhängig vom ersten gelesen werden, wenn der Leser einige grundlegende Standardbegriffe und -sätze kennt: Multiplikation komplexer Zahlen, (multi-)lineare Funktionen auf Vektorräumen, Taylorsche Formel mit ihrem Spezialfall Schrankensatz. Die Hinweise auf Stellen in Band 1 können ohne Schaden für das Verständnis der formalen Schritte überlesen werden, da sie sich meist auf analoge Überlegungen oder Beispiele, nicht auf zu benutzende Sätze oder Formeln beziehen. Nur die zwanzig Seiten von Kap. 7 setzen eine Kenntnis über Hilbert- und Banachräume im Umfang von Kap. 3.4 (Band 1) voraus. Sogar die einzelnen Abschnitte des Teilbandes sind weitgehend unabhängig; nur für Kap. 5.3/4 wird Kap. 4.4, für Kap. 6.1 wird Kap. 5.2 vorausgesetzt.

Über die Zielsetzung der Reihe „Grundkurs Physik“ und die Anlage des Bandes „Mathematische Methoden“ möge sich der Leser aus Kap. 1 und den Vorworten im ersten Teilband informieren.

Hamburg, Frühjahr 1979 *Hans-Jürgen Seifert*

Inhalt

4.3 Elementare Funktionen

Vorgestellt werden Mengen von recht gut »handhabbaren« und oft vorkommenden Funktionen. Zunächst Differentiationsregeln) im dynamischen Konzept, dann, endlich, die ja schon mehrfach benutzten Polynome, ihre Verallgemeinerung, die Taylor- bzw. Potenzreihen und deren Anwendung auf die Funktionen, die in physikalischen Gesetzen am häufigsten vorkommen: Potenz-, Exponential- und trigonometrische Funktionen.*

4.3.1 Differentiationsregeln

1. *Verknüpfung von Funktionen*

Sehr knappe Zusammenstellung von in 1.3.5 erläuterten Begriffen

Als Definitionsmengen $A, B, \ldots$ werden offene Teilmengen von $\mathbb{R}$ bzw. $\mathbb{C}$ genommen (insbesondere $\mathbb{R}$ und $\mathbb{C}$ selbst), als Zielmenge $\mathbb{R}$ bzw. $\mathbb{C}$.

Restriktion:

für $f\colon A \to M$, $t \mapsto f(t)$ und $B \subset A$, ist $f_{|B}\colon B \to M$, $t \mapsto f(t)$

Hintereinanderschaltung:

für $f\colon A \to B$, $t \mapsto f(t)$, $g\colon B \to C$, $u \mapsto g(u)$, ist $g \circ f\colon A \to C$, $t \mapsto g(f(t))$

Umkehrung

gilt für $f\colon A \to B$, $t \mapsto f(t)$, daß $\forall u \in B\ \exists!\, t \in A\colon f(t) = u$, so ist $f^{-1}\colon B \to A$, $f(t) \mapsto t$

(Für $f, g\colon A \to M$) $A \to M$

Summe $f + g\colon t \mapsto f(t) + g(t)$

Produkt $f \cdot g\colon t \mapsto f(t)g(t)$

Quotient $(g(t) \neq 0)$ $f/g\colon t \mapsto f(t)/g(t)$

2. *Grundfunktionen*

(1) Für ein $c \in M$ heißt $f\colon A \to M$, $t \mapsto c$ „Konstante"

*) Die Leser von Strang 3 (vgl. Vorwort Band I, Seite VIII) haben diese viel allgemeiner, schöner und eigentlich auch einfacher in 4.2 gefunden. Hier wird nur eine Zusammenstellung in der in der Schule üblichen Schreibweise gegeben, um die späteren Kapitel 6 und 8 »lesbar« zu machen. Leser von Strang 1 müssen sich aus dem Stoff von 4.2 nur den Satz von Taylor »besorgen«.

(2) $\mathrm{id}_A\colon A \to A$ ist die „Identität auf A" (oft wird nur „id" geschrieben)

$\quad t \mapsto t$

(3a) $\exp\colon \mathbb{R} \to \mathbb{R}^+$, $\quad$ $\log\colon \mathbb{R}^+ \to \mathbb{R}$,

$\quad t \mapsto e^t$ $\quad$ $e^t \mapsto t$

$\sin\colon \mathbb{R} \to [-1;1]$, $\quad$ $\arcsin\colon]-1;1[\to]-\frac{\pi}{2};\frac{\pi}{2}[$

$\quad t \mapsto \sin t$ $\quad$ $\sin t \mapsto t$

(3b) $\exp\colon \mathbb{C} \to \mathbb{C}\setminus\{0\}$, $\quad$ $\log\colon \mathbb{C}\setminus\mathbb{R}_0^- \to \{z \in \mathbb{C} \,|\, |\mathrm{Im}\, z| < \pi\}$

$\quad t \mapsto e^t$ $\quad$ $e^t \mapsto t$

$$\sin t := \frac{e^{it} - e^{-it}}{2i}$$

Bemerkungen

Häufig werden nichtumkehrbare Funktionen durch geeignete Restriktionen umkehrbar gemacht. Das bekannteste Beispiel ist

$sq\colon \mathbb{R} \to \mathbb{R}^+$, $\; sq|_{\mathbb{R}^+}$ ist umkehrbar zu $t \mapsto +\sqrt{t}$

$\quad t \mapsto t^2$, $\; sq|_{\mathbb{R}^-}$ ist umkehrbar zu $t \mapsto -\sqrt{t}$.

exp hat die Periode $2\pi i$: für alle $g \in \mathbb{Z}$ ist $e^{z+2\pi i g} = e^z \cdot e^{2\pi i g} = e^z \cdot 1$. Ein Streifen zwischen zwei Geraden parallel zur reellen Achse im Abstand 2π wird auf ganz $\mathbb{C}$ mit Ausnahme von 0 abgebildet. Für eine Umkehrung gibt es viele Möglichkeiten, die wichtigsten sind:

$\mathbb{R}^+ \to \mathbb{R}$ $\quad$ (einfach und für die Praxis ausreichend)

$\quad t \mapsto \log t$

$\mathbb{C}\setminus\{0\} \to \{t \in \mathbb{C} \,|\, 0 \leq \mathrm{Im}\, t < 2\pi\}$

$\quad re^{i\varphi} \mapsto \log r + i \cdot \varphi \quad$ mit $\quad \varphi \in [0{,}2\pi[$

Diese Funktion ist unstetig für positive reelle z: $\log(e^{2\pi i}) = \log 1 = 0$; $\lim_{\varphi \to 2\pi} \log e^{i\varphi} = 2\pi i$. Das kann man vermeiden, wenn man einen »Schnitt« in $\mathbb{C}$ macht, am sinnvollsten auf der negativen reellen Achse $\mathbb{R}_0^-$:

$\mathbb{C}\setminus\mathbb{R}_0^- \to \{t \in \mathbb{C} \,|\, |\mathrm{Im}\, t| < \pi\}$.

$\quad re^{i\varphi} \mapsto \log r + i\varphi \quad$ mit $\quad |\varphi| < \pi$.

3. *Einige Funktionenmengen*

Die kleinste Menge von Funktionen $A \to \mathbb{R}$ bzw. $\mathbb{C}$, die alle Konstanten c sowie die Identität id_A enthält und mit zwei Funktionen f und g auch (soweit definiert):

$f + g$, $f \cdot g$, heißt Menge der *ganzrationalen* Funktionen

$f + g$, $f \cdot g$, f/g, heißt Menge der *rationalen* Funktionen

$f+g, f\cdot g, f/g, f^{-1}$, heißt Menge der *algebraischen* Funktionen

$f+g, f\cdot g, f\circ g$ sowie die Grundfunktionen (3a) bzw. (3b), heißt Menge der *elementaren* Funktionen auf $\mathbb{R}$ bzw. $\mathbb{C}$.

$f\circ g$ ist in den ersten drei Mengen automatisch mit enthalten,

$f/g = f\,e^{-\log(g)}$ in der vierten.

Nicht alle algebraischen Funktionen sind elementar.

Rationale Funktionen, die nicht ganzrational sind, sind nicht auf ganz $\mathbb{C}$ definierbar, da der Nenner Nullstellen auf $\mathbb{C}$ hat, die Funktion also Polstellen besitzt. Nichtrationale algebraische Funktionen sind nicht auf ganz $\mathbb{C}$ definierbar, da rationale Funktionen erst nach Restriktion auf eine Teilmenge von $\mathbb{C}$ umkehrbar werden (Ausnahme: nichtkonstante Funktionen 1. Grades, deren Umkehrung aber wieder rational, nämlich wieder von 1. Grade ist).

4. *Differentiation der elementaren Funktionen*

Zunächst präzisieren wir das Konzept aus 4.1:

Definition: $f\colon A \to \mathbb{R}|\mathbb{C}, t \in A$. Wenn für jede Folge $\{t_n\}$ mit $t_n \neq t$ und $\lim t_n = t$ gilt, daß

$$\lim_{n\to\infty} \frac{f(t) - f(t_n)}{t - t_n} \quad \text{existiert,}$$

(dann haben übrigens alle solche Folgen denselben Grenzwert), wird dieser $\dot{f}(t)$ genannt. Gilt dies für jedes $t \in A$, so ist f „differenzierbar". $\dot{f}\colon A \to \mathbb{R}|\mathbb{C}, t \mapsto \dot{f}(t)$ ist die „Ableitung".

Regeln:

(1) $(f+g)^{\cdot} = \dot{f} + \dot{g}$

(2) $(f\cdot g)^{\cdot} = \dot{f}\cdot g + f\cdot \dot{g}$ (Produktregel)

Beweisschema: Differenz von Produkten

$$\frac{(f\cdot g)(t) - (f\cdot g)(t_n)}{t - t_n} = \frac{f(t) - f(t_n)}{t - t_n}\cdot g(t) + f(t_n)\frac{g(t) - g(t_n)}{t - t_n}$$

(3) $(f\circ g)^{\cdot} = (\dot{f}\circ g)\cdot \dot{g}$ (Kettenregel).

Die suggestive Fassung $\frac{df}{dt} = \frac{df(g(t))}{dg}\cdot\frac{dg}{dt}$ läßt sich zu einem Beweis ausbauen, wenn man sorgfältig auf die Differenzen von g im Nenner achtet. Sei $\{t_n\}$ eine gegen t konvergierende Folge, so hat sie zwei Teilfolgen (von denen eine endlich oder leer sein kann)

$$\{t_n'\} : g(t_n') = g(t) \quad \{t_n''\} : g(t_n'') \neq g(t).$$

Hat eine der beiden Folgen endlich viele Glieder, oder ist sie sogar leer, so spielt sie für den Grenzübergang keine Rolle. Ist $\{t_n'\}$ eine unendliche Folge, so ist

$$\frac{f(g(t)) - f(g(t_n'))}{t - t_n'} = 0 \quad \text{und} \quad \dot{g}(t) = \lim \frac{g(t) - g(t_n')}{t - t_n'} = 0\,.$$

also kann man formal schreiben:

$$\lim \frac{(f \circ g)(t) - (f \circ g)(t_n')}{t - t_n'} = 0 = (\dot{f} \circ g)(t) \cdot \dot{g}(t)\,.$$

Ist $\{t_n''\}$ unendliche Folge, so ist

$$\lim \frac{f(g(t)) - f(g(t_n''))}{t - t_n''} = \lim \left[\frac{f(g(t)) - f(g(t_n''))}{g(t) - g(t_n'')} \cdot \frac{g(t) - g(t_n'')}{t - t_n''} \right] =$$

$$= (\dot{f} \circ g)(t) \cdot \dot{g}(t)\,.$$

Für beide Teilfolgen ergibt sich derselbe Grenzwert, also auch für die Gesamtfolge $\{t_n\}$. ■

(4) $\dot{c} = 0$ (c: Konstante Funktion)

(5) $\dot{t} = 1$

(6) $(\log t)^\bullet = \frac{1}{t}$; $(\log(-t))^\bullet = \frac{1}{-t} \cdot (-1) = \frac{1}{t}$;

Allgemein gilt für jedes $c \neq 0$: $(\log(ct))^\bullet = \frac{1}{t}$

(7) $(e^t)^\bullet = e^t$; $(e^{f(t)})^\bullet = e^{f(t)} \cdot \dot{f}(t)$

(8) $(\sin t)^\bullet = \cos t := \frac{1}{2}(e^{it} + e^{-it})$

(9) $(\arcsin t)^\bullet = \frac{1}{\sqrt{1 - t^2}}$

(10) $(c \cdot f(t))^\bullet = c \cdot \dot{f}(t)$

(11) $\left(\frac{1}{t}\right)^\bullet = (e^{-\log t})^\bullet = e^{-\log t} \cdot \frac{-1}{t} = -\frac{1}{t^2}$

(12) $\left(\frac{1}{f(t)}\right)^\bullet = -\frac{1}{[f(t)]^2} \cdot \dot{f}(t)$

(13) $\left[\frac{f(t)}{g(t)}\right]^\bullet = \frac{\dot{f}(t)}{g(t)} - \frac{f(t) \cdot \dot{g}(t)}{[g(t)]^2} = \frac{(\dot{f} \cdot g)(t) - (f \cdot \dot{g})(t)}{[g(t)]^2}\,.$

Beweis (einiger dieser Regeln)

(5) $\dfrac{t_n - t}{t_n - t} = 1$.

(7) ist im wesentlichen unser Beispiel aus 4.1.2.

$$(8): (\sin t)^{\bullet} = \left[\frac{1}{2i}(e^{it} - e^{-it})\right]^{\bullet} =$$
$$\left(\frac{1}{2i}\right)^{\bullet}(e^{it} - e^{-it})$$
$$+ \frac{1}{2i}[(e^{it})^{\bullet} + (-e^{-it})^{\bullet}] =$$
$$0 \cdot (e^{it} - e^{-it})$$
$$+ \frac{1}{2i}(i \cdot e^{it} + i \cdot e^{-it}) = \frac{1}{2}[e^{it} + e^{-it}].$$

(9) $\sin(\arcsin t) = t$ ergibt differenziert mit (3):

$$\cos(\arcsin t) \cdot (\arcsin t)^{\bullet} = 1$$

$$(\arcsin t)^{\bullet} = \frac{1}{\cos(\arcsin t)} = \frac{1}{\sqrt{1 - [\sin(\arcsin t)]^2}} = \frac{1}{\sqrt{1 - t^2}}. \qquad \blacksquare$$

4.3.2 Polynome (Ganzrationale Funktionen)

1. *Eigenschaften (Überblick)*

Die Funktionswerte von Poynomen sind durch Addition und Multiplikation von Zahlen ermittelbar. Die Polynome bilden einen Linearen Raum (vgl. 3.1.1.5(iv a)); Summen, Produkte, Hintereinanderschaltungen, Ableitungen und Stammfunktionen von Polynomen sind wieder Polynome. Bezüglich der Division ist das Verhalten ähnlich wie in der Menge der ganzen Zahlen $\mathbb{Z}$: entweder eine „Division mit Rest", oder man erweitert die Menge um »Brüche« (hier: „*gebrochen* rationale Funktionen").

Das »Unangenehme«: Die Umkehrung f^{-1} eines Polynoms f ist, wenn sie überhaupt existiert, kein Polynom (falls nicht f Funktion 1. Grades ist). Die für die Umkehrung $f^{-1}(a)$ zu lösenden „algebraischen Gleichungen" $f(x) = a$ lassen sich bis zum 4. Grade noch mit Wurzeln lösen (das ist aber nur beim 2. Grade empfehlenswert), dann nur noch mit numerischen Näherungsverfahren (etwa „Newton" 4.2.8). Da die Nullstellenbestimmung $f^{-1}(0)$ in der Praxis dieselbe Bedeutung hat wie die Funktionswertberechnung $f(x)$, dreht sich die Theorie der Polynome hauptsächlich um sie; siehe unten: „Hauptsatz der Algebra" Satz 12.

2. *Anwendungen*

In nahezu keinem physikalischen Gesetz treten Polynome als Formen der Abhängigkeit physikalischer Größen auf (von den »trivialen« Fällen: Funktionen 1. Grades bzw. reinen Potenzen x^n abgesehen). Ihre erhebliche Bedeutung ist eher indirekt:

(i) Wegen der einfachen Berechenbarkeit und Verarbeitbarkeit werden sie häufig zu näherungsweiser Beschreibung komplizierterer Verläufe (Approximation, Interpolation) benutzt (vgl.: Satz von Taylor 4.2.7 sowie Übersicht in 7.1.3.7).

(ii) Bei „Eigenwertproblemen" $T(\boldsymbol{x}) = \lambda \boldsymbol{x}$, das ist die Suche nach »Vektoren« $\boldsymbol{x}$, die unter der linearen Transformation $T: \mathbb{V}_n \to \mathbb{V}_n$ »fast« (bis auf einen Faktor λ) in sich übergehen, erhält man »nichttriviale« Lösungen nur, falls $\det(T - \lambda \cdot \mathrm{id}) = 0$ ist; die Eigenwerte λ sind also Nullstellen eines Polynoms n-ten Grades (vgl. 3.3.2.3 und 3.3.3.4), des „charakteristischen Polynoms" von T.

3. *Definitionen:*

Ein Ausdruck der Form $a(x) = \sum_{k=0}^{m} a_k x^k$ mit $a_k \in \mathbb{R}|\mathbb{C}$ heißt „*Polynom*" in x über den reellen/komplexen Zahlen. Die Funktion $\mathbb{R}|\mathbb{C} \to \mathbb{R}|\mathbb{C}$

$x \mapsto a(x)$

heißt „*ganzrationale Funktion*" oder auch „Polynom"*). Es ist $a_0 \cdot x^0 := a_0$ auch für $x = 0$.

Ist $a(x_0) = 0$, so ist x_0 *Nullstelle*.

$\operatorname{Grad} a := \max\{n \in \mathbb{N} | a_n \neq 0\}$. Das Nullpolynom o (bei dem alle $a_k = 0$ sind) hat demnach keinen Grad; wir vereinbaren aber, die Aussage „$\operatorname{Grad} o < 0$" als wahr anzusehen. Demnach gehört o für alle n zu den Polynomen mit $\operatorname{Grad} \leqslant n$, aber nicht zu denen vom $\operatorname{Grad} = n$.

4. *Satz (Operationen mit Polynomen)*

Sei $a(x) = \sum^{m} a_k x^k$, $m = \operatorname{Grad} a$, $b(x) = \sum^{n} b_k x^k$ $n = \operatorname{Grad} b$
(für einige Rechnungen ergänze man die Menge der Koeffizienten mit $a_{m+r} = 0 = b_{n+s}$ für $r, s > 0$).

---

*) Daß sowohl *Ausdrücke* als auch *Funktionen* „Polynome" genannt werden, ist wegen der weiter unten als „Folgerung 7" bewiesenen Eigenschaft ungefährlich.

(1) $(a+b)(x) = \Sigma_k(a_k + b_k)x^k$ $\quad$ $\operatorname{Grad}(a+b) \leqslant \max(m;n)$

(2) $(a \cdot b)(x) = \sum_{k=0}^{m+n} \sum_{l=0}^{k} a_l b_{k-l} x^k$ $\quad$ $\operatorname{Grad}(a \cdot b) = m + n$

(3)*) $(a \circ b)(x) = \Sigma_k a_k (\Sigma_l b_l x^l)^k$ $\quad$ $\operatorname{Grad} a \circ b = m \cdot n$

(4) $\dot{a}(x) = \dfrac{\mathrm{d}a}{\mathrm{d}x} = \sum_{k=0}^{m-1} (k+1) a_{k+1} x^k = \sum_{k=1}^{m} k a_k x^{k-1}$ $\quad$ $\operatorname{Grad} \dot{a} = m - 1$

(5) Die Stammfunktionen von a sind $\sum_{k=1}^{m+1} \dfrac{a_{k-1}}{k} x^k + c$

mit Grad $m + 1$, wobei c beliebig aus $\mathbb{R}|\mathbb{C}$ wählbar ist.

5. Das Glied mit der höchsten Potenz, $a_m x^m$ »dominiert« für »große« Werte von x den Rest $\sum_{k=0}^{m-1} a_k x^k$; daraus folgt dann eine Abschätzung über die Lage der Nullstellen und die Eindeutigkeit der Koeffizienten.

Satz (Dominanz des höchsten Gliedes)

Sei $a(x) = \sum^{m} a_k x^k$ mit $a_m \neq 0$, und sei

$$M := 2 \cdot \max \left\{ \left| \frac{a_k}{a_m} \right|^{\frac{1}{m-k}} \middle| k = 0,\ldots,m \right\} \qquad \left(\text{Wir setzen } \left| \frac{a_m}{a_m} \right|^{\frac{1}{m-m}} := 1 \right)$$

dann gilt für jedes x_0 mit $|x_0| \geqslant M$: $|a_m x_0^m| > \left| \sum_{k=0}^{m-1} a_k x_0^k \right|$.

Beweis: $|x_0| \geqslant M \Rightarrow \left| \sum_{k=0}^{m-1} a_k x_0^k \right| \leqslant \sum_{k=0}^{m-1} |a_k| |x_0|^k \leqslant \sum_{k=0}^{m-1} \left| \frac{a_k}{a_m} \right| |a_m| |x_0|^k$

$\leqslant \sum_{k=0}^{m-1} \left(\frac{M}{2} \right)^{m-k} |a_m| \cdot |x_0|^k \leqslant \sum_{k=0}^{m-1} |a_m| \cdot |x_0|^{m-k} |x_0|^k \cdot \frac{1}{2^{m-k}} < |a_m x_0^m|$,

da $\sum_{k=0}^{m-1} \left(\frac{1}{2} \right)^{m-k} = \sum_{l=1}^{m} \left(\frac{1}{2} \right)^l = 1 - \left(\frac{1}{2} \right)^m < 1$ ist (vgl. Formel 2.1.2.10). ■

Folgerung: Insbesondere gilt dies für jedes x_0 mit $|x_0| \geqslant \tilde{M}$, wobei $\tilde{M} := 2 \cdot \max \left\{ \left| \frac{a_k}{a_m} \right| \middle| k = 0,\ldots,m \right\}$ ist.

---

*) Recht mühsam in Potenzen von x auszuschreiben; tritt fast nur auf, wenn a oder b sehr einfach sind, z. B. $b(x) = x - x_0$, $a \circ b(x) = \Sigma a_k (x - x_0)^k$.

(Es ist $\tilde{M} \geqslant M$, da $\sqrt[m-k]{|a_k/a_m|} \leqslant |a_k/a_m|$ für $|a_k| > |a_m|$ ist und $\max|a_k| \geqslant |a_m|$ ist.)

6. *Folgerung (Bereich für Nullstellen)*

Ist x_N Nullstelle von $a(x)$, dann ist $-a_m \cdot x_N^m = \sum_{k=0}^{m-1} a_k x_N^k$, also muß $|x_N| < M \leqslant \tilde{M}$ sein.

7. *Folgerung (Eindeutigkeit)*

Zwei ganzrationale Funktionen sind genau dann gleich (d. h.: sie haben für jeden Wert der Variablen übereinstimmende Funktionswerte), wenn die Polynome in allen Koeffizienten übereinstimmen.

Gilt für alle $x: \overset{m}{\Sigma} a_k x^k = \overset{m}{\Sigma} b_k x^k$, dann ist $a_k = b_k$ für alle k. (Sonst gäbe es für $d(x) := \Sigma(a_k - b_k)x^k$ gemäß Folgerung 6 ein M, so daß für jedes $|x_0| > M, d(x_0) \neq 0$ ist; aber es soll $d(x) = a(x) - b(x) \equiv 0$ sein.)

8. Nun zur Division

Satz (Divisionsalgorithmus)

Seien $a(x)$ und $b(x)$ Polynome, Grad $b = n$.

Dann gibt es genau ein Paar von Polynomen $c(x), d(x)$, die erfüllen:

$a(x) = c(x) \cdot b(x) + d(x)$, Grad $d < n$, sozusagen »$a:b = c$ Rest d«.

(Insbesondere darf – gemäß 3 – der „Rest" d, nicht aber der „Divisor" b das Nullpolynom sein.)

Zum *Beweis:* Statt der etwas unübersichtlichen Beschreibung im allgemeinen Fall hier ein Beispiel:

$$
\begin{array}{ll}
(a_3 x^3 + a_2 x^2 + a_1 x + a_0):(b_1 x + b_0) = c_2 x^2 + c_1 x + c_0 & \\
\underline{c_2 b_1 x^3 + c_2 b_0 x^2} & c_2 := a_3/b_1 \\
(a_2 - c_2 b_0)x^2 & c_1 := (a_2 - c_2 b_0)/b_1 \\
\underline{c_1 b_1 x^2 + c_1 b_0 x} & c_0 := (a_1 - c_1 b_0)/b_1 \\
(a_1 - c_1 b_0)x & \\
\underline{c_0 b_1 x + c_0 b_0} & \text{Rest: } d = a_0 - c_0 b_0
\end{array}
$$

Zur Eindeutigkeit:

$a = c \cdot b + d \qquad$ Grad $d < n$

$a = \tilde{c} \cdot b + \tilde{d} \qquad$ Grad $\tilde{d} < n$

$\Rightarrow (c - \tilde{c}) \cdot b = (\tilde{d} - d) \Rightarrow \text{Grad}\,[(c - \tilde{c})b] = \text{Grad}\,(\tilde{d} - d) < n$
$\Rightarrow \text{Grad}\,(c - \tilde{c}) < n - \text{Grad}\,b = 0$, also $\tilde{c} - c = o$, also $\tilde{c} = c$ und $\tilde{d} = d$. ■

9. *Folgerung (Abdividieren von Nullstellen)*

Ist $a(x_0) = 0$, so gibt es ein Polynom c mit $a(x) = c(x) \cdot (x - x_0)$. (Nach Satz 8 gibt es ein c und ein d mit: $a(x) = c(x) \cdot (x - x_0) + d$, $\text{Grad}\,d < 1$; also ist d eine Konstante; bei $x = x_0$ zeigt sich, daß $d = 0$ sein muß.)

Ist auch $a(x_1) = 0$, so muß $c(x_1) = 0$ sein, entsprechend gibt es ein $\hat{c}(x)$ mit $c(x) = \hat{c}(x)(x - x_1)$, also $a(x) = \hat{c}(x)(x - x_0)(x - x_1)$; $\text{Grad}\,\hat{c} = \text{Grad}\,c - 1 = \text{Grad}\,a - 2$.

So ergibt sich die

10. *Folgerung*

Kein Polynom vom Grade m hat mehr als m Nullstellen.

Bemerkung: Daraus ergibt sich eine Verschärfung der Folgerung 7: Zwei Polynome a, b vom Grade $\leqslant m$ sind dann schon gleich (stimmen in allen Koeffizienten überein), wenn sie an $m + 1$ verschiedenen Stellen x_k $(k = 0, \ldots, m)$ gleiche Werte haben: $a(x_k) = b(x_k)$. Sonst hätte $a - b$ $m + 1$ Nullstellen, aber $\text{Grad}\,(a - b) \leqslant m$. (Vgl. 3.1.3.13 und 3.1.1.5 (iv a).)

11. Der schwerste Schritt zur Klärung des Nullstellenproblems erfolgt im „Hauptsatz". Um die Plausibilitätsbetrachtung vorzubereiten, wird ein Nullstellenexistenzsatz für reelle Polynome vorangestellt.

Satz (Nullstellen bei reellen Polynomen ungeraden Grades)

$a(x) = \Sigma a_k x^k$ $a_k \in \mathbb{R}, \text{Grad}\,a = m$ sei ungerade. Dann gibt es (mindestens) eine reelle Zahl x_N mit $a(x_N) = 0$.

Zum *Beweis:* Sei r zunächst größer als das M aus Satz 5, dann haben $a(r)$ und $a(-r)$ verschiedene Vorzeichen, da $a_m r^m$ und $a_m(-r)^m = -a_m r^m$ den »Rest« dominieren und das Vorzeichen bestimmen. Die Null liegt zwischen $a(r)$ und $a(-r)$. Läßt man nun r stetig nach 0 gehen, »ziehen die beiden Werte $a(r)$ und $a(-r)$ stetig nach $a(0)$«, dabei muß (mindestens) einer von ihnen (mindestens) einmal über die Null »herüberrutschen«, also »trifft« die Abbildung $a: \mathbb{R} \to \mathbb{R}$ die Null: $0 \in a(\mathbb{R})$ bzw. $a^{-1}(0) \neq \emptyset$, es gibt zumindest eine (reelle) Nullstelle. (Polynome sind wegen 2.2.5.12 stetige Funktionen, deshalb kann man den Zwischenwertsatz 2.2.5.19 anwenden.)

12. *Satz (Hauptsatz der Algebra)*

Hat das Polynom $a(x)$ einen Grad m größer als Null, dann hat es (mindestens) eine Nullstelle in $\mathbb{C}$.

Zum *Beweis:* Unter der Funktion $a_{(m)}: z \mapsto a_m z^m$ wird der Kreis $\{|z| = r\}$ in den m-mal durchlaufenen Kreis $\{|w| = |a_m| r^m\}$ abgebildet [Abb. 4.12]:

$$a_{(m)}: r e^{i\varphi} \mapsto r^m \cdot |a_m| \cdot e^{i m\varphi + \operatorname{arc} a_m}.$$

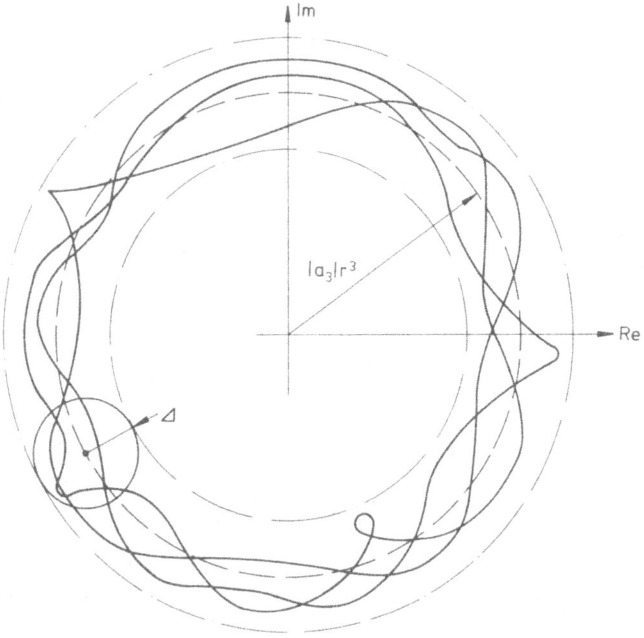

Abb. 4.12. Das Bild des Kreises $\{|z| = r\}$ unter den Abbildungen $z \mapsto a_m z^m$ (gestrichelt) und $z \mapsto \sum^{m} a_k z^k$ (ausgezogene Linie) für $m = 3, r > M$. Dabei ist $\Delta = \max \sum^{m-1} |a_k| r^k$ die »Länge der Hundeleine«

Ist $r > M$ (aus Satz 5), so bildet a den Kreis $\{|z| = r\}$ in eine Kurve γ_r ab, die ebenfalls die Null m-mal umfährt (»wandert Herrchen m-mal auf einem Kreis mit Radius R um einen Punkt p und hat seinen Hund dabei an einer Leine, die *kürzer* als R ist, so muß auch der Hund m-mal herum«). Macht man den Radius r stetig kleiner, so muß sich γ_r stetig auf den Punkt $a(0)$ zusammenziehen und dabei über die Null »herüberrutschen«: $a^{-1}(0) \neq \emptyset$, es gibt also Nullstellen. ■

Bemerkung: Während Satz 11 als sehr plausibel gilt und Standard-Schulstoff ist, gilt Satz 12 als sehr schwierig. Die parallele Behandlung hier soll belegen, daß man Satz 12 vermutlich auch als sehr einsichtig ansehen würde, hätten wir einen 4-dimensionalen Anschauungsraum und könnten uns auch komplexe Funktionen in ein »Achsenkreuz« eingezeichnet denken. In 5.4.3.9 wird ein anderer, der übliche, Beweis vorgestellt, der aber Integralrechnung und Potenzreihen benutzt, Mittel, die irgendwie als dem gestellten Problem unangemessen erscheinen. Für diesen Beweis hier gilt das zu Satz 2.2.5.16 Gesagte. Eine saubere und vollständige Durchführung benötigt Einsichten in die Stetigkeitsstruktur der Ebene, die wir hier nicht entwickeln können.

13. Aus den Folgerungen 9. und 10. sowie diesem Satz 12. folgt die Existenz und Eindeutigkeit einer auf die Nullstellen zugeschnittenen Darstellung.

Folgerung (Linearfaktorzerlegung in $\mathbb{C}$)

Ist a ein Polynom vom Grade m, so läßt es sich darstellen durch:

$$a(x) = a_m(x - x_1)(x - x_2) \cdot \dots \cdot (x - x_m) \quad (a_m, x_k \in \mathbb{C}).$$

Bis auf die Reihenfolge der „Linear"-Faktoren ist diese Darstellung eindeutig.

Definition: x_N heißt „k-fache Nullstelle" von a, wenn $a(x) = b(x) \cdot (x - x_N)^k$ ist, wobei b ein Polynom mit $b(x_N) \neq 0$ ist.

Werden die Nullstellen eines Polynoms entsprechend ihrer Vielfachheit mehrfach gezählt, so ist die Anzahl der Nullstellen gleich dem Grad des Polynoms (Triviale Ausnahme: $a \equiv 0$).

14. Will man »im Reellen« bleiben, so stoppt die Zerlegung möglicherweise bei Quadratfaktoren. Zunächst müssen wir uns erinnern (2.3.2.11), daß bei einem Polynom mit reellen Koeffizienten das „konjugiert Komplexe" einer Nullstelle auch Nullstelle ist:

Sei $a(x) = \Sigma a_k x^k \quad (a_k \in \mathbb{R})$ und $a(z_0) = 0$ mit

$$z_0 = r_0 e^{i\varphi_0} = x_0 + iy_0, \bar{z}_0 = r_0 e^{-i\varphi_0} = x_0 - iy_0,$$

so ist wegen

$$a_k \bar{z}_0^k = a_k r_0^k e^{-ik\varphi_0} = \overline{a_k z_0^k}$$

dann auch

$$a(\bar{z}_0) = \Sigma a_k \bar{z}_0^k = \Sigma \overline{a_k z_0^k} = \overline{\Sigma a_k z_0^k} = \bar{0} = 0\,.$$

Die Linearfaktoren der beiden Nullstellen $z_0, \bar{z}_0$ ergeben einen Quadratfaktor mit reellen Koeffizienten:

$$(z - z_0)(z - \bar{z}_0) = z^2 - (z_0 + \bar{z}_0)z + z_0 \cdot \bar{z}_0 = z^2 - 2x_0 z + x_0^2 + y_0^2$$

Folgerung (Faktorzerlegung im Reellen)

$$a(x) = \Sigma a_k x^k \quad a_k \in \mathbb{R}, \text{Grad}\, a = m\,.$$

Es gibt eine, bis auf die Reihenfolge der Faktoren eindeutige, Darstellung von a in der Form:

$$a(x) = a_m(x - x_1) \cdot \ldots \cdot (x - x_r)(x^2 + p_1 x + q_1) \cdot \ldots \cdot (x^2 + p_s x + q_s)$$

(mit a_m und allen $x_k, p_k, q_k \in \mathbb{R}, r + 2s = m, p_k^2 < 4q_k$.)

15. *Zusatz (Lagrangesche Interpolationspolynome)*

Sind $n + 1$ verschiedene Zahlen x_l $(l = 0,\ldots,n)$ gegeben, so gibt es $n + 1$ Polynome $a_{(k)}$ n-ten Grades, deren Nullstellen gerade diese x_l's sind bis auf jeweils das x_k, dort soll der Funktionswert gleich 1 sein; etwa für $k = 0$:

$$a_{(0)}(x) = c \cdot (x - x_1) \cdot \ldots \cdot (x - x_n)\,,$$

wobei die Konstante c so zu wählen ist, daß $a_{(0)}(x_0) = 1$ ist:

$$a_{(0)}(x) = \frac{(x - x_1) \cdot \ldots \cdot (x - x_m)}{(x_0 - x_1) \cdot \ldots \cdot (x_0 - x_m)}\,.$$

Man vergleiche mit dem Beispiel in 3.1.3.13:

Diese $a_{(k)}$ bilden eine Basis für A_n, den linearen Raum der Polynome vom Grade $\leqslant n$; die zu den $a_{(k)}$ duale Basis sind die Linearformen δ_{x_k}.

16. *Hinweis:* Es gibt natürlich auch Polynome mit mehreren unabhängigen Variablen, Polynome von linearen Transformationen („Matrizenpolynome" $\Sigma a_k \cdot X^k$) und sonstigen Objekten aus linearen Räumen, die sich multiplizieren lassen (für die also Potenzen mit natürlichen Zahlen als Exponenten definiert sind). Im Taylorschen Satz treten solche Objekte als Näherungspolynome auf. Besonders wichtig in der Physik sind Polynome 2. Grades in 3 Variablen x, y, z, für die eine ähnliche Theorie der »Normalformen« besteht wie für die symmetrischen Bilinearformen $\Sigma_k \Sigma_l q_{kl} x^k x^l$, die spezielle Polynome 2. Grades sind (bei denen die Glieder 0-ten und 1-sten Grades verschwinden); vgl. 3.3.3.

4.3.3 Taylorreihen

Darstellung von Funktionen durch Potenzreihen: Recht einfach (Strang 1, vgl. Vorwort Band 1, Seite VII), wenn die Funktion gegeben ist; dann ist alles zu klären durch das Verhalten der Restglieder im Taylorschen Satz. Bei der umgekehrten Frage (4.3.4; Strang 3), welche »formal gebildeten« Reihen wirklich Funktionen darstellen, ist schon die Existenz, d. h. „Konvergenz" ein echtes Problem; aber dieser Weg muß zur Erzeugung wichtiger »neuer« Funktionen in der „mathematischen Physik" beschritten werden. »Ohne Not« beschränken wir uns auf Funktionen $\mathbb{R} \to \mathbb{R}$ bzw. $\mathbb{C} \to \mathbb{C}$, obwohl eigentlich fast alles im Sinne von 4.2 auf Banachräume verallgemeinert werden kann.

1. Der Satz von Taylor legt es nahe, mit der Ordnung der Näherung gegen ∞ zu gehen. Dadurch erhält man eine Folge von Näherungspolynomen, eine „Taylorreihe", von der man hofft, daß sie konvergiert und die vorgelegte Funktion exakt darstellt.

2. *Satz:* Sei f eine beliebig oft differenzierbare Funktion.
Ist bei festem a und h $\lim\limits_{n\to\infty} R_n(a;h) = 0$ (R_n ist das Restglied im Satz von Taylor), so konvergiert die „Taylorreihe" gegen die Funktion an der Stelle $a + h$, d. h.

$$\sum_{k=0}^{\infty} \frac{f^{(k)}(a)}{k!} h^k := \lim_{n\to\infty} \sum_{k=0}^{n} \frac{f^{(k)}(a)}{k!} h^k = f(a+h) - \lim_{n\to\infty} R_{n+1}(a;h) =$$
$$= f(a+h)$$

(das ist eigentlich kein Satz, der eines Beweises bedürfte, sondern eine direkte Anwendung der Definition eines Grenzwertes.)

3. *Definition:* Eine Funktion, die in einem Bereich $\{|x-a| < \rho\}$ mit $\rho > 0$ durch eine konvergente Taylorreihe dargestellt werden kann, heißt „*analytisch* an der Stelle a".

4. *Anmerkung:* Für die bekanntesten und wichtigsten Funktionen $\mathbb{R}|\mathbb{C} \to \mathbb{R}|\mathbb{C}$ gibt es dort, wo sie differenzierbar sind, Bereiche für h von der Form $\{|h| < \rho\}$, in denen sie durch konvergente Taylorreihen dargestellt werden; für einige Funktionen – darunter e^x und $\sin x$ – konvergiert die Taylorreihe sogar für alle h. Andererseits gibt es auch Funktionen, für die $\lim R_n(a;h) \neq 0$ ist, dann konvergiert die Taylorreihe gegen eine »falsche« Funktion; vgl. Beispiel in 4.2.9.9, dort hat jede Ableitung $f^{(k)}$ von $f\colon \mathbb{R} \to \mathbb{R}, f(x) = e^{-1/x^2}$ an der Stelle $x = 0$ den Wert 0, also ergibt bei $a = 0$ die Taylorreihe den Wert 0, auch für $h \neq 0$, aber $e^{-1/h^2} \neq 0$ (diese Funktion ist zwar beliebig oft differenzierbar, aber nicht analytisch). Im »Regelfall« divergiert die Taylorreihe dort, wo sie $f(x)$ nicht darstellt; d.h. $\lim R_n$ existiert nicht oder ist gleich 0.

4.3.4 Potenzreihen

Zum Begriff „Reihe"

1. Auf einem etwas fortgeschritteneren Niveau in der Physik wird es wichtig, die Frage nach der Taylorreihe gewissermaßen vom Schwanz her aufzuzäumen: vorgelegt bzw. konstruiert wird eine „Potenzreihe" der Gestalt $\Sigma a_k h^k = \Sigma a_k (x-a)^k$ bzw. $\Sigma a_k x^k$, und es wird gefragt, ob dies die Taylorreihe irgendeiner Funktion ist. Leider ist das ein Thema, bei dem in der physikalischen Literatur besonders häufig die Grundregeln mathematischer Exaktheit verletzt werden. Meist werden von sogenannten Reihen nur die ersten Glieder angeschrieben, was in Wahrheit der *Satz* von Taylor ohne explizit angeschriebenes Restglied ist. Es ist nur eine leichte Übertreibung, wenn man sagt, es werde meist das »physikalische Konvergenzkriterium« angewendet: Eine Reihe konvergiert, wenn ihre ersten drei Glieder der Größe nach abnehmen: $|a_0| > |a_1 h| > |a_2 h^2|$. Ein Anwendungsgebiet, in dem im allgemeinen korrekt mit Potenzreihen umgegangen wird, sind bestimmte „gewöhnliche Differentialgleichungen der mathematischen Physik" (vgl. 6.3.4).

2. Der Gebrauch des Wortes „Reihe" ist in der Mathematik etwas inkonsequent (auch wenn dies nicht zu Mißverständnissen führt); zwei Dinge werden mit demselben Symbol bzw. Namen belegt:

Definition 1: Gegeben sei eine Folge $\{\alpha_n\}$, die Folge der „Glieder", dann ist $\sum_{k=0}^{\infty} \alpha_k$ (oder in »Kurzschreibweise« $\Sigma \alpha_k$) *die Folge* der „Teilsummen" $\{s_n\}$, wobei $s_n := \sum_{k=0}^{n} \alpha_k$ ist.

(In diesem Sinne wird von *Konvergenz* und *Divergenz* von Reihen gesprochen, insbesondere darf man das Symbol $\overset{\infty}{\Sigma} \alpha_k$ hinschreiben, bevor man sich vergewissert hat, ob die Reihe konvergiert.)

Definition 2: $\sum_{k=0}^{\infty} \alpha_k$ ist der *Grenzwert der Folge* $\{s_n\}$.

(In diesem Sinne schreibt man etwa: $\sum_{k=0}^{\infty} x^k = \frac{1}{1-x}$ für $|x| < 1$; das Symbol „$\lim_{n\to\infty}$" könnte man ja ohnehin nicht vor das Symbol für die Reihe

$\sum\limits_{k=0}^{\infty} \alpha_k$ schreiben, da dort „n" nicht mehr auftritt, und „$\lim\limits_{n\to\infty} \sum\limits_{n=0}^{\infty} \alpha_n$" wäre schlimmer Unfug wegen des Vermischens von freien und gebundenen Variablen, vgl. 1.3.3.5.)

3. Als Glieder α_k lassen wir Elemente aus $\mathbb{R}|\mathbb{C}$ zu; allgemein können Elemente aus einer Menge genommen werden, in der Addition und Konvergenz erklärt sind (etwa in Linearen Räumen mit Norm); die Glieder können auch von einer Größe x abhängen: $\alpha_k(x)$, dann wird auch die Eigenschaft der Konvergenz von x abhängen. Die wichtigsten Fälle sind:

$\alpha_n = a_n x^n$ „Potenzreihen" $x, a_n \in \mathbb{R}|\mathbb{C}$ (a_n: „Koeffizienten")

$\alpha_n \in \mathbb{R}$ oder $\mathbb{C}$ „numerische Reihen" (werden meist aus Potenzreihen erhalten, in denen für x eine bestimmte Zahl eingesetzt wurde),

$\alpha_n = a_n \cdot \cos nt + b_n \sin nt$ bzw. $c_n e^{int} + c_{-n} e^{-int}$ $a_n, b_n, c_n \in \mathbb{R}|\mathbb{C}$

„Fourierreihen", die eigentlich auch Potenzreihen mit $x^n = (e^{it})^n$ sind, vgl. 7.1.3.2.

4. *Zusatz:* Manchmal (z. B. in der Quantentheorie) kommt es »schlimmer«, und die Glieder sind tatsächlich aus anderen Linearen Räumen; z. B.: Sei X eine lineare Transformation $\mathbb{V}_n \to \mathbb{V}_n$ mit den Koordinaten x_l^k. $X^{(2)} := X \circ X$ hat die Koordinaten $\Sigma_m x_m^k x_l^m$, genauso erhält man die höheren »Potenzen« $X^{(h)}$; $X^{(1)} := X, X^{(0)} = \text{id}$ mit den Koordinaten δ_l^k. Anstatt des Betrages $|.|$ wird die „Spektralnorm" $\|.\|$ (vgl. 3.4.3.2 (iii)) verwendet. Für die „geometrische Reihe" gilt: $\Sigma X^{(k)} = (\text{id} - X)^{-1}$ für $\|X\| < 1$, analog zur geometrischen Reihe mit $x \in \mathbb{R}|\mathbb{C}: \Sigma x^k = (1 - x)^{-1}$ für $|x| < 1$. Auch eine „Exponentialreihe" $\Sigma \frac{1}{k!} X^{(k)} =: e^X$ existiert und konvergiert für alle X. Von den folgenden Sätzen gelten für diese sogenannten „Neumannschen Reihen" die Konvergenzaussagen, nicht aber immer die Divergenzaussagen, da nur $\|a \cdot b\| \leqslant \|a\| \|b\|$, nicht aber wie in $\mathbb{R}|\mathbb{C}$: $|a \cdot b| = |a| \cdot |b|$ gilt, und daher etwa der Schluß auf die Divergenz der Potenzreihe in Kriterium 18 nicht übertragbar ist.

5. *Ankündigung:* Zwei Fragestellungen allgemeiner Art sind bei der Untersuchung von Reihen wichtig:

1. Konvergiert die Reihe? (Dazu 6. bis 19.)
2. Kann man mit der Reihe so rechnen, wie man es von endlichen Summen (im Fall der Potenzreihen also von Polynomen) her gewohnt ist? (Dazu 20. bis 26.)

6. *Kriterium* (Cauchy)

$\Sigma\alpha_k$ konvergiert genau dann, wenn $\delta_n := \sup\limits_m |s_{n+m} - s_n| = \sup\limits_m \left|\sum\limits_{k=n+1}^{n+m} \alpha_k\right|$ für $n \to \infty$ gegen 0 geht: $\delta_n \to 0$.

(Das ist die Anwendung des Konvergenzkriteriums 2.2.5.8 für Folgen auf die Folge der Teilsummen s_n.)

7. *Kriterium* (Absolute Konvergenz)

$\Sigma\alpha_k$ konvergiert dann, wenn $\Sigma|\alpha_k|$ konvergiert (man sagt dann: $\Sigma\alpha_k$ *konvergiert absolut*).

(Folgt aus Kriterium 6, da $\sup\limits_m \sum\limits_{k=n+1}^{n+m} |\alpha_k| \to 0$ wegen der Dreiecks-ungleichung auch $\sup\limits_m \left|\sum\limits_{k=n+1}^{n+m} \alpha_k\right| \to 0$ zur Folge hat.)

8. *Kriterium* (Majorantenkriterium)

(a) $\Sigma\alpha_k$ konvergiert absolut, wenn es eine konvergente Reihe $\Sigma\beta_k$ ($\beta_k \in \mathbb{R}^+$) gibt und für alle $k \in \mathbb{N}$ gilt: $|\alpha_k| \leqslant \beta_k$.

Es gilt weiter: $|\Sigma\alpha_k| \leqslant \Sigma\beta_k$.

(Für die Teilsummen $s_n := \sum\limits^{n} \alpha_k$, $\tilde{s}_n := \sum\limits^{n} \beta_k$ gilt

$$0 \leqslant |s_{n+m} - s_n| = \left|\sum_{n+1}^{n+m} \alpha_k\right| \leqslant \sum_{n+1}^{n+m} |\alpha_k| \leqslant \sum_{n+1}^{n+m} \beta_k = |\tilde{s}_{n+m} - \tilde{s}_n|.$$

Also hat nach Kriterium 6 die Konvergenz von $\Sigma\beta_k$ die Konvergenz von $\Sigma\alpha_k$ zur Folge. Aus $|s_n| \leqslant \tilde{s}_n$ folgt $\lim|s_n| \leqslant \lim\tilde{s}_n$.)

(b) Ist $|\alpha_k| \leqslant \beta_k$ erst von einem bestimmten Wert k_0 an gültig (d. h. für alle $k \geqslant k_0$), so folgt immer noch die Konvergenz, nicht aber mehr die Abschätzung: es kann im Gegensatz zu Fall (a) $|\Sigma\alpha_k| > \Sigma\beta_k$ sein.

(Endlich viele Glieder beeinflussen nicht die Konvergenz, wohl aber den Wert gegen den die Reihe konvergiert.)

9. *Bemerkung:* Man beachte, daß diese drei Kriterien nicht in $\mathbb{Q}$ oder $\mathbb{D}$ gelten würden; die *Vollständigkeit* von $\mathbb{R}|\mathbb{C}$ ist hier wesentlich. Z. B.: Wir wählen $\alpha_k = \pm 9 \cdot 10^{-k}$ und zwar „$-$“, falls k eine Potenz von 2 ist, „$+$“ sonst. Wir haben dann $\Sigma|\alpha_k| = 9{,}99\ldots = 10$; $\Sigma\alpha_k = 8{,}0181998199\ldots$; das ergibt keinen abbrechenden oder periodischen Dezimalbruch, also konvergiert $\Sigma\alpha_k$ nicht in $\mathbb{D}$ oder $\mathbb{Q}$.

10. Aus der Existenz einer konvergenten Reihe $\Sigma\beta_k$ mit $|\alpha_k| \leqslant |\beta_k|$ läßt sich nicht die Konvergenz von $\Sigma\alpha_k$ erschließen; das hängt mit der

Existenz von konvergenten, aber nicht absolut konvergenten Reihen zusammen.

Beispiel („alternierende harmonische Reihe")

$\beta_k = (-1)^{k+1}/k, \Sigma\beta_k = 1 - 1/2 + 1/3 - + \cdots$. Die ungeraden Teilsummen nehmen monoton ab: 1, 5/6, 47/60,..., da $s_{2n+1} - s_{2n-1} = -\frac{1}{2n} + \frac{1}{2n+1} < 0$ ist. Die geraden Teilsummen nehmen monoton zu: 1/2, 7/12, 37/60,..., bleiben aber stets kleiner als die ungeraden, da $s_{2n} - s_{2n-1} = -\frac{1}{2n} < 0$ ist.

Also konvergieren diese beiden Teilfolgen, da sie monoton und beschränkt sind, und haben wegen $\lim\limits_{n\to\infty} s_{2n+1} - \lim\limits_{n\to\infty} s_{2n} = \lim\limits_{n\to\infty}(s_{2n+1} - s_{2n}) = \lim\limits_{n\to\infty} \frac{1}{2n+1} = 0$ denselben Grenzwert, also konvergiert $\{s_n\}$ (übrigens gegen den Wert log 2).

Die Reihe mit $\alpha_k = |\beta_k|$, also $\Sigma\alpha_k = 1 + 1/2 + 1/3 + \cdots$ divergiert hingegen, denn $s_{2^m} \geqslant 1 + m/2$, also $s_{2^m} \to \infty$; für $m = 3$ etwa hat man:

$$1 + 1/2 + 1/3 + 1/4 + 1/5 + 1/6 + 1/7 + 1/8 >$$
$$1 + 1/2 + 1/4 + 1/4 + 1/8 + 1/8 + 1/8 + 1/8 = 1 + 3/2.$$

Es gilt aber natürlich $|\alpha_k| \leqslant |\beta_k|$, da $|\alpha_k| = |\beta_k|$ ist.

11. Anschauliche Deutung des Unterschiedes zwischen Konvergenz und absoluter Konvergenz:

Sei α_k die Strecke, die in der k-ten Zeitspanne (geradlinig) zurückgelegt wird. Dann ist $\overset{n}{\Sigma}|\alpha^k|$ die Weglänge, die bis zur n-ten Zeitspanne (einschließlich) zurückgelegt wurde, $|\overset{n}{\Sigma}\alpha_k|$ der Abstand vom Ausgangspunkt. Nähert man sich einem endlichen Punkt auf einem Weg mit unbeschränkter Länge, so konvergiert $|\Sigma\alpha_k|$, nicht aber $\Sigma|\alpha_k|$.

12. In einer nicht absolut konvergenten Reihe mit $\alpha_k \in \mathbb{R}$ kann man die Glieder so umordnen, daß jede beliebig gewählte reelle Zahl als Grenzwert der Reihe auftritt. Versuchen Sie, sich das plausibel zu machen an dem Beispiel:

$$1 - 1 + \tfrac{1}{2} - \tfrac{1}{2} + \tfrac{1}{2} - \tfrac{1}{2} + \tfrac{1}{4} - \tfrac{1}{4} + \tfrac{1}{4} - \tfrac{1}{4} + \tfrac{1}{4} - \tfrac{1}{4} + \tfrac{1}{4} - \tfrac{1}{4} + \cdots \to 0;$$

wie kann man die Glieder so umordnen, daß dann die Reihe gegen 1,5 geht?

$$1 + \tfrac{1}{2} - 1 + \tfrac{1}{2} + \tfrac{1}{4} + \tfrac{1}{4} - \tfrac{1}{2} + \tfrac{1}{4} + \tfrac{1}{4} - \tfrac{1}{2} + \tfrac{1}{8} + \tfrac{1}{8} + \tfrac{1}{8} + \tfrac{1}{8} + \cdots \to 1{,}5.$$

Machen Sie sich klar, daß jedes Glied der ursprünglichen Reihe auch hier vorkommt.

13. *Kriterium* (Divergenzkriterium)

Falls nicht $\lim \alpha_k = 0$ ist, kann die Reihe $\Sigma \alpha_k$ nicht konvergieren. (Es gibt nämlich dann ein m, so daß man beliebig große n mit $|\alpha_{n+1}| > 10^{-m}$ finden kann. Dann ist aber $\delta_n = \sup_m \left|\sum_{k=n+1}^{n+m} \alpha_k\right| \geqslant \left|\sum_{k=n+1}^{n+1} \alpha_k\right| = |\alpha_{n+1}| > 10^{-m}$, also δ_n geht nicht gegen 0, Kriterium 6 besagt dann, daß Divergenz vorliegt.)

14. *Satz* (Geometrische Reihe)

Für $|x| < 1, x \in \mathbb{C}$ gilt: $\sum_{k=0}^{\infty} x^k = \dfrac{1}{1-x}$

Für $|x| \geqslant 1$ divergiert $\sum_{k=0}^{\infty} x^k$.

(Denn für endliche geometrische Reihen mit $x \neq 1$ gilt gemäß 2.1.2.10: $s_n = \sum_{k=0}^{n} x^k = \dfrac{1-x^{n+1}}{1-x}$; für $|x| < 1$ geht $x^{n+1} \to 0$ und daher $s_n \to \dfrac{1}{1-x}$. Für $|x| \geqslant 1$ ist $|x^k| \geqslant 1$, also divergiert die Reihe dann gemäß Kriterium 13.)

Diese spezielle Reihe ist als Vergleichsreihe im Sinne von Kriterium 8 von größter Bedeutung.

15. *Beispiel* (Achilles und die Schildkröte [Zenon, 5. Jahrh. v. Chr.]*)

Zum schnellfüßigen Achilles (Geschwindigkeit v_A) sagt die Schildkröte (v_S), er könne sie nicht einholen, wenn er ihr einen Vorsprung (h_0) gewähre, da in der Zeit (t_0), in der er diese Strecke (h_0) zurückgelegt hätte, sie sich einen neuen Vorsprung (h_1) verschafft hätte, usw. Er sei also stets damit beschäftigt, ihren Vorsprung aufzuholen. Nun, da $t_{k+1} = t_k \cdot v_S/v_A$ ist, holt er sie nach $\sum_{k=0}^{\infty} t_k = t_0 \cdot \sum_{k=0}^{\infty} (v_S/v_A)^k = t_0 \dfrac{1}{1 - v_S/v_A} = h_0(v_A - v_S)^{-1}$ ein.

Wenn man von einem Stück die Hälfte wegnimmt, von dem Rest wieder die Hälfte usw., was bleibt übrig? Im Grenzfall nichts, denn $\sum_{k=1}^{\infty} 1/2^k = 1$, aber was sagt Ihre Anschauung dazu?

---

*) Der philosophische Kontext dieses „Paradoxons" von Zenon kann hier nicht erörtert werden; es ging um die Schwierigkeiten, die der Verstand mit der unbegrenzten Teilbarkeit einer endlichen Strecke hat.

16. *(Definition des Konvergenzradius)*

Für einen weitreichenden Satz über Potenzreihen, der in gewissem Sinne fast alle Konvergenzfragen klärt, benötigen wir einen etwas kompliziert definierten Begriff: Man betrachte die Folge der n-ten Wurzeln der Koeffizientenbeträge $\{b_n\}$ mit $b_n := \sqrt[n]{|a_n|}$ $(n \in \mathbb{N}\setminus\{0\})$.

Sei $h_n := \sup_{k \geqslant n} b_n$, $h_n \in \mathbb{R}_0^+ \cup \{\infty\}$; $\{h_n\}$ ist monoton nicht wachsend, also existiert $\lim h_n =: 1/\rho$.

$$\frac{1}{\rho} := \lim_{n\to\infty} \sup_{k \geqslant n} \sqrt[k]{|a_k|} \quad \rho \in \mathbb{R}_0^+ \cup \{\infty\}.$$

Mit anderen Worten: Gibt es eine Teilfolge von $\{b_n\}$, die gegen ∞ geht, ist $\frac{1}{\rho} = \infty$, also $\rho = 0$. Konvergiert $\{b_n\}$ gegen 0, so ist $\frac{1}{\rho} = 0$, also $\rho = \infty$. Trifft dies beides nicht zu, ist $\frac{1}{\rho}$ der größtmögliche Grenzwert einer Teilfolge von $\{b_n\}$. Trägt man die b_n auf der Zahlengeraden ab, so sind »rechts« von jeder Zahl s, die größer als $\frac{1}{\rho}$ ist, nur endlich viele der b_n zu finden, vielleicht gar keins (sonst wäre $\lim h_n \geqslant s > \frac{1}{\rho}$); rechts von jeder Zahl $\tilde{s}$, die kleiner ist als $\frac{1}{\rho}$, liegen ∞ viele der b_n (sonst würde nach dem letzten von endlich vielen der b_m, die größer als $\tilde{s}$ sind, $h_n \leqslant \tilde{s} < \frac{1}{\rho}$, also $\lim h_n < \frac{1}{\rho}$ sein).

17. *Beispiele:* (i) Sei $b \in \mathbb{R}$, $a_k = k^b$, dann ist $\rho = 1$, denn $|a_k|^{1/k} = k^{b/k} = \left(e^{\frac{1}{k}\log k}\right)^b$ geht wegen $\lim_{k\to\infty} \frac{\log k}{k} = \lim_{x\to 0} \frac{(\log 1/x)^{\bullet}}{(1/x)^{\bullet}} = \lim_{x\to 0} x = 0$ [Regel 4.2.7.13] gegen $e^{b\cdot 0} = 1$.

Für einen erstaunlich großen Bereich von Koeffizientenfolgen, nämlich insbesondere dann, wenn $|a_k|$ nicht schneller als irgendein Polynom von k ansteigt und nicht schneller als irgendeine gebrochene rationale Funktion abfällt, ist $\rho = 1$.

(ii) Für $a_k = 1 + (-1)^k$ ist die Folge $\sqrt[k]{|a_k|}$ nicht konvergent (zwei Teilfolgen konvergieren gegen 0 bzw. 1), aber $\lim\sup \sqrt[k]{|a_k|} = 1$ ist leicht zu bestätigen, und ρ ist gleich 1.

(iii) Ist $\lim \sqrt[k]{|a_k|} = \lim \sqrt[k]{|b_k|} = \frac{1}{\rho}$, so ist $\lim \sqrt[k]{|a_k| + |b_k|} = \frac{1}{\rho} \lim \sqrt[k]{2} = \frac{1}{\rho}$. Wegen $\sqrt[k]{|a_k + b_k|} \leqslant \sqrt[k]{|a_k| + |b_k|}$ kann der Konvergenzradius von $\Sigma(a_k + b_k)x^k$ nicht kleiner als ρ sein; er kann größer als ρ sein (für $b_k = -a_k$ ist er ∞).

18. *Satz (Konvergenzradius-Kriterium)*

Hat die Folge der Koeffizienten $\{a_k\}$ den „Konvergenzradius" ρ, so ist $\Sigma a_k x^k$ für jedes $|x| < \rho$ absolut konvergent und für jedes $|x| > \rho$ divergent. (Für $|x| = \rho$ gibt es keine einfachen allgemeinen Regeln.)

Beweis: Sei $|x| < \rho$, dann ist $\frac{1}{|x|} > s := \frac{2}{|x| + \rho} > \frac{1}{\rho}$. Es sind nur endlich viele der $\sqrt[k]{|a_k|} > s$; sei m das »letzte« dieser Werte k. Für $k > m$ ist $|a_k x^k| = (\sqrt[k]{|a_k|}\,|x|)^k \leqslant (s|x|)^k$; daher wird $\Sigma|a_k x^k|$ majorisiert durch $\Sigma(s \cdot |x|)^k$, das wegen $s \cdot |x| < 1$ konvergiert (Kriterium 8b, Satz 14).

Sei $|x| > \rho$, dann gibt es unendlich viele $\sqrt[k]{|a_k|} > \frac{1}{|x|}$, also konvergiert die Folge der Glieder $|a_k x^k| = (\sqrt[k]{|a_k|}\,|x|)^k$ nicht gegen 0 (Kriterium 13 beweist die Divergenz der Reihe).

Kommentar: Der Bereich B der Werte von $x \in \mathbb{C}$ [bzw. $\mathbb{R}$], für die eine Potenzreihe $\Sigma a_k(x - x_0)^k$ konvergiert, kann folgende Gestalt haben:

(i) $\rho = 0$: $B = \{x_0\}$

(ii) $0 < \rho < \infty$: Kreisinneres [bzw. Intervall] und möglicherweise Punkte auf dem Rand: $\{|x - x_0| < \rho\} \subset B \subset \{|x - x_0| \leqslant \rho\}$.

(iii) $\rho = \infty$: $B = \mathbb{C}$ [bzw. $\mathbb{R}$].

19. *Kriterien* (Quotienten und Wurzelkriterium)

(a) $\Sigma\alpha_k$ konvergiert, falls für ein $M < 1$ und alle $k \in \mathbb{N}$ $|\alpha_{k+1}/\alpha_k| \leqslant M$ oder $\sqrt[k]{|a_k|} \leqslant M$ ist.

$\Sigma\alpha_k$ divergiert, falls für ein $M > 1$ und alle $k \in \mathbb{N}$ $|\alpha_{k+1}/\alpha_k| \geqslant M$ ist oder für unendlich viele $k \in \mathbb{N}$ $\sqrt[k]{|a_k|} \geqslant M$ ist.

(b) $\Sigma a_k x^k$ konvergiert für alle $|x| \leqslant r$, falls es ein $M < 1/r$ gibt, so daß für alle $k \in \mathbb{N}$ gilt: $|a_{k+1}/a_k| \leqslant M$ oder $\sqrt[k]{|a_k|} \leqslant M$.

$\Sigma a_k x^k$ divergiert für alle $|x| \geqslant r$, falls es ein $M > 1/r$ gibt, so daß für alle $k \in \mathbb{N}$ gilt: $|a_{k+1}/a_k| \geqslant M$ oder für unendlich viele $k \in \mathbb{N}$ gilt: $\sqrt[k]{|a_k|} \geqslant M$.

Man beachte die unterschiedliche Formulierung in α_n und a_n! Beides folgt direkt aus Kriterium 8 mit der geometrischen Reihe $\sum_{k=0}^{\infty} M^k$ als majorisierender Reihe $\Sigma\beta_k$. Diese Kriterien lassen – im Gegensatz zu Kriterium 18 – ziemlich viele Lücken, lassen sich aber einfacher nachprüfen und werden daher häufig benutzt.

Das Rechnen mit Reihen

20. Das Ergebnis dieses Abschnittes lautet einfach: Mit Potenzreihen im Innern ihres Konvergenzgebietes (also etwa einem Bereich der Form $\{|x| < \rho'\}$ mit $\rho' < \rho$) läßt sich rechnen wie mit endlichen Summen, d. h. wie mit Polynomen.

Daß dieses nicht so selbstverständlich ist, zeigt sich wieder an dem Beispiel der harmonischen Reihe; »Naive Rechnung« ergibt:

$$\begin{aligned}\Sigma \frac{(-1)^{k+1}}{k} &= 1 - \frac{1}{2} + \frac{1}{3} - \cdots = \left(1 + \frac{1}{3} + \frac{1}{5} + \cdots\right) \\ &- \left(\frac{1}{2} + \frac{1}{4} + \frac{1}{6} + \cdots\right) = \left(1 + \frac{1}{3} + \cdots\right) \\ &+ \left(\frac{1}{2} + \frac{1}{4} + \cdots\right) - 2\left(\frac{1}{2} + \frac{1}{4} + \frac{1}{6} + \cdots\right) \\ &= \left(1 + \frac{1}{2} + \frac{1}{3} + \cdots\right) - \left(1 + \frac{1}{2} + \frac{1}{3} + \cdots\right) = 0 .\end{aligned}$$

Wir wissen aber aus 10, daß der Wert von $\Sigma(-1)^k/k$ zwischen 37/60 und 47/60 liegt. Der Fehler liegt darin, daß wir zwischendurch mit $(1 + \frac{1}{2} + \frac{1}{3} + \cdots)$ gerechnet haben und daher auf sinnlose Ausdrücke des Typs $\infty - \infty$ gekommen sind.

21. *Satz (Algebraische Operationen mit absolut konvergenten Reihen)*

Konvergieren die Reihen $\Sigma \alpha_k$ und $\Sigma \beta_k$, so konvergiert $\Sigma(\alpha_k + \beta_k)$ und es gilt:

(a) $\Sigma \alpha_k + \Sigma \beta_k = \Sigma(\alpha_k + \beta_k)$; $r \cdot \Sigma \alpha_k = \Sigma r \alpha_k$.

Sind die Reihen $\Sigma \alpha_k$ und $\Sigma \beta_k$ absolut konvergent, so ist:

(b) $(\Sigma \alpha_k)(\Sigma \beta_k) = \sum\limits_{k=0}^{\infty} \sum\limits_{m=0}^{k} \alpha_m \cdot \beta_{k-m}$ (vgl. Polynommultiplikation!)

Ist $\Sigma \alpha_k$ absolut konvergent, so gilt:

(c) Sei $\alpha_{n'}$ eine Umsortierung der Folge α_n (siehe 2.1.1.4), dann ist $\Sigma \alpha_{k'} = \Sigma \alpha_k$ (Kommutativgesetz: eine Änderung der Reihenfolge der Glieder ändert den Wert nicht).

Zum *Beweis:* (a) ist offenkundig, auf den Beweis von (c) wird verzichtet.

(b): Betrachten wir die Teilsummen:

$\sum_{k=0}^{2n} \sum_{m=0}^{k} \alpha_m \cdot \beta_{k-m}$ ist die Summe aller Produkte $\alpha_p \cdot \beta_q$ mit $p + q \leqslant 2n$,

$\left(\sum_{k=0}^{n} \alpha_k\right)\left(\sum_{k=0}^{n} \beta_k\right)$ ist die Summe aller Produkte $\alpha_p \cdot \beta_q$ mit $p \leqslant n, q \leqslant n$.

Die Differenz Δ_n dieser beiden Ausdrücke ist also die Summe aller Produkte $\alpha_p \cdot \beta_q$ mit $n < p \leqslant 2n, q \leqslant 2n - p$ oder $n < q \leqslant 2n$, $p \leqslant 2n - q$; ihr Betrag $|\Delta_n|$ ist nicht größer als die Summe aller Beträge dieser Produkte $|\alpha_p \cdot \beta_q|$ (Dreiecksungleichung), diese ist wiederum nicht größer als die Reihe aller Beträge der Produkte $|\alpha_p \cdot \beta_q|$ mit $p > n$ oder $q > n$, also:

$$|\Delta_n| \leqslant \left(\sum_{k=n+1}^{\infty} |\alpha_k|\right) \cdot (\Sigma |\beta_k|) + (\Sigma |\alpha_k|) \cdot \left(\sum_{k=n+1}^{\infty} |\beta_k|\right).$$

Wegen der absoluten Konvergenz beider Reihen gehen diese Produkte, also auch Δ_n mit $n \to \infty$ gegen 0.

22. *Satz (Differentiation von Potenzreihen)*

Hat die Potenzreihe $\Sigma a_k x^k$ den Konvergenzradius $\rho > 0$ und für $|x| < \rho$ den Grenzwert $f(x)$, so haben die formal durch gliedweise Differentiation entstandenen Reihen $\Sigma b_k x^k$, $\Sigma c_k x^k$, ... ($b_{k-1} := a_k \cdot k$, $b_k = (k+1) a_{k+1}$; $c_{k-2} := a_k k(k-1)$; $c_k = (k+2)(k+1) a_{k+2}$; ...) denselben Konvergenzradius und konvergieren für $|x| < \rho$ gegen $f'(x)$, $f''(x)$ usw.

Beweis: Wir wählen die h_k aus 16; wegen $\rho > 0$ sind die $h_k < \infty$, wie schon in 16 vermerkt, ist $\{h_k\}$ monoton: $h_1 \geqslant h_2 \geqslant \ldots$ und $|a_m| \leqslant (h_m)^m$, daraus folgen die Abschätzungen:

$$\sqrt[k]{|b_k|} = \sqrt[k]{|a_{k+1}|(k+1)} \leqslant \sqrt[k]{k+1} \cdot (h_{k+1})^{\frac{k+1}{k}} \leqslant \sqrt[k]{k+1} \cdot (h_1)^{\frac{1}{k}} \cdot h_{k+1} =: h'_k$$

$$\sqrt[k]{|c_k|} = \sqrt[k]{|a_{k+2}|(k+1)(k+2)} \leqslant \sqrt[k]{k+1}\sqrt[k]{k+2} \cdot (h_1)^{\frac{1}{k}} \cdot h_{k+2} =: h''_k.$$

Wie oben in 17 zeigt man: $\lim\limits_{k \to \infty} \frac{\log(k+1)}{k} = 0$, also $\lim \sqrt[k]{k+1} = \lim e^{\frac{1}{k}\log(k+1)} = e^0 = 1$, ebenso $\lim \sqrt[k]{k+2} = 1$; $\lim \sqrt[k]{h_1} = 1$. Daraus folgt $\lim h'_k = \lim h_{k+1} = \frac{1}{\rho}$; $\lim h''_k = \lim h_{k+2} = \frac{1}{\rho}$. Die Teilsummen $t_n(x) := \sum_{k=0}^{n} b_k x^k, u_n(x) := \sum_{k=0}^{n} c_k x^k$ konvergieren also zumindest für $|x| < \rho$ absolut, ebenso wie $s_n(x) = \sum_{k=0}^{n} a_k x^k$. Um zu zeigen, daß $\Sigma b_k x^k$ gegen

$\dot{f}(x)$ konvergiert, betrachten wir die Teilsummen, auf die als Polynome die Summenregel anwendbar ist: $t_n(x) = \dot{s}_{n+1}(x), u_n = \ddot{s}_{n+2}(x)$. Nach der Taylorschen Formel 4.2.7.6/9 ist.

$$|s_n(x+h) - s_n(x) - t_{n-1}(x)\cdot h| \leqslant \frac{|h|^2}{2}\cdot \sup_{0\leqslant\vartheta\leqslant 1} |u_{n-2}(x+\vartheta h)|\,.$$

Falls $|x|$ und $|x+h| < \rho$ sind, und $\tilde{x} := \max\limits_{0\leqslant\vartheta\leqslant 1} |x+\vartheta h| =$ $\max\{|x|, |x+h|\}$ sei, können wir weiter abschätzen:

$$\sup|u_{n-2}(x+\vartheta h)| \leqslant \sum_{k=0}^{n-2} h_k'' \tilde{x}^k \leqslant \sum_{k=0}^{\infty} h_k'' \tilde{x}^k =: M < \infty\,,$$

also im Grenzfall $n \to \infty$:

$$f(x+h) - f(x) - \lim t_n(x)\cdot h = 0(h^2)\,,$$

$\lim t_n(x)$ ist tatsächlich die lineare Näherung $f'(x)$.

23. *Folgerung:* Eine Potenzreihe ist im Innern ihres Konvergenzgebietes beliebig oft (gliedweise) differenzierbar, sie ist insbesondere stetig.

24. *Folgerung:* Eine Stammfunktion $F(x)$ zu $f(x) = \Sigma a_k x^k$ wird für $|x| < \rho$ gegeben durch die Potenzreihe: $\sum\limits_{k=1}^{\infty} \frac{a_{k-1}}{k}\cdot x^k + c$, wobei c eine beliebig wählbare Konstante ist.

25. Zum Schluß noch die Menge der Reihen als Linearer Raum:

Folgerung: Die Potenzreihen mit Konvergenzradius $\rho \geqslant \rho_0$ $(0 \leqslant \rho_0 \leqslant +\infty)$ bilden einen Linearen Raum.

(Wegen 21a und entsprechend einer Überlegung ähnlich der in Beispiel (iii) in 17.)

26. *Folgerung* (Eindeutigkeit der Koeffizienten)

Gilt $\Sigma a_k x^k = \Sigma b_k x^k$ für alle x aus einem Gebiet der Form $\{|x| < \delta\}$ mit $\delta > 0$, so gilt $a_k = b_k$ für alle $k \in \mathbb{N}$.

(Ist $\varphi(x) := \Sigma(a_k - b_k)x^k$, so ist die m-te Ableitung

$$\varphi^{(m)} = \sum_{k=m}^{\infty} (a_k - b_k)\cdot \frac{k!}{(k-m)!}\, x^{k-m}\,;$$

für $x = 0$ bleibt nur das konstante Glied übrig: $\varphi^{(m)}(0) = m!(a_m - b_m)$, ist also $\varphi \equiv 0$, so ist $\varphi^{(m)} \equiv 0$ und $a_m = b_m$ für alle m.)

4.3.5 Exponential- und Potenzfunktionen

1. Aus den Konstanten $t \mapsto c$ und der Identität $t \mapsto t$ entstehen mittels der vier Grundrechnungsarten die Polynome und die rationalen Funktionen (»Brüche aus Polynomen«). Die für physikalische Anwendungen genauso wichtige Rechenoperation, das Potenzieren, erzeugt weitere elementare Funktionen:

$$\mathbb{R}^+ \times \mathbb{C} \to \mathbb{C}$$
$$x \quad , \quad z \mapsto x^z .$$

Um dies in den Rahmen von Funktionen *einer* Variablen zu bringen und auch im Hinblick auf die Anwendungen macht man aus dieser Funktion zweier Variabler Funktionsscharen (zusätzlich mit einem konstanten Faktor, der mathematisch nicht stört, aber in der Physik »dazugehört«).

Potenzfunktion: $\mathbb{R}^+ \to \mathbb{R}$ $\quad C, a \in \mathbb{R}$ Parameter
(oder $\mathbb{C} \setminus \mathbb{R}_0^- \to \mathbb{R}$ $\quad C, a \in \mathbb{C}$)
$t \mapsto C t^a$.

Die Wahl der Definitionsmenge ergibt sich aus der Definition $t^a := e^{a \log t}$ und unserer Wahl von Definitionsmengen für den »reellen« bzw. »komplexen« Logarithmus in 4.3.1.2.

Exponentialfunktion: $\mathbb{C} \to \mathbb{C}$ $\quad A, \lambda \in \mathbb{C}$
$z \mapsto A e^{\lambda z}$ $\quad e = 2{,}718\ldots$

Wegen der Potenzregel $A \cdot b^z = A e^{z \cdot \log b}$ ist der Fall einer beliebigen Basis $b \in \mathbb{R}^+$ für $\lambda = \log b$ automatisch mit enthalten, ebenso $e^{\lambda z + a} = e^a \cdot e^{\lambda z}$ für $A = e^a$.

2. In den Anwendungen treten meist elementare Funktionen auf, die für alle reellen z reelle Funktionswerte haben. Für nichtreelle A, λ ist dies bei $A e^{\lambda z}$ nicht der Fall, deshalb addiert man die konjugiert komplexe Funktion dazu und erhält so die »reelle Version«:

$$t \mapsto \tfrac{1}{2}(A e^{\lambda t} + \overline{A e^{\lambda t}}) = \mathrm{Re}(A e^{\lambda t}) = e^{-kt}(B \cos \omega t + C \sin \omega t)$$
$$= D e^{-kt} \cdot \cos(\omega t + \varphi) = D e^{-kt} \cdot \sin(\omega t + \psi)$$

$t \in \mathbb{R}$; $A, \lambda \in \mathbb{C}$; $B, C, k \in \mathbb{R}$; $D, \omega \in \mathbb{R}_0^+$; $\varphi, \psi \in [0; 2\pi[$

$\lambda = -k + i\omega$; $A = B - iC$; $D = |A| = \sqrt{B^2 + C^2}$;

$$\varphi = \operatorname{arc} A, \ \tan \varphi = -\frac{C}{B}; \ \psi = \varphi + \frac{\pi}{2} \text{ oder } \varphi + \frac{\pi}{2} - 2\pi .$$

Spezialfälle: $\omega = 0$ reine Exponentialfunktion $B e^{-kt}$
$k = 0$ ungedämpfte Schwingung $D \cos(\omega t + \varphi)$.

Anmerkungen: $A\mathrm{e}^{\lambda z} + B\mathrm{e}^{\mu z}$ ist für $A, \lambda \in \mathbb{C}\setminus\mathbb{R}$ genau dann reell für alle $z \in \mathbb{R}$, wenn $B = \bar{A}$ und $\mu = \bar{\lambda}$ ist.

Bei anderen Darstellungen erhält man oft »unechte« Parameter: $A\mathrm{e}^{\lambda t+\mu}$ kann gleich $\tilde{A}\mathrm{e}^{\lambda t+\tilde{\mu}}$ sein, ohne daß $A = \tilde{A}$ bzw. $\mu = \tilde{\mu}$ ist (für $A/\tilde{A} = \mathrm{e}^{\tilde{\mu}-\mu}$). Oder es gehen Teile der Schar verloren: $\mathrm{e}^{\lambda t+\varphi}(\lambda, \varphi \in \mathbb{R})$ erhält nur die Funktionen $A \cdot \mathrm{e}^{kt}$ für $A > 0$, da $\mathrm{e}^{\varphi} > 0$ ist.

Exponential- (und trigonometrische) Funktionen treten oft auf bei der Behandlung der zeitlichen Entwicklung von Größen; t ist dann »wirklich« die Zeit. Potenzfunktionen dienen meist der Beschreibung der Abhängigkeit physikalischer Größen voneinander oder der Ortsabhängigkeit.

3. Alle algebraischen Eigenschaften können zurückgeführt werden auf (vgl. 2.3.2.7/8/9):

$$a^b := \mathrm{e}^{b \cdot \log a}, \mathrm{e}^{b+c} = \mathrm{e}^b \cdot \mathrm{e}^c, \mathrm{e}^{i\varphi} = \cos\varphi + i\sin\varphi .$$

Daraus folgt zunächst:

$$\log(a^b) = b \cdot \log a, \log(a \cdot b) = \log a + \log b$$

und schließlich die Potenzregeln

$$\begin{aligned} (ab)^c &= \mathrm{e}^{c \cdot \log ab} = \mathrm{e}^{c \cdot \log a + c \cdot \log b} = a^c \cdot b^c. \\ a^{b+c} &= \mathrm{e}^{(b+c)\log a} = a^b a^c; \\ (a^b)^c &= \mathrm{e}^{c \log a^b} = \mathrm{e}^{c \cdot b \log a} = a^{bc}. \end{aligned}$$

4. Für die trigonometrischen Funktionen folgt durch Zerlegung in Real- und Imaginärteil

aus $\mathrm{e}^{i\alpha} \cdot \mathrm{e}^{-i\alpha} = 1 : (\sin\alpha)^2 + (\cos\alpha)^2 = 1$

aus $\mathrm{e}^{i(\alpha+\beta)} = \mathrm{e}^{i\alpha}\mathrm{e}^{i\beta}$ $\left\{\begin{array}{l} \cos(\alpha+\beta) = \cos\alpha\cos\beta - \sin\alpha\sin\beta \\ i\sin(\alpha+\beta) = i(\cos\alpha\sin\beta + \sin\alpha\cos\beta) \end{array}\right\}$

aus $(\mathrm{e}^{i\alpha})^n = e^{in\alpha}$, hier für $n = 3$:

$$\left\{\begin{array}{lllll} \cos 3\alpha = (\cos\alpha)^3 & + i^2 3\cos\alpha(\sin\alpha)^2 & = -3\cos\alpha & + 4(\cos\alpha)^3 \\ i\sin 3\alpha = & + i3\sin\alpha(\cos\alpha)^2 & + i^3(\sin\alpha)^3 = & i(3\sin\alpha - 4(\sin\alpha)^3) \end{array}\right\}.$$

Entsprechend kann auch die n-te Potenz ($n \in \mathbb{N}$) von $\sin\alpha$ oder $\cos\alpha$ durch Summen von $\sin(m\alpha)$ und $\cos(m\alpha)$ $(m = 1,\ldots,n)$ ausgedrückt werden.

5. *Funktionsdiskussion*

Die »Kurvendiskussion« der Schulmathematik ist zur Untersuchung von Potenz- und Exponentialfunktionen gänzlich ungeeignet, da $A\mathrm{e}^{\lambda t}$

und Ct^a ($A, C, \lambda, a \in \mathbb{R}\setminus\{0\}, t \in \mathbb{R}$ bzw. $\mathbb{R}^+$) keine Nullstellen, Unstetigkeitsstellen, Extremwerte oder Wendepunkte besitzen, sondern monoton sind. Erst durch Verknüpfung mehrerer solcher Funktionen entstehen »interessantere Kurven«.

Beispiele

(i) Die gedämpfte Schwingung [Abb. 4.13]

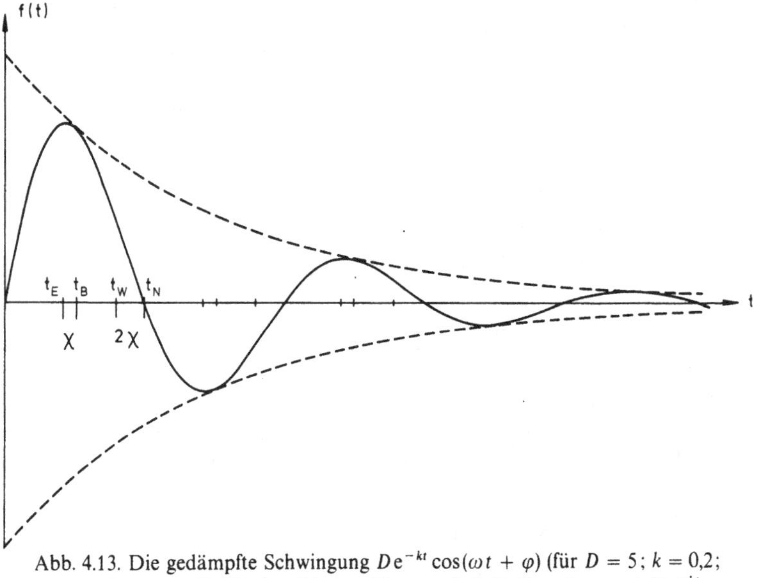

Abb. 4.13. Die gedämpfte Schwingung $De^{-kt}\cos(\omega t + \varphi)$ (für $D = 5$; $k = 0{,}2$; $\omega = 1$; $\varphi = -\frac{\pi}{2}$). Die gestrichelten Kurven sind die Graphen zu $\pm De^{-kt}$

$$f(t) = De^{-kt}\cos(\omega t + \varphi) \quad \omega \in \mathbb{R}^+, k \in \mathbb{R}$$

$$\dot{f}(t) = -De^{-kt}[k \cdot \cos(\omega t + \varphi) + \omega \cdot \sin(\omega t + \varphi)]$$

$$= D\sqrt{k^2 + \omega^2}\, e^{-kt}\cos\left(\omega t + \varphi + \frac{\pi}{2} + \chi\right)$$

$$\chi = \begin{cases} -\dfrac{\pi}{2} + \arctan\left(\dfrac{\omega}{-k}\right) & \text{für} \quad k < 0 \\ 0 & \qquad\quad k = 0 \\ \dfrac{\pi}{2} - \arctan\left(\dfrac{\omega}{+k}\right) & \qquad\quad k > 0 \end{cases}$$

Der Graph »schwankt« zwischen den Graphen De^{-kt} und $-De^{-kt}$ hin und her und berührt diese bei

$$\omega t_B + \varphi = g \cdot \pi \quad (g \in \mathbb{Z}), t_B = (g\pi - \varphi)/\omega\,.$$

Nullstellen liegen bei

$$\omega t_N + \varphi = \frac{\pi}{2} + g \cdot \pi \quad (g \in \mathbb{Z});\, t_N = \left(g\pi + \frac{\pi}{2} - \varphi\right) \cdot \frac{1}{\omega}\,.$$

Extremlagen sind

$$\omega t_E + \varphi + \chi = g\pi \quad (g \in \mathbb{Z}),$$

diese liegen jeweils im Abstand $(\chi - \frac{\pi}{2})/\omega$ von den Nullstellen t_N bzw. χ/ω von den t_B, mit denen sie also für Dämpfung $k = 0$ zusammenfallen. Für $k \neq 0$ liegen die Wendepunkte nicht bei den Nullstellen, sondern im Abstand $2\chi/\omega$ von diesen. Aufeinanderfolgende Nullstellen bzw. Extremlagen bzw. Wendestellen haben jeweils den Abstand π/ω; Paare aufeinanderfolgender Extremwerte $f(t_E) = De^{-kt_E} \cos(g\pi - \chi)$ stehen im Verhältnis $-e^{-k\pi/\omega}$ zueinander.

(ii) Die Gaußsche Glockenkurve

$$f(t) = A e^{-b(t-t_0)^2} \qquad A, b, t_0 \in \mathbb{R}$$
$$\dot{f}(t) = -2Ab(t - t_0)e^{-b(t-t_0)^2}$$
$$\ddot{f}(t) = 4Ab^2 \left[(t - t_0)^2 - \frac{1}{2b}\right] e^{-b(t-t_0)^2}\,.$$

Extremlage $t = t_0$, Extremwert $f(t_0) = A$. Wendestellen im Abstand $\pm 1/\sqrt{2b}$ von t_0, Funktionswerte dort: $A \cdot e^{-1/2} = 0{,}61\,A$.

(iii) Kriechbewegung [Abb. 4.14]

$$A \cdot e^{-kt} + Be^{-lt} \quad (k < l) \qquad A, B, k, l \in \mathbb{R}$$

(eine »Kriech«bewegung liegt nur für $k, l \in \mathbb{R}^+$ vor).

Eine Nullstelle t_N gibt es genau dann, wenn A und B verschiedene Vorzeichen haben:

$$-B/A = e^{(l-k)t_N}, \quad t_N = \frac{1}{l-k} \cdot \log(-B/A)\,.$$

t_N ist größer als 0, wenn das stärker gedämpfte Glied zur Zeit $t = 0$ noch den größeren Wert hatte (also für $k < l$ ist dann $|B| > |A|$). Ein Extremum gibt es, wenn entweder A und B oder k und l verschiedene Vorzeichen haben, d. h. für $\operatorname{sgn}(Bk) = -\operatorname{sgn}(Al)$:

$$t_E = \frac{1}{l-k} \log\left(-\frac{lB}{kA}\right) = t_N + \frac{1}{l-k} \log\left(\frac{l}{k}\right) \quad \text{(falls } t_N \text{ existiert)}$$

$$f(t_E) = \operatorname{sgn}(A\,l) \left|\frac{A}{l}\right|^{\frac{l}{l-k}} \cdot \left|\frac{B}{k}\right|^{\frac{k}{k-l}} (l-k)$$

(eine schöne Übung für den Umgang mit Potenzregeln).

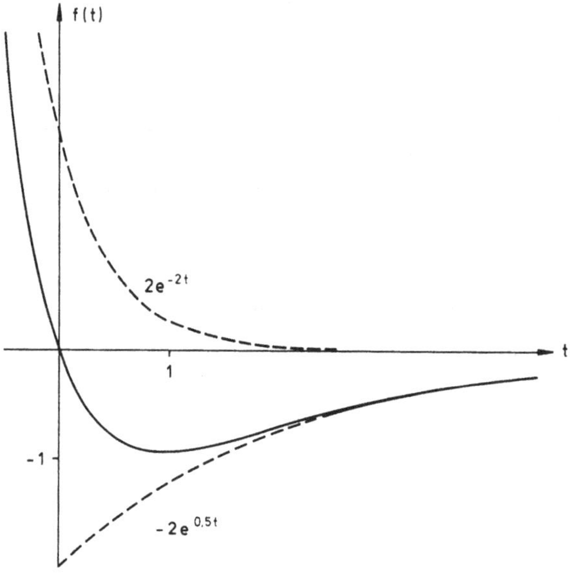

Abb. 4.14. Die Kriechbewegung $Ae^{-kt} + Be^{-lt}$ (für $A = -B = -2$; $k = 0{,}5$, $l = 2$)

Eine Wendestelle gibt es genau dann, wenn es eine Nullstelle gibt, sie liegt bei:

$$t_W = \frac{1}{l-k} \cdot \log\left(-\frac{l^2 B}{k^2 A}\right) = t_N + \frac{2}{l-k} \log\left|\frac{l}{k}\right|.$$

6. In Abb. 4.15/16 sind für reelle Variable die Graphen der beiden Scharen $e^{\lambda t}, t^a$ dargestellt sowohl mit gleichmäßigem Achsenmaßstab als auch im „log"- bzw. „log-log"-Diagramm. Solche logarithmischen Teilungen haben eine Reihe von Vorzügen:

(a) Die Abhängigkeit einer Größe kann über viele „Größenordnungen" („Zehnerpotenzen") hinweg dargestellt werden.

(b) Im „log“-Diagramm haben Exponentialfunktionen, im „log-log“-Diagramm haben Potenzfunktionen als Graphen *Geraden*; bei einer Meßreihe ist es viel einfacher, durch Punkte im Diagramm eine Gerade als eine Exponential- bzw. Potenzkurve zu ziehen und daraus die Parameter λ bzw. a zu ermitteln.

(c) Oft entspricht die log-Skala den physiologisch sinnvollen Größen: Die Dezibel- (früher „Phon“-)Skala ist eine logarithmische Intensitätsskala; in der logarithmischen Frequenzskala haben je zwei Frequenzen, die in einer Oktave zueinander stehen, einen konstanten Abstand (log 2).

7. *Das asymptotische Verhalten für $t \to \infty$ und für $t \to 0$*

Konstanten, Logarithmen, Potenzen ($a > 0$) und Exponentialfunktionen ($\lambda > 0$) haben ein »wesentlich verschiedenes« Tempo des Anwachsens. Addition und Multiplikation mit Funktionen aus »unteren Klassen« ändern das Verhalten von Funktionen »höherer Klassen« nicht wesentlich.

(Wir bezeichnen mit $f \prec g$: Es gibt ein Intervall $A := [a; \infty[$, so daß $f(t) < g(t)$ für alle $t \in A$ gilt.)

Für $0 < a < b, 1 < p < q, 1 < r$ erhält man unter anderem:

$$\begin{aligned} t^0 = 1 &\prec \log t \prec \log(t^p) \prec \log(t^q) \prec (\log t)^r \prec t^{1/p} \prec t \prec \\ &\prec t^p \prec (\log t)^a \cdot t^p \prec \frac{1}{\log t} \cdot t^q \prec t^q \prec (r \cdot t + a)^q \prec \\ &\prec e^{at} \prec e^{at+b} \prec t^p (\log t)^r e^{at} \prec t^{-p} e^{bt} \prec e^{bt} \prec \\ &\prec (e^{bt})^r = e^{rbt} \prec e^{at^2} \prec \Gamma(t+1) \approx t^{1/2} \cdot e^{-t} \cdot t^t \prec t^t . \end{aligned}$$

Alle diese Funktionen können mit beliebigen Konstanten > 0 multipliziert werden, ohne Einfluß auf diese asymptotische Reihenfolge.

»Spiegelbildlich« erhält man für die asymptotisch gegen 0 gehenden Funktionen deren Reihenfolge aus $t^{-a} = 1/t^a, e^{-\lambda t} = 1/e^{\lambda t}$ usw.

(Diese Regeln lassen sich alle aus $1 \prec \log t \prec t$ herleiten, wenn man Regeln über Ungleichungen aus 2.2.3 und die Definition $t^p = e^{p \cdot \log t}$ benutzt; die Abschätzung für $\Gamma(t+1)$ wird in 5.2.2.7 nachgeliefert; es ist $\Gamma(n+1) = n!$).

Durch die Transformation $t \to 1/t$ ergibt sich eine Reihenfolge des Verhaltens bei 0. (Wir schreiben jetzt $f \prec g$, wenn es ein Intervall $A =]0; a]$ gibt, so daß $f(t) < g(t)$ für alle $t \in A$ ist.)

$$\begin{aligned} 0 &\prec e^{-1/t^2} \prec t^b \prec t^a \prec \frac{t}{|\log t|} \prec t \prec t \cdot |\log t| \prec t^{1/a} \prec \frac{1}{|\log t|} \prec 1 \\ &\prec |\log t| \prec t^{-a} \prec t^{-b} . \end{aligned}$$

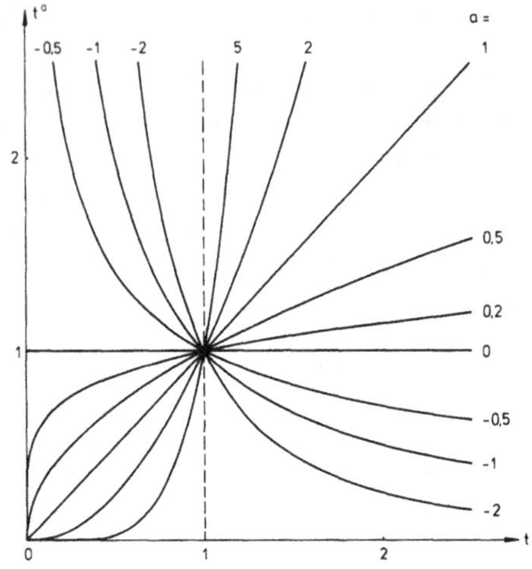

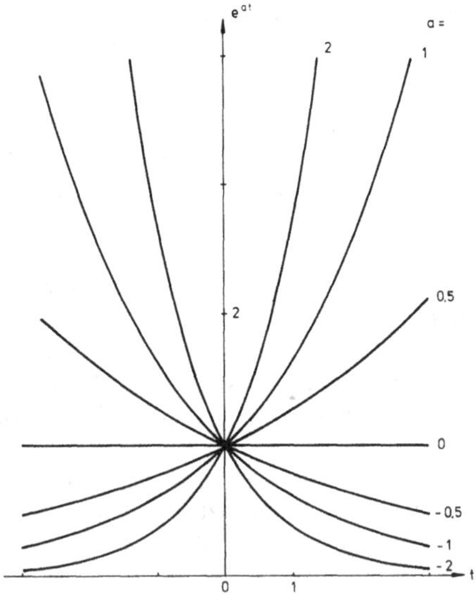

Abb. 4.15 (Legende siehe Seite 31)

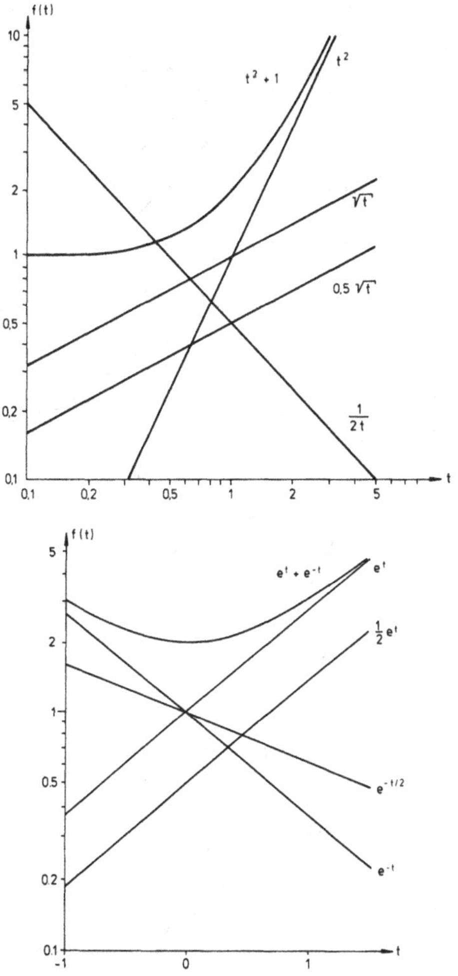

Abb. 4.15. Graphen für die Funktionsscharen $t \mapsto A \cdot e^{at}$ bzw. $t \mapsto A \cdot t^a$ für $A = 1$ und einige Werte von a im Diagramm mit gleichmäßigen Skalen. Im einfach- bzw. doppelt-logarithmisch eingeteilten Diagramm für einige Werte von a und $A > 0$; Achtung: der Nullpunkt ist »ins Unendliche gerückt«, für $A < 0$ können daher keine Graphen gezeichnet werden; die Summe zweier Funktionen, deren Graphen Geraden sind, hat im allgemeinen keine Gerade als Graphen (eingezeichnete Beispiele: $t^2 + 1, e^t + e^{-t}$), sondern Kurven, die sich asymptotisch den Graphen der Summandenfunktionen nähern

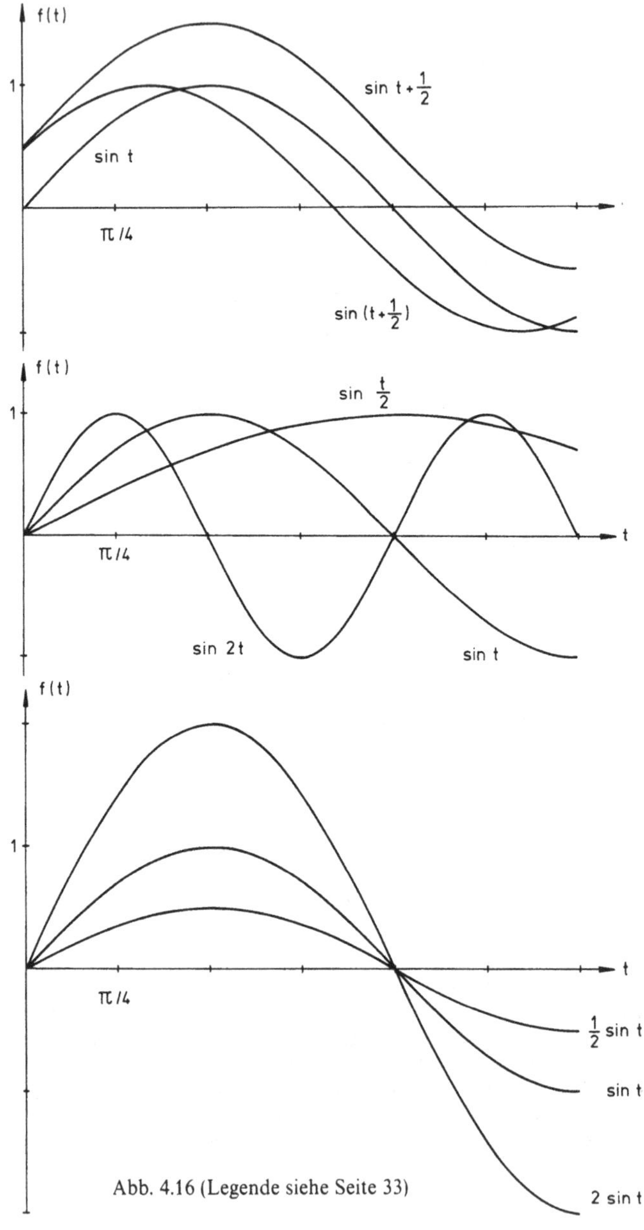

Abb. 4.16 (Legende siehe Seite 33)

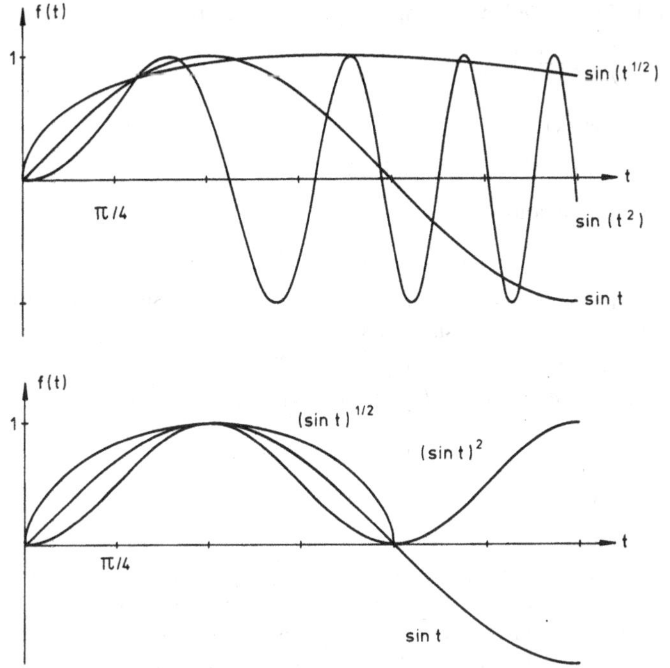

Abb. 4.16. Die Verkettungen von sin mit $t \mapsto t + a, t \cdot a, t^a$ für $a = 1/2$ und 2

8. Das angemessene Mittel zur Untersuchung der Funktionsscharen aus 1 ist die Suche nach Operationen, unter denen diese Scharen in sich übergehen. Dazu die folgenden Abschnitte 9, 10, 11.

9. Variablentransformation

$t \to \alpha t + \beta \quad (\alpha, \beta \in \mathbb{C})\colon A\mathrm{e}^{\lambda t} \to (A\mathrm{e}^{\lambda\beta})\mathrm{e}^{(\alpha\lambda)t}$

$t \to \alpha t^{\beta} \quad (\alpha \in \mathbb{R}^+, \beta \in \mathbb{R}) \quad Ct^a \to (C\alpha^a)\cdot t^{\beta a}$

insbesondere: $t \to 1/t \quad Ct^a \to Ct^{-a}$.

10. Operationen und Funktionen

(a) Hintereinanderschaltung und Umkehrung bei Ct^a

$f^{-1}\colon t \mapsto C^{-1/a} \cdot t^{1/a} = \sqrt[a]{t/C}$

$f_2 \circ f_1\colon t \mapsto C_2(C_1 t^{a_1})^{a_2} = (C_2 \cdot C_1^{a_2})t^{a_1 \cdot a_2}$

bei $A e^{\lambda t}$ führt die Umkehrung aus der Schar heraus:

$$t \mapsto \frac{1}{\lambda} \log\left(\frac{t}{A}\right).$$

(b) Potenzieren

$$(C t^a)^b = C^b \cdot t^{a \cdot b}; \; (A e^{\lambda t})^b = A^b e^{(b\lambda)t}.$$

(c) Multiplikation

$$C_1 t^{a_1} \cdot C_2 t^{a_2} = C_1 C_2 t^{a_1 + a_2}; \; A_1 e^{\lambda_1 t} A_2 e^{\lambda_2 t} = A_1 A_2 e^{(\lambda_1 + \lambda_2)t}.$$

Da die trigonometrischen Funktionen aus einer Summe von Exponentialfunktionen entstanden sind, führt die Multiplikation auf eine Summe $[2 \cos\alpha \cdot \cos\beta = \cos(\alpha + \beta) + \cos(\alpha - \beta)]$:

$$D_1 e^{-k_1 t} \cos(\omega_1 t + \varphi_1) \cdot D_2 e^{-k_2 t} \cos(\omega_2 t + \varphi_2)$$
$$= \frac{D_1 D_2}{2} e^{-(k_1 + k_2)t} [\cos((\omega_1 + \omega_2)t + \varphi_1 + \varphi_2) +$$
$$\cos((\omega_1 - \omega_2)t + \varphi_1 - \varphi_2)].$$

(d) Addition

führt weder bei Potenz- noch bei Exponentialfunktionen auf Funktionen derselben Schar. Bei trigonometrischen Funktionen mit gleicher Amplitude D und gleicher Dämpfung k ist die Summe in ein Produkt umschreibbar (siehe oben unter (c)); das ermöglicht eine einfache Analyse von »Schwebungen«. Mit

$$\omega_+ := (\omega_1 + \omega_2)/2, \; \omega_- := (\omega_1 - \omega_2)/2,$$
$$\varphi_+ := (\varphi_1 + \varphi_2)/2, \; \varphi_- := (\varphi_1 - \varphi_2)/2$$

ist

$$D e^{-kt} \cos(\omega_1 t + \varphi_1) + D e^{-kt} \cos(\omega_2 t + \varphi_2)$$
$$= 2 D e^{-kt} \cos(\omega_+ t + \varphi_+) \cos(\omega_- t + \varphi_-).$$

Bei zwei ähnlichen Frequenzen ist das eine Schwingung mit $\omega_1 \approx \omega_+ \approx \omega_2$, deren Amplitude periodisch mit der Frequenz ω_- schwankt [Abb. 4.17]; bei den »Knoten« $\cos(\omega_- t + \varphi_-) = 0$ springt die Phase um π. Durch Schwebungen kann man auch sehr kleine Differenzen ω_- von zwei Frequenzen ermitteln; viele Verfahren zur Angleichung von Frequenzen beruhen darauf.

11. Differenzieren und Integrieren

$$(A e^{\lambda t})^{\bullet} = (A\lambda) e^{\lambda t} \qquad (C \cdot t^a)^{\bullet} = (Ca) t^{a-1}$$
$$(A e^{\lambda t})^{(k)} = A \lambda^k e^{\lambda t} \qquad (C \cdot t^a)^{(k)} = C \cdot a(a-1) \cdot \dots \cdot (a - k + 1) t^{a-k}$$

$\frac{A}{\lambda} e^{\lambda t}$ + const. ist Stammfunktion zu $A e^{\lambda t}$

$\frac{C}{a+1} t^{a+1}$ + const. ist Stammfunktion zu $C t^a$ für $a \neq -1$

t^{-1} ist nicht Ableitung irgendeiner Potenzfunktion, sondern von $\log|t|$ + const.

Diese Beziehungen sind wichtig für die Behandlung vieler Differentialgleichungen, z. B.:

$\dot{f}(t) = \alpha \cdot f(t)$ hat die Lösungen $f(t) = A e^{\alpha t}$ (A bel. aus $\mathbb{C}$)
$t \cdot \dot{f}(t) = \alpha f(t)$ hat die Lösungen $f(t) = C \cdot t^\alpha$ (C bel. aus $\mathbb{R}$)
$\dot{f}(t) = \beta[f(t)]^\gamma$ ($\gamma \neq 1$) hat die Lösungen $f(t) = C(t - t_0)^a$ mit $a = \frac{1}{1-\gamma}$ und $C = (\beta/a)^a$, t_0 bel. aus $\mathbb{R}$, $f(t)$ ist für alle $t \in]t_0, \infty[$ definiert.

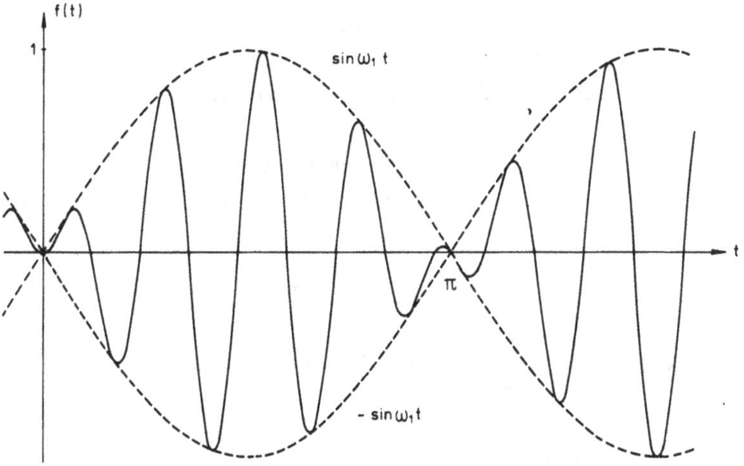

Abb. 4.17. Schwebung $t \mapsto \sin\omega_1 t \cdot \sin\omega_2 t$ (mit $\omega_1 = 1, \omega_2 = 8{,}3$)

12. Mit diesen Differentiationsregeln lassen sich auch die Taylorschen Näherungen und die Taylorreihen ermitteln.

$$A e^{\lambda t} = A \cdot \sum_{k=0}^{n} \frac{\lambda^k e^{\lambda a}}{k!} (t-a)^k + R_{n+1} \text{ bzw. } A \cdot \sum_{k=0}^{\infty} \frac{\lambda^k e^{\lambda a}}{k!} (t-a)^k .$$

Meist ist die Wahl $a = 0$ sinnvoll; für $A = 1 = \lambda$ ergibt sich dann:

$$e^t = \sum_{k=0}^{\infty} \frac{t^k}{k!} = 1 + t + \frac{t^2}{2!} + \frac{t^3}{3!} + \cdots$$

und für das Restglied

$$|R_n(0;t)| \leqslant \sup_{0 \leqslant \vartheta \leqslant 1} |e^{\vartheta t}| \cdot \frac{|t|^n}{n!} \leqslant e^{|t|} \cdot \frac{|t|^n}{n!}.$$

Die Taylorreihen für $\sin t$ und $\cos t$ erhält man aus der für e^{it}:

$$e^{it} = \begin{cases} \cos t = 1 + \dfrac{(it)^2}{2!} + \cdots = \displaystyle\sum_{k=0}^{\infty} \frac{(-1)^k}{(2k)!} t^{2k} \\ + i \sin t = it + \dfrac{(it)^3}{3!} + \cdots = i \cdot \displaystyle\sum_{k=0}^{\infty} \frac{(-1)^k}{(2k+1)!} t^{2k+1}. \end{cases}$$

Die Entwicklung der Potenzfunktionen („Binomische Reihe"):

$$C \cdot t^b = C \cdot \sum_{k=0}^{n} \binom{b}{k} a^{b-k} (t-a)^k + R_{n+1}$$

$$\text{mit } \binom{b}{k} := \frac{b(b-1) \cdot \cdots \cdot (b-k+1)}{k!} \, (b \in \mathbb{C}, k \in \mathbb{N}).$$

Für $b \in \mathbb{N}, n \geqslant b$ ist dies der Binomische Lehrsatz 2.1.2.6.

Für $b \notin \mathbb{N}$ kann man nicht $a = 0$ wählen, da 0^b nicht definiert ist; die übliche Wahl ist $a = 1$:

$$t^b = \sum_{k=0}^{n} \binom{b}{k} (t-1)^k + R_{n+1} \quad \text{bzw.} \quad (1+t)^b = \sum_{k=0}^{n} \binom{b}{k} t^k + \tilde{R}_{n+1}$$

$$|R_n(1; t-1)| \leqslant \sup_{0 \leqslant \vartheta \leqslant 1} \left| \binom{b}{n} \right| |1 + \vartheta(t-1)|^{b-n} \cdot |t-1|^n$$

$$|\tilde{R}_n(0;t)| \leqslant \sup_{0 \leqslant \vartheta \leqslant 1} \left| \binom{b}{n} \right| |1 + \vartheta t|^{b-n} \cdot |t|^n.$$

Beispiele

(i) Bereiche, in denen die Näherung 1. bzw. 2. Ordnung einen Fehler von weniger als 1% (bzw. 10%) hat *).

---

*) Relativer Fehler wie in 2.2.3.4 definiert: $\left|\frac{e^t - (1+t)}{1+t}\right| \leqslant 0{,}1$ für $-0{,}37 \leqslant t \leqslant 0{,}50$, usw. $\left|\frac{e^t - (1+t)}{e^t}\right|$ hingegen ist $\leqslant 0{,}1$ im Bereich $-0{,}39 \leqslant t \leqslant 0{,}53$.

		1. Ordnung	(2. Ordnung)
$e^t \approx 1 + t \quad \left(+\frac{t^2}{2}\right)$	1%	[−0,14; 0,14]	[−0,35; 0,43]
	10%	[−0,37; 0,50]	[0,72; 1,05]
$\cos t \approx 1 \quad \left(-\frac{t^2}{2}\right)$	1%	[−0,14; 0,14]	[−0,66; 0,66]
	10%	[−0,45; 0,45]	[−1,03; 1,03]
$\sin t \approx t$	1%	[−0,24; 0,24]	–
	10%	[−0,78; 0,78]	–

$$(1 \pm t)^b \approx 1 \pm bt \quad \left(+\frac{b(b-1)}{2}t^2\right)$$

Man erhält für $b = 1/2$, $t \to t^2$; $b = -3/2$, $t \to -t$ und $b = 1/4$:

$\sqrt{1-t^2} \approx 1 \quad \left(-\frac{1}{2}t^2\right)$	1%	[−0,14; 0,14]	[−0,49; 0,49]
	10%	[−0,43; 0,43]	[−0,76; 0,76]
$\left(\frac{1}{\sqrt{1-t}}\right)^3 \approx 1 + \frac{3}{2}t \quad \left(+\frac{15}{8}t^2\right)$	1%	[−0,07; 0,07]	[−0,16; 0,17]
	10%	[−0,21; 0,24]	[−0,35; 0,36]
$\sqrt[4]{1+t} \approx 1 + \frac{1}{4}t \quad \left(-\frac{3}{32}t^2\right)$	1%	[−0,28; 0,37]	[−0,47; 0,67]
	10%	[−0,69; 1,69]	[−0,80; 1,63]

(ii) Die ersten Nullstellen von $\cos t$ sind $\pm\pi/2 = \pm 1{,}5708$; $\pm\frac{3}{2}\pi = \pm 4{,}71$.

Die Näherungspolynome haben folgende Nullstellen:

$$1 - \frac{t^2}{2}: \qquad \pm\sqrt{2} = \pm 1{,}4142,$$

$$1 - \frac{t^2}{2} + \frac{t^4}{24}: \qquad \pm\sqrt{6 \pm \sqrt{12}} = \pm 1{,}5925,\ \pm 3{,}07$$

$$1 - \frac{t^2}{2} + \frac{t^4}{24} - \frac{t^6}{720}: \qquad \pm 1{,}5699,$$

(für große $|t|$ ist natürlich kein Polynom eine gute Annäherung an eine beschränkte Funktion).

13. Für die Konvergenzuntersuchung der Taylor*reihe* benötigt man Abschätzungen für das Verhalten von R_n für $n \to \infty$. Da $|t|^n/n!$ bei festem t gegen 0 geht (denn $n! = \Gamma(n+1)$ dominiert $e^{n \cdot \log t}$; vgl. 7), konvergieren die Reihen für $e^t, \cos t, \sin t$ für alle $t \in \mathbb{C}$.

Die Binomische Reihe $\Sigma\binom{b}{k}t^k$ konvergiert für $|t| < 1$. (Man kann ziemlich leicht zeigen, daß das Restglied $\tilde{R}_n(0;t)$ für $t \in [0,1[$ konvergiert (weil $\lim\limits_{n\to\infty} \binom{b}{n}t^n = 0$ für $|t| < 1$ ist); also ist der Konvergenzradius mindestens gleich 1. Für $t = -1$ ist die Funktion $(1 + t)^b$ aber nicht mehr beliebig oft differenzierbar, falls $b \notin \mathbb{N}$ ist, also muß die Reihe dort divergieren; also ist der Konvergenzradius nicht größer als 1.)

Achtung: Die Taylorreihen spielen in der Physik bei weitem nicht die Rolle, die ihnen oft zugeschrieben wird. Der »übliche Spruch«: „Man schreibt die ersten Glieder der Taylorreihe an und bricht dann ab" ist in Wahrheit eine *unvollständige* Benutzung des *Satzes* von Taylor: Die Funktion ist gleich dem Näherungspolynom plus (nicht angeschriebenes) Restglied. Wie unsinnig in solchem Fall der Bezug auf Taylor*reihen* ist, läßt sich etwa an unseren Zahlenbeispielen aus 12 ablesen: Für positive Werte von t ist die Näherung 1. (oder auch 2.) Ordnung für $\sqrt[4]{1 + t}$ besser als die Näherung gleicher Ordnung für e^t, auch dort, wo die Taylorreihe für $\sqrt[4]{1 + t}$ divergiert (etwa $t = 1, t = 2$), die Reihe für e^t aber konvergiert!

14. *Beispiel* [Abb. 4.18]

Ein in Ruhe befindliches Seil (die Lage werde beschrieben als $y(x)$) hängt unter einer Belastung $q(x)$ durch, die »senkrecht« in y-Richtung wirkt. Auf ein »kleines Stückchen« des Seils zwischen x und $x + \Delta x$

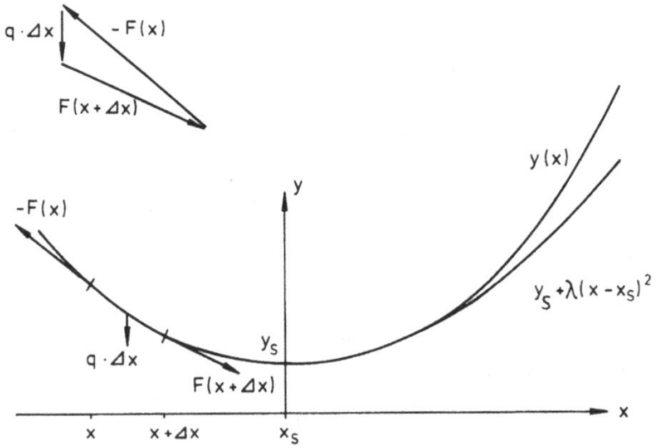

Abb. 4.18. Das Kräftegleichgewicht an einem ruhenden Seil: Die beiden Zugkräfte $-F(x)$ und $F(x + \Delta x)$, die nur tangential wirken können, da das Seil biegsam ist und die Belastung $q \cdot \Delta x$ am Seilstück zwischen x und $x + \Delta x$ heben sich insgesamt auf. Die Kettenlinie (des unter eigenem Gewicht durchhängenden Seiles) und ihre Näherung 2. Grades: eine Parabel (die sich auch bei einer Hängebrücke ergibt)

wirken drei Kräfte, die Zugkräfte $-\boldsymbol{F}(x)$ und $\boldsymbol{F}(x+\Delta x)$ an den Enden, und die Kraft $\boldsymbol{q}(x)\Delta x$, deren Summe gleich $\mathbf{0}$ sein muß, genauer:

$$\boldsymbol{F}(x+\Delta x) = \boldsymbol{F}(x) + \boldsymbol{q}(x)\Delta x + o(\Delta x), \quad \text{d. h.:} \quad \frac{\mathrm{d}\boldsymbol{F}}{\mathrm{d}x}(x) = \boldsymbol{q}(x) = \begin{bmatrix} 0 \\ q(x) \end{bmatrix}.$$

Ist das Seil „völlig biegsam", stellt sich die Tangente in Richtung der Zugkraft: $\dot{y}(x) = \frac{F_y}{F_x}$, und wir erhalten $\frac{\mathrm{d}F_x}{\mathrm{d}x} = 0$, F_x ist konstant.

$$\ddot{y}(x) = \frac{1}{F_x} \cdot \frac{\mathrm{d}F_y}{\mathrm{d}x}(x) = \frac{1}{F_x} \cdot q(x)$$

Fall (i) »*Hängebrücke*«: q ist von x unabhängig, wir erhalten

$$y = \frac{q}{2F_x} \cdot x^2 + C \cdot x + D = \frac{q}{2F_x}(x - x_s)^2 + y_s.$$

Für alle Werte von C, D bzw. x_s, y_s ist $y(x)$ Lösung der Gleichung für $\ddot{y}(x)$; diese Konstanten ergeben sich durch Aufhängung und Länge des Seils, (x_s, y_s) ist der Scheitelpunkt der Parabel.

Fall (ii) »*Kette*«. Hängt das Seil nur unter dem eigenen Gewicht durch, ist $q(x) \cdot \Delta x$ gleich dem „Gewicht pro Länge" $\mu \cdot g$ mal „Länge des Seils zwischen x und $x + \Delta x$": $\sqrt{(\Delta x)^2 + (\Delta y)^2} \approx \sqrt{1 + \dot{y}^2} \cdot \Delta x$. Also

$$\ddot{y} = \lambda \sqrt{1 + \dot{y}^2} \qquad \left(\lambda := \frac{\mu g}{F_x}\right).$$

Die Lösungen dieser Gleichung kann man nach einem in 6.1.2.2 beschriebenen Verfahren erhalten:

$$y(x) = \frac{1}{2\lambda}\left(\mathrm{e}^{\lambda(x-x_s)} + \mathrm{e}^{-\lambda(x-x_s)}\right) + y_s - \frac{1}{\lambda}.$$

(*Daß* dies Lösungen sind, ist durch Differenzieren und Einsetzen leicht zu bestätigen.) Wir legen den Koordinatenursprung in den Scheitelpunkt.

Wegen $\dddot{y}(0) = 0$ ist die Taylorsche Näherung 2. Ordnung auch Näherung 3. Ordnung; sie lautet:

$$y(x) = \frac{1}{2\lambda}\left(1 + \lambda x + \frac{\lambda^2 x^2}{2} + \frac{\lambda^3 x^3}{6} + 1 - \lambda x + \frac{\lambda^2 x^2}{2} - \frac{\lambda^3 x^3}{6}\right)$$
$$+ R_4 - \frac{1}{\lambda} = \frac{\lambda}{2} x^2 + R_4$$

$$\dot{y} = \lambda \cdot x + \tilde{R}_3$$

$$|R_4| \leqslant \sup_{0 \leqslant \vartheta \leqslant 1} |e^{\vartheta\lambda x} + e^{-\vartheta\lambda x}| \frac{\lambda^4}{2\lambda} \frac{x^4}{4!} \leqslant \frac{\lambda^3 x^4}{48}(e^{\lambda x} + e^{-\lambda x})$$

$$\approx \frac{\lambda^3 x^4}{24} \quad (\text{für } |\lambda x| \ll 1)$$

$$|\tilde{R}_3| \leqslant \frac{\lambda^3 x^3}{2 \cdot 3!}(e^{\lambda x} + e^{-\lambda x}).$$

Diese Näherung 2. Ordnung entspricht einem Seil mit von x unabhängiger Belastung $q = \mu \cdot g$; sie ist vernünftig, solange die Länge eines Seilstückes ungefähr Δx ist, also $\dot{y}^2 \ll 1$ („flach durchhängende Kette"). Durch Rechnung ergibt sich für $|\lambda x| < 0{,}38$, daß $|\tilde{R}_3| < 0{,}01$ ist; also weicht bis zu einem Winkel der Tangente (gegen die Horizontale) von $\arctan(0{,}38 - 0{,}01) \approx 20°$ die Näherung 1. Ordnung von $\dot{y}$ um weniger als 1 Hundertstel ab. Der Fehler bei Berechnung der Lage $y(x)$ in diesem Bereich kann durch $|R_4| \leqslant \frac{0{,}38}{4 \cdot \lambda} \cdot 0{,}01 = 0{,}001 \frac{F_x}{\mu g}$ abgeschätzt werden.

4.4 Tensoranalysis *)

Die schon angekündigte Anwendung der Differentialrechnung auf geometrische Objekte: „grad", „rot", „div" in allgemeinen Koordinaten nebst einer Begründung, weshalb diese Operationen in einem bestimmten Sinne die einzig möglichen Differentiationen mit »geometrischer Bedeutung« sind.

4.4.0 Zur Problemstellung

Rechenschaft über das bisher Erreichte und das was noch fehlt.

1. Für »gerichtete Größen« (vgl. 3.0.1 und Beispiel 3.1.1.5(i)) haben wir in Kap. 3 ausgiebig Algebra betrieben; der Schritt analog zu dem von Zahlen auf Funktionen ist aber noch nicht getan: die Beschreibung des Verhaltens solcher Größen in *Abhängigkeit von Ort und/oder Zeit.*

---

*) Die gewählte Darstellung ist ein Kompromiß zwischen dem eleganten, trotz seiner Allgemeinheit einfachen „äußeren Differentialkalkül" und dem symbolischen Kalkül der Physikbücher, in dem viele Tensorräume durcheinandergeworfen werden, und der gleichermaßen ungeeignet ist für explizite Rechnungen und für die Herleitung allgemeiner Formeln in krummlinigen Koordinaten sowie für eine Verallgemeinerung auf mehr als 3 Dimensionen.

Wir hatten die Vektoren des $\mathbb{V}_3$ als Parallelverschiebungen des $\mathbb{E}_3$ gedeutet. Eine »reale Verschiebung« (etwa die Strömung einer Flüssigkeit) findet im allgemeinen auf »krummen Wegen« statt und ist keineswegs „parallel". Also versucht man, in einem Punkt $p \in \mathbb{E}_3$ die Tendenz (der Strömung) festzustellen und als „lineare Näherung" den Vektor $\mathfrak{v}(p)$ derjenigen Parallelverschiebung zu nehmen, die vorliegen würde, wenn an allen Orten im $\mathbb{E}_3$ die gleiche Tendenz wie in p herrschen würde. Wird so jedem Punkt p ein $\mathfrak{v}(p)$ zugeordnet, heißt $\mathbb{E}_3 \to \mathbb{V}_3$, $p \mapsto \mathfrak{v}(p)$ ein *Vektorfeld**) [vgl. Abb. 4.19]. In der Physik sind die wichtigen Vektorfelder nicht durchweg Verschiebungen oder Verschiebungstendenzen, aber im allgemeinen Größen, die eng mit Verschiebungen zu tun haben bzw. solche bewirken (Kräfte u.ä.).

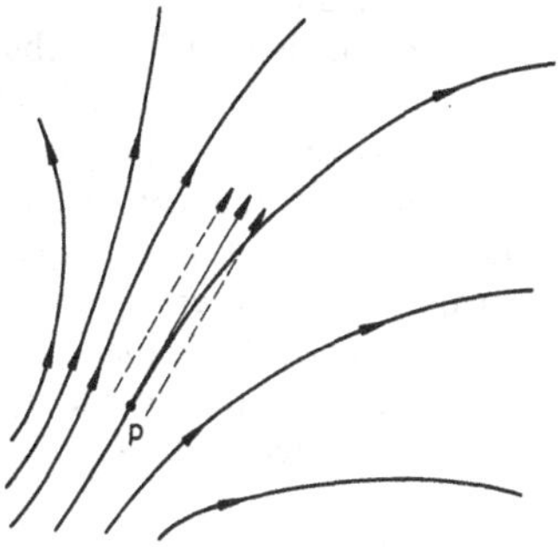

Abb. 4.19. Strömungslinien $\mathbb{R} \to \mathbb{R}^2$, $t \mapsto x^k(t)$ und die lineare Näherung in einem Punkt p

2. *Ankündigung*

In 4.4.1 werden zur Beschreibung von Feldern *Koordinaten* auf dem $\mathbb{E}_3$ eingeführt.

In 4.4.2 werden zu den beiden wichtigsten Grundtypen physikalischer Felder die linearen Näherungen (»Änderungstendenzen«) ermittelt.

- Strömungsfeld mit Tangentenvektor an die Stromlinien, der die Geschwindigkeit nach Größe und Richtung angibt.
- Skalarfeld (wie z. B. Temperatur, Ladungsdichte) mit dem Gradienten, der Richtung und Betrag des steilsten Anstiegs der Feldgröße angibt.

---

*) Mit dem Wort „Feld" werden Funktionen bezeichnet, deren Variable die Punkte im Raum sind, also „ortsabhängige" Größen.

In jedem Punkt p bilden Tangentenvektoren und Gradienten zueinander duale Lineare Räume $\mathbb{V}(p)$, $\mathbb{V}^*(p)$.

Wie bei Funktionen auf $\mathbb{R}$ bzw. $\mathbb{R}^n$ ist die Differentialrechnung das wichtigste Hilfsmittel zur Funktionsdiskussion der Felder; gesucht werden in 4.4.3 koordinatenunabhängige Ableitungsbildungen.

4.4.1 Koordinaten im $\mathbb{E}_3$

1. Da eine Addition von Punkten im $\mathbb{E}_3$ nicht erklärt ist, ist die Methode, Koordinaten als Koeffizienten einer Linearkombination aus einer Basis zu wählen, nicht vom $\mathbb{V}_3$ auf den $\mathbb{E}_3$ übertragbar. Die Wahl eines speziellen Koordinatensystems hat sich nach dem konkreten Problem, etwa dessen Symmetrien, zu richten. Für allgemeine Sätze sind die „kartesischen" Koordinaten oft die geeignetsten und einfachsten. Da sie der Translationssymmetrie (Verschiebungen) des $\mathbb{E}_3$ »angepaßt« sind, passen sie gut mit Koordinaten im $\mathbb{V}_3$ zusammen; für Koordinaten, die der Rotationssymmetrie angepaßt sind (Polar-, Zylinder- und Kugel-Koordinaten), gilt dies nicht. Das bekannteste Beispiel von krummlinigen Koordinaten ist das geographische: Längengrad, Breitengrad, Höhe über/unter dem Meeresspiegel; es zeigt ein »irreguläres Verhalten« auf der Geraden durch die Pole: Bei gleicher Höhe erhält man bei 90° Breite für alle Längengrade denselben Punkt, im Erdmittelpunkt sogar für alle Breiten und Längen.

2. Den allgemeinen Formalismus werden wir aus »Bequemlichkeit« für Koordinatensysteme entwickeln, deren Umrechnungsformeln gegenüber kartesischen Koordinaten (und daher auch untereinander) durch beliebig oft differenzierbare Funktionen gegeben werden: In Hin- und Rücktransformation $\bar{x}^k = \bar{u}^k(x^1, x^2, x^3)$, $x^k = u^k(\bar{x}^1, \bar{x}^2, \bar{x}^3)$ mit $k = 1, 2, 3$ sollen die Funktionen $\bar{u}^k$ und u^k alle partiellen Ableitungen nach allen drei Variablen besitzen. Dann existieren die Ableitungen eines Feldes f für *jedes* zugelassene Koordinatensystem, wenn sie für *ein* solches Koordinatensystem existieren; z. B. (mit $\bar{u}^k(x^l)$ für $\bar{u}^k(x^1, x^2, x^3)$):

$$\frac{\partial}{\partial \bar{x}^l} f(x^k) = \frac{\partial}{\partial \bar{x}^l} f(u^k(\bar{x}^l)) = \Sigma_k \frac{\partial}{\partial x^k} f(x^k) \cdot \frac{\partial u^k}{\partial \bar{x}^l}.$$

Die „Differenzierbarkeit" von f ist dann eine Eigenschaft, die unabhängig von der Wahl eines speziellen Koordinatensystems ist.

3. Hier die wichtigsten speziellen Koordinatensysteme im $\mathbb{E}_3$ mit ihren Umrechnungsformeln:

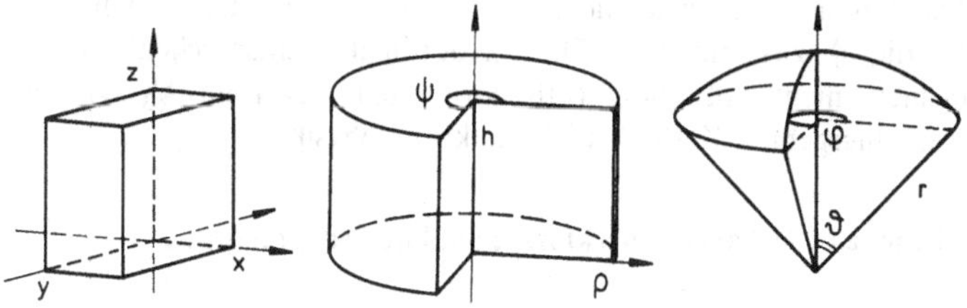

(a) Kartesische Koordinaten	(b) Zylinder-Koordinaten	(c) Kugel-Koordinaten
$x^1 = x,\ x^1 \in \mathbb{R}$	$x^1 = \rho,\ x^1 \in [0;\infty[$	$x^1 = r,\ x^1 \in [0;\infty[$
$x^2 = y,\ x^2 \in \mathbb{R}$	$x^2 = \psi,\ x^2 \in [0;2\pi[$	$x^2 = \vartheta,\ x^2 \in [0;\pi]$
$x^3 = z,\ x^3 \in \mathbb{R}$	$x^3 = h,\ x^3 \in \mathbb{R}$	$x^3 = \varphi,\ x^3 \in [0;2\pi[$
Verletzung der Regularität bei:	$\{\rho = 0\}$	$\{r = 0\}$ und $\{\vartheta = 0$ oder $\pi\}$
Umrechnungsformeln		
$x = \rho\cos\psi = r\sin\vartheta\cos\varphi$	$\rho = \sqrt{x^2 + y^2} = r\sin\vartheta$	$r = \sqrt{x^2 + y^2 + z^2} = \sqrt{\rho^2 + h^2}$
$y = \rho\sin\psi = r\sin\vartheta\sin\varphi$	$\tan\psi = y/x = \tan\varphi$	$\tan\vartheta = \sqrt{x^2 + y^2}/z = \rho/h$
$z = h = r\cos\vartheta$	$h = z = r\cos\vartheta$	$\tan\varphi = y/x = \tan\psi$

Die Freiheit in der Wahl der Koordinaten ist in diesen drei Fällen gleich groß: zuerst beliebige Wahl des Ursprungs (0,0,0), dann noch eine beliebige Wahl der Richtung der x-/ρ-/r-Achse, schließlich (senkrecht auf dieser, sonst beliebig) die z-/h-/ϑ-Achse; das ergibt zusammen $3 + 2 + 1 = 6$ Freiheitsgrade.

(d) Polarkoordinaten im $\mathbb{E}_2$ erhält man aus (b) für $h = \text{const}$ bzw. (c) für $\vartheta = \pi/2$.

(e) Schiefwinklige geradlinige Koordinaten.

$$\xi = a_1^1 x + a_2^1 y + a_3^1 z \qquad \text{mit}$$
$$\eta = a_1^2 x + a_2^2 y + a_3^2 z \qquad \det(a_l^k) \neq 0$$
$$\zeta = a_1^3 x + a_2^3 y + a_3^3 z$$

Die Zahl der Freiheitsgrade ist hier: 3 für den Ursprung (0,0,0), dazu 9 für die a_l^k, zusammen 12. Diese Koordinaten entsprechen den allgemeinen, nicht notwendig orthonormierten Basen im $\mathbb{V}_3$ (Hauptanwendungsgebiet: Kristall- und Festkörperphysik).

4.4.2 Kurven und Tangentenvektoren; Skalare und Gradienten

1. *Definition:* Eine stetige Abbildung γ von $\mathbb{R}$ (oder einem Intervall $I \subset \mathbb{R}$) in den $\mathbb{E}_3$ heißt *Kurve*. Das Bild $\gamma(\mathbb{R})$ bzw. $\gamma(I) \subset \mathbb{E}_3$ heißt *Weg*.

Achtung: Im Gegensatz zum Sprachgebrauch des Alltags ist also eine Kurve in der Analysis *parametrisiert:* Die Ortsbewegung eines (zu einem Punkt idealisierten) Körpers: $t \mapsto x(t)$ ist eine Kurve; zwei Körper, die denselben Weg zu verschiedenen Zeiten durchlaufen, beschreiben in diesem Sinne verschiedene Kurven.

Definition: Eine stetige Abbildung $f: \mathbb{E}_3 \to \mathbb{R}$ heißt *Skalarfeld* auf $\mathbb{E}_3$.

Beispiel (vgl. Abb. 4.21): Die (örtlich veränderliche) Temperatur $T(p)$. In der graphischen Darstellung im $\mathbb{E}_2[\mathbb{E}_3]$ heißen die Mengen von Punkten gleichen Funktionswertes *Isolinien* [*Isoflächen*] (im Beispiel der Temperatur T: Isothermen).

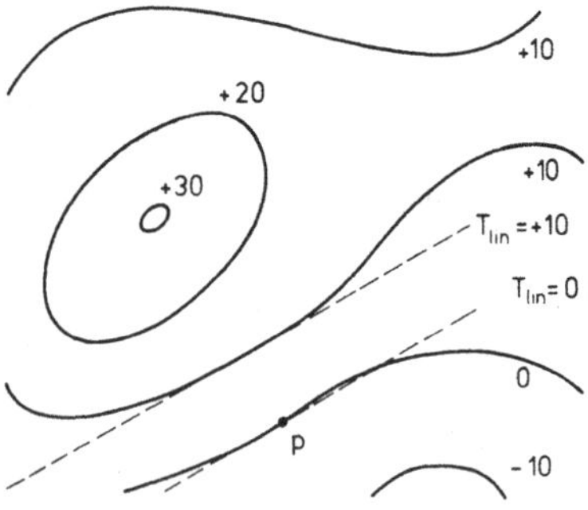

Abb. 4.21. Ein Skalarfeld $\mathbb{R}^2 \to \mathbb{R}$, $p \mapsto T(p)$ und die lineare Näherung in einem Punkt p

2. Hat man eine Kurve γ und ein Skalarfeld f, so gibt es eine Funktion $\mathbb{R} \to \mathbb{R}, t \mapsto f(\gamma(t))$; z. B. einem Zeitpunkt t wird diejenige Temperatur T zugeordnet, die an dem Ort herrscht, den der von uns betrachtete Körper zur Zeit t gerade erreicht hat. Auf solche Funktionen $\mathbb{R} \to \mathbb{R}$ können wir den ganzen Apparat der Analysis reeller Funktionen anwenden, Ableitungen bilden usw.

Längs zweier Kurven γ und φ durch einen Punkt p wird im allgemeinen ein Skalarfeld verschiedene Ableitungen haben; ergibt sich aber längs γ dieselbe Ableitung wie längs φ für jedes Skalarfeld f:

$$(*)\,\frac{\mathrm{d}}{\mathrm{d}t} f(\varphi(t))|_p = \frac{\mathrm{d}}{\mathrm{d}t} f(\gamma(t))|_p$$

so sagt man, γ und φ haben denselben *Tangentenvektor**). Die »Bewegungen« $t \mapsto \varphi(t)$ und $t \mapsto \gamma(t)$ müssen in p nicht nur in ihrer Richtung, sondern auch ihrer Geschwindigkeit („Länge des Tangentenvektors") übereinstimmen, vgl. Abb. 4.22. Der Tangentenvektor von $\gamma(t)$ wird mit $\dot{\gamma}(t)$ bezeichnet.

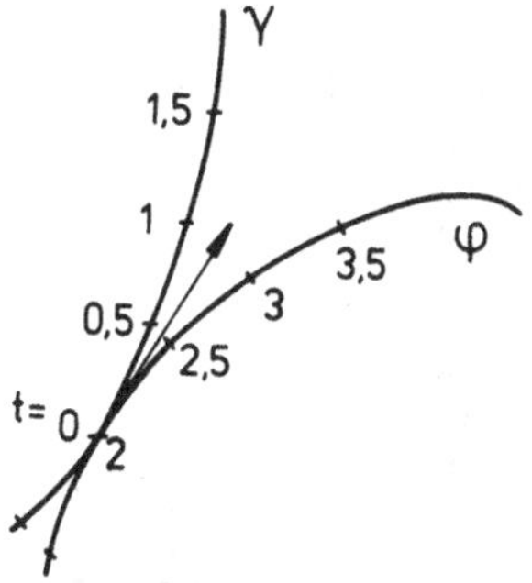

Abb. 4.22. Zwei parametrisierte Kurven, die denselben Tangentenvektor haben

Ebenso haben zwei Skalarfelder f und g im allgemeinen längs einer Kurve γ verschiedene Ableitungen; ist aber für jede Kurve γ durch p:

$$\frac{\mathrm{d}}{\mathrm{d}t} f(\gamma(t))|_p = \frac{\mathrm{d}}{\mathrm{d}t} g(\gamma(t))|_p$$

*) Wer nicht ohne explizite Definition weiterlesen möchte, der führe mittels (*) in der Menge aller Kurven durch p eine Äquivalenzbeziehung (1.3.2.3) ein und *definiere* einen Tangentenvektor als Äquivalenzklasse, d. h. Menge von Kurven, die (*) erfüllen (analog dann Gradienten als eine Menge von Skalarfeldern).

sagt man, f und g haben denselben *Gradienten* in p; sie haben gleiches »*Gefälle*« bezüglich Richtung und Steilheit. Der Gradient von f wird mit $\mathrm{d}f$ bezeichnet*).

3. Tangentenvektoren und Gradienten sind *lineare Näherungen* an Kurven und Skalarfelder in einem Punkt. Jeder Punkt $p \in \mathbb{E}_3$ besitzt einen Vektorraum $\mathbb{V}(p)$ der Tangentenvektoren und einen dazu dualen Raum $\mathbb{V}^*(p)$ der Gradienten.

Zusatz (Die Vektorraumstruktur von $\mathbb{V}(p)$ und $\mathbb{V}^*(p)$)

Die Summe der Gradienten zu den Skalarfeldern f und g ist der Gradient von $f + g\colon \mathbb{E}_3 \mapsto \mathbb{R}, p \mapsto f(p) + g(p)$; er ordnet jeder Kurve γ den Wert $\frac{\mathrm{d}}{\mathrm{d}t}[f(\gamma(t)) + g(\gamma(t))] = \frac{\mathrm{d}}{\mathrm{d}t} f(\gamma(t)) + \frac{\mathrm{d}}{\mathrm{d}t} g(\gamma(t))$ zu. Die Summe der Tangentenvektoren an die Kurven γ und φ ordnet jedem Skalarfeld f den Wert $\frac{\mathrm{d}}{\mathrm{d}t}(f(\gamma(t)) + f(\varphi(t)))$ zu; es gibt Kurven, deren Tangentenvektor diese Summe ist, etwa folgendes ψ: Sei $\gamma(t_1) = p = \varphi(t_2)$ und die Koordinaten des Punktes $\gamma(t - t_1)$ seien $p^k + \gamma^k$, die von $\varphi(t - t_2)$ seien $p^k + \varphi^k$; ψ werde dann gewählt als Kurve $t \mapsto p^k + \gamma^k + \varphi^k$, [vgl. Abb. 4.23]. Es gilt daher $\dot{\psi} = \dot{\gamma} + \dot{\varphi}$.

Entsprechend kann man die Multiplikation von Gradienten und Tangentenvektoren mit Zahlen erklären.

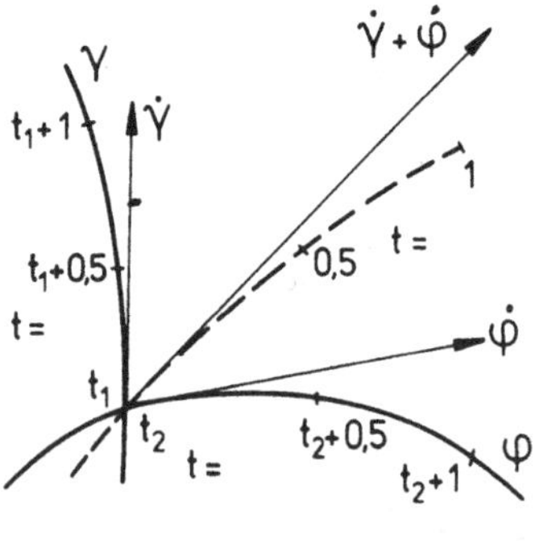

Abb. 4.23. Zu zwei Kurven γ und φ mit Tangentenvektoren $\dot{\gamma}$ und $\dot{\varphi}$ gibt es eine (gestrichelt gezeichnete) Kurve, die den Tangentenvektor $\dot{\gamma} + \dot{\varphi}$ hat

*) Die in diesem Buch definierte *Linearform* „Gradient von f" $\mathrm{d}f$ ist *nicht* gleich dem *Vektor* $\operatorname{grad} f$, wie er in fast allen Physikbüchern vorkommt; siehe dazu weiter unten 4.4.3.4.

Der Gradient eines Skalars f ordnet zwei Kurven γ und φ mit demselben Tangentenvektor $\boldsymbol{v}$ in p dieselbe reelle Zahl $\frac{\mathrm{d}}{\mathrm{d}t}(f(\gamma(t))|_p = \frac{\mathrm{d}}{\mathrm{d}t} f(\varphi(t))|_p$ zu, also erklärt der Gradient eine Funktion auf der Menge der Tangentenvektoren $\mathbb{V}(p)$ und zwar, wie wir oben gesehen haben, eine lineare, also ein Element von $\mathbb{V}^*(p)$.

Bemerkung: Wie in Kap. 3 kann man jetzt auf $\mathbb{V}_3(p)$ die ganze »Hierarchie« der Tensorräume errichten und so *Tensorfelder* auf $\mathbb{E}_3$ einführen. Schon die unabhängige Einführung von $\mathbb{V}^*(p)$ war nicht notwendig, aber wegen der großen Bedeutung der dualen Räume $\mathbb{V}^*$ recht instruktiv.

Warnung: Aus Abb. 4.21 geht hervor, daß die natürliche Veranschaulichung des Gradienten Ebenenpaare tangential zu den Isoflächen sind, wie wir das bei linearen Funktionen aus 3.1.1.5 (iv b) kennen, und nicht die üblichen »Pfeile« senkrecht auf diesen.

4. *Warnung:* Bei Vektor*feldern* gibt es häufig folgende Verwirrung: in einem Vektorraum $\mathbb{V}_3$ (etwa $\mathbb{V}_3(p)$ für festes $p \in \mathbb{E}_3$) sind die Vektoren, wenn sie als »Pfeile« veranschaulicht werden, *frei verschiebbar* (dies wird bei der Addition $\vec{v} + \vec{w}$ benutzt, wenn der Pfeil $\vec{w}$ an das Ende des Pfeils $\vec{v}$ geschoben wird). Tangentenvektoren sind aber an ihren Fußpunkt im $\mathbb{E}_3$ gebunden; Tangentenvektoren lassen sich nur addieren, wenn sie denselben Fußpunkt haben, sie sind *ortsgebunden*. Die Veranschaulichung durch Pfeile bei gleichzeitigem Verschludern des prinzipiellen Unterschiedes zwischen $\mathbb{V}_3$ und $\mathbb{E}_3$ kann sich in der Analysis der Vektorfelder bitter rächen.

5. *Basen für $\mathbb{V}(p)$ und $\mathbb{V}^*(p)$*

Ist ein Koordinatensystem für $\mathbb{E}_3$ gegeben, gibt es eine »natürliche, dazu passende« Wahl der Basis für $\mathbb{V}(p)$: die Tangentenvektoren an die Koordinatenlinien durch p, und für $\mathbb{V}^*(p)$: die Gradienten der Koordinatenfunktionen. Hat p die Koordinaten p^k, so ist $\boldsymbol{e}_{(2)}$ der Tangentenvektor von $t \mapsto (p^1, p^2 + t, p^3)$; seine »Wirkung« (im Sinne von 2.) auf ein Skalarfeld ist:

$$\frac{\mathrm{d}}{\mathrm{d}t} f(p^1, p^2 + t, p^3)|_{t=0} = \partial_2 f(p^1, p^2, p^3).$$

$e^{(2)}$ ist der Gradient von $(x^1, x^2, x^3) \mapsto x^2$; seine Wirkung auf eine Kurve $\gamma: t \mapsto (\gamma^1(t - t_p); \gamma^2(t - t_p); \gamma^3(t - t_p))$ mit $\gamma(t_p) = p$ ist

$$\frac{\mathrm{d}}{\mathrm{d}t} \gamma^2(t - t_p)|_{t=t_p} = \dot{\gamma}^2(t_p),$$

das ist die x^2-Komponente der »Geschwindigkeit« der Bewegung $t \mapsto \gamma(t)$.

Der Tangentenvektor einer Kurve $\gamma: t \mapsto p^k + \gamma^k(t - t_p)$ in p ist: $\Sigma_k \dot{\gamma}^k(t_p) \cdot \boldsymbol{e}_{(k)}$, vorausgesetzt, die Kurve ist »glatt«, d. h. die γ^k sind differenzierbar.

Der Gradient eines differenzierbaren Skalarfeldes $f(x^k)$ in p ist: $\Sigma_k \partial_k f \cdot \boldsymbol{e}^{(k)}$. Das folgt aus obiger Definition von $\boldsymbol{e}_{(k)}$ und $\boldsymbol{e}^{(k)}$ sowie der »Addition« von Skalaren und Kurven aus Zusatz 3. Die $\{\boldsymbol{e}_{(k)}\}$ bzw. $\{\boldsymbol{e}^{(k)}\}$ sind also wirklich Basen von $\mathbb{V}(p)$ bzw. $\mathbb{V}^*(p)$. Daraus folgt dann auch, daß diese linearen Räume – wie zu erwarten war – dreidimensional sind.

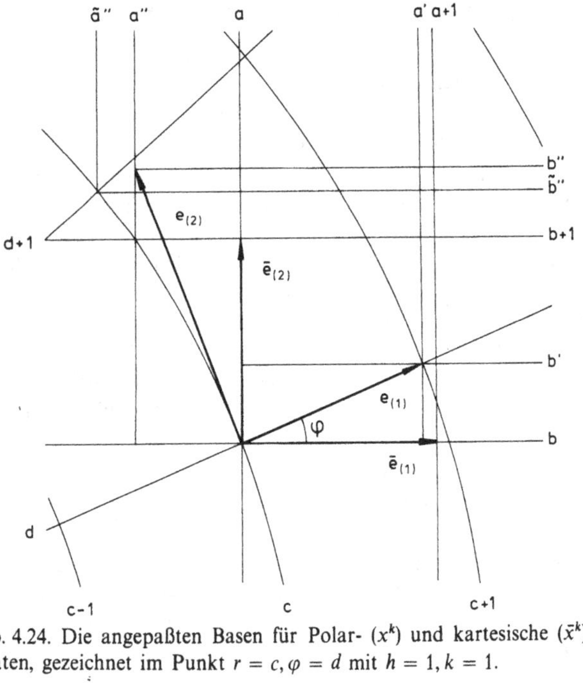

Abb. 4.24. Die angepaßten Basen für Polar- (x^k) und kartesische $(\bar{x}^k)$ Koordinaten, gezeichnet im Punkt $r = c, \varphi = d$ mit $h = 1, k = 1$.

$$a = \bar{u}^1(r;\varphi), a' = \bar{u}^1(r+h;\varphi), \tilde{a}'' = \bar{u}^1(r;\varphi+k)$$

$$a' - a = \partial_1 \bar{u}^1(r;\varphi)h = \cos\varphi \cdot h$$

$$\tilde{a}'' - a = \bar{u}^1(r,\varphi+k) - \bar{u}^1(r,\varphi) \approx \partial_2 \bar{u}^1(r;\varphi) \cdot k =: a'' - a = -r\sin\varphi \cdot k$$

$$b = \bar{u}^2(r;\varphi), b' = \bar{u}^2(r+h;\varphi), \tilde{b}'' = \bar{u}^2(r;\varphi+k)$$

$$b' - b = \partial_1 \bar{u}^2(r;\varphi)h = \sin\varphi \cdot h, b'' - b = \partial_2 \bar{u}^2(r;\varphi)k = r\cos\varphi \cdot k$$

$$\begin{aligned} \boldsymbol{e}_{(1)} &= \tfrac{1}{h}(a' - a)\bar{\boldsymbol{e}}_{(1)} + \tfrac{1}{k}(b' - b)\bar{\boldsymbol{e}}_{(2)} \\ \boldsymbol{e}_{(2)} &= \tfrac{1}{h}(a'' - a)\bar{\boldsymbol{e}}_{(1)} + \tfrac{1}{k}(b'' - b)\bar{\boldsymbol{e}}_{(2)} \end{aligned} \quad A_l^{\bar{k}} = \partial_l \bar{u}^k = \begin{bmatrix} \cos\varphi & -r\sin\varphi \\ \sin\varphi & r\cos\varphi \end{bmatrix}$$

6. Bei einer Koordinatentransformation $\bar{x}^k = \bar{u}^k(x^l)$ bzw. $x^l = u^l(\bar{x}^k)$ erhält die Kurve

$$\gamma: t \mapsto (\gamma^1(t); \gamma^2(t); \gamma^3(t))$$

die Gestalt:

$$t \mapsto (\bar{u}^1(\gamma^1(t), \gamma^2(t), \gamma^3(t)); \bar{u}^2(\gamma^1(t), \gamma^2(t), \gamma^3(t)); \bar{u}^3(\gamma^1(t), \gamma^2(t), \gamma^3(t))),$$

ihr Tangentenvektor ist $\Sigma_k \Sigma_l \partial_l \bar{u}^k \dot{\gamma}^l \cdot \bar{e}_{(k)}$; der Gradient von f wird: $\Sigma_k \Sigma_l \partial_k f(u^1, u^2, u^3) \cdot \partial_{\bar{l}} u^k \cdot \bar{e}^{(l)}$ (beides gemäß Kettenregel 4.2.6.5).

Durch Vergleich mit den alten Koordinaten ergibt sich:

Bei Koordinatenwechsel im $\mathbb{E}_3$: $\bar{x}^k = \bar{u}^k(x^l)$, $x^l = u^l(\bar{x}^k)$ sind die Transformationskoeffizienten (vgl. 3.1.4.3) für die natürlichen Basen im $\mathbb{V}_3(p)$:

$$A_l^{\bar{k}} = \partial_l \bar{u}^k, \quad A_{\bar{l}}^k = \partial_{\bar{l}} u^k$$

(In Abb. 4.24 sind diese Koeffizienten für Polarkoordinaten »anschaulich« ermittelt.)

7. Für die speziellen Koordinatensysteme aus 4.4.1 wollen wir diese Transformationskoeffizienten teilweise und (um die inneren und äußeren Produkte berechnen zu können) die Tensoren g_{kl} und η_{klm} vollständig angeben*).

Für den Übergang zwischen Kartesischen ($\bar{x}^k$) und Kugel-Koordinaten (x^l) erhält man ($\partial_{\bar{1}} u^3 = \partial_x \arctan\frac{y}{x}$ steht in 3. Zeile, 1. Spalte; usw.).

$$A_{\bar{l}}^k = \partial_{\bar{l}} u^k = \begin{bmatrix} \sin\vartheta\cos\varphi & \sin\vartheta\sin\varphi & \cos\vartheta \\ \dfrac{\cos\vartheta\cos\varphi}{r} & \dfrac{\cos\vartheta\sin\varphi}{r} & -\dfrac{\sin\vartheta}{r} \\ -\dfrac{\sin\varphi}{r\sin\vartheta} & \dfrac{\cos\varphi}{r\sin\vartheta} & 0 \end{bmatrix}$$

$$= \begin{bmatrix} \dfrac{x}{r} & \dfrac{y}{r} & \dfrac{z}{r} \\ \dfrac{xz}{\rho r^2} & \dfrac{yz}{\rho r^2} & -\dfrac{\rho}{r^2} \\ -\dfrac{y}{\rho^2} & \dfrac{x}{\rho^2} & 0 \end{bmatrix}$$

---

*) Das ist eine ausgezeichnete Übung für das Differenzieren, besonders der trigonometrischen Funktionen; führen Sie diese Rechnungen selbst durch. Zur Erinnerung: Ist $\varphi = \arctan y/x$, so ist (mit $\rho = \sqrt{x^2 + y^2}$)

$$\frac{\partial\varphi}{\partial x} = \frac{1}{1 + (y/x)^2} \cdot \left(\frac{-y}{x^2}\right) = \frac{-y}{y^2 + x^2} = -\frac{y}{\rho^2} = \frac{-r\cdot\sin\vartheta\cdot\sin\varphi}{r^2\cdot\sin^2\vartheta}.$$

hierbei stehen im zweiten Schema r bzw. ρ als Abkürzungen für $\sqrt{x^2 + y^2 + z^2}$ bzw. $\sqrt{x^2 + y^2}$. Je nachdem man $v^k = \Sigma_l A_{\bar{l}}^k v^{\bar{l}}$ oder $f_{\bar{l}} = \Sigma_k A_{\bar{l}}^k f_k$ berechnet, ist die eine oder die andere Darstellung zu benutzen.

$$A_l^{\bar{k}} = \partial_l \bar{u}^k = \begin{bmatrix} \sin\vartheta\cos\varphi & r\cos\vartheta\cos\varphi & -r\sin\vartheta\sin\varphi \\ \sin\vartheta\sin\varphi & r\cos\vartheta\sin\varphi & r\sin\vartheta\cos\varphi \\ \cos\vartheta & -r\sin\vartheta & 0 \end{bmatrix}$$

$$= \begin{bmatrix} \frac{x}{r} & \frac{xz}{\rho} & -y \\ \frac{y}{r} & \frac{yz}{\rho} & x \\ \frac{z}{r} & -\rho & 0 \end{bmatrix}$$

Die Transformationskoeffizienten für Zylinderkoordinaten sind einfacher in der Gestalt und können genauso ermittelt werden.

Die g_{kl} und $\sqrt{g}$ (und damit $\eta_{klm} = \sqrt{g} \cdot \varepsilon_{klm}$) lassen sich mit diesen $A_l^{\bar{k}}$ ermitteln: $g_{kl} = \Sigma_p \Sigma_q A_k^{\bar{p}} A_l^{\bar{q}} \delta_{\bar{p}\bar{q}}$ und $\sqrt{g} = \sqrt{\det g_{kl}} = \det A_l^{\bar{k}} = \det \partial_l \bar{u}^k$ („Jacobideterminante" der Koordinatentransformation $\bar{x}^k \to x^k$)

Zylinderkoordinaten:	Kugelkoordinaten:	Polarkoordinaten:
$g_{\rho\rho} = 1$	$g_{rr} = 1$	$g_{rr} = 1$
$g_{\psi\psi} = \rho^2$	$g_{\vartheta\vartheta} = r^2$	$g_{\varphi\varphi} = r^2$
$g_{hh} = 1$	$g_{\varphi\varphi} = r^2(\sin\vartheta)^2$	

Die anderen Koordinaten von g_{kl} sind gleich Null.

$\sqrt{g} = \rho$	$\sqrt{g} = r^2 \cdot \sin\vartheta$	$\sqrt{g} = r$

8. *Zusatz* (Extrema mit Nebenbedingungen, vgl. 4.2.9.11)

Wenn eine Funktion $f(x, y)$ unter der Nebenbedingung $\varphi(x, y) = 0$ in x_E, y_E einen Extremwert f_E annimmt, ist die (notwendige) Bedingung 4.2.9.11 $(E)\, \partial_x f = \lambda \partial_x \varphi, \partial_y f = \lambda \partial_y \varphi$ erfüllt, die man so »geometrisch einsehen« kann: In die $x - y$-Ebene zeichnen wir die Isolinien von $f(x, y)$ und $\varphi(x, y)$ ein. Insbesondere erhalten wir dabei die Isolinie $\varphi = 0$, die die Isolinie $f = f_E$ in x_E, y_E gerade noch »berührt«, aber nicht mehr »kreuzen« darf [Abb. 4.25]. Die Tangenten dieser beiden Isolinien (bei drei Variablen x, y, z: Tangentialebenen, Isoflächen) stimmen also überein, d. h. die Gradienten unterscheiden sich allenfalls um einen Zahlenfaktor λ, aber nicht in der Richtung.

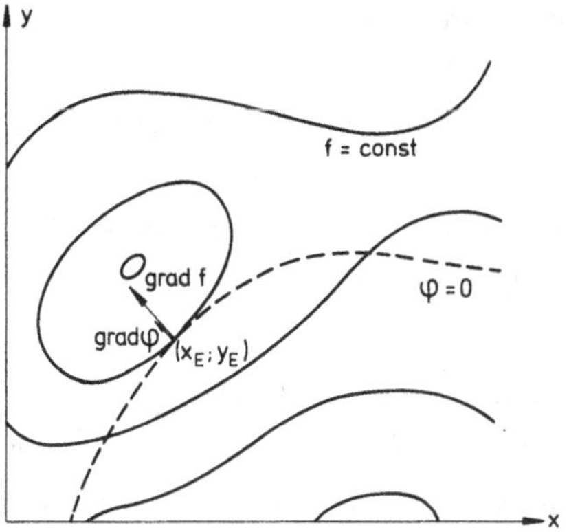

Abb. 4.25. Das Maximum der Funktion f unter der Nebenbedingung $\varphi = 0$ wird in einem Punkt angenommen, in dem $\{\varphi = 0\}$ eine Isolinie $\{f = f_E\}$ gerade noch berührt; die Gradienten von f und φ sind dort parallel

4.4.3 Äußere Ableitungen auf dem $\mathbb{E}_3$

1. Nach Einführung von Koordinaten (x^k) ist definiert, was „partielle Ableitungen" $\partial_k \boldsymbol{v}$ von Feldern $\boldsymbol{v}$ nach den Koordinaten x^k sind. Es wird sich herausstellen, daß die meisten solcher Ableitungen sich unter Koordinatentransformationen nicht wie Koordinaten von Tensoren verhalten, also nicht in unser geometrisches Konzept passen (vgl. 3.1.4). Die wenigen übrigbleibenden Ableitungsbildungen sind allerdings für fast alle Anwendungen in der Physik ausreichend.

Beispiel (im $\mathbb{E}_2$): Seien zunächst kartesische Koordinaten eingeführt. Man wähle ein konstantes Vektorfeld $\boldsymbol{v}$, etwa $\boldsymbol{v} = (a; 0)$; die Ableitungen $\partial_k v^l$ sind alle gleich 0. Nun transformiere man auf Polarkoordinaten (r, φ). Dann hat $\boldsymbol{v}$ die neuen Koordinaten $\left(a \cdot \cos\varphi;\ -\frac{a}{r}\sin\varphi\right)$; diese sind nicht mehr konstant, und die partiellen Ableitungen $\partial_{\bar 2} v^{\bar 1} = -a \sin\varphi$, $\partial_{\bar 1} v^{\bar 2} = \frac{a}{r^2}\sin\varphi$, $\partial_{\bar 2} v^{\bar 2} = -\frac{a}{r}\cos\varphi$ sind nicht identisch 0. Die partiellen Ableitungen von Vektorfeldern können also nicht Tensorkoordinaten sein, denn ein Tensor, dessen sämtliche Koordinaten in einer Basis gleich 0 sind, hat auch in keiner anderen Basis irgendeine Koordinate $\neq 0$. Anders als ein Vektorfeld ist übrigens ein *Skalar*feld in allen oder in keinem Koordinatensystem konstant; seine partiellen Ableitungen bilden einen Tensor.

2. *Prüfung auf Tensoreigenschaft*

(a) *Skalar* s:

$$s(x^1,x^2,x^3) = s(u^1(\bar{x}^1,\bar{x}^2,\bar{x}^3),u^2(\bar{x}^1,\bar{x}^2,\bar{x}^3),u^3(\bar{x}^1,\bar{x}^2,\bar{x}^3))$$
$$\partial_{\bar{m}} s = \Sigma_l \partial_l s(x^1,..,.)\cdot\partial_{\bar{m}} u^l = \Sigma A^l_{\bar{m}}\partial_l s,$$

also verhalten sich die $\partial_k s$ wie die Koordinaten einer Linearform $\in \mathbb{V}^*$ unter Basistransformationen. Das ist der Gradient $\mathrm{d}s$.

(b) *Linearform* $\boldsymbol{f}$

$$f_{\bar{k}} = \boldsymbol{f}(\bar{\boldsymbol{e}}_{(k)}) = \boldsymbol{f}(\Sigma_l A^l_{\bar{k}}\boldsymbol{e}_{(l)}) = \Sigma_l A^l_{\bar{k}}\boldsymbol{f}(\boldsymbol{e}_{(l)}) = \Sigma_l \partial_{\bar{k}} u^l f_l\,;$$
$$\partial_{\bar{m}} f_{\bar{k}} = \partial_{\bar{m}}(\Sigma_l \partial_{\bar{k}} u^l f_l) = \Sigma_l\Sigma_p \partial_{\bar{k}} u^l\cdot\partial_{\bar{m}} u^p\cdot\partial_p f_l + \Sigma_l \partial_{\bar{m}}\partial_{\bar{k}} u^l\cdot f_l\,.$$

Wegen des Gliedes mit $\partial_{\bar{m}}\partial_{\bar{k}} u^l$ können dies nicht Koordinaten eines Tensors sein. Bildet man allerdings den *schiefen* Anteil (vgl. 3.1.4.7/8), so fällt dieses Glied gemäß Satz 4.2.7.2 fort und wir erhalten einen Tensor $\mathrm{d}\boldsymbol{f}$ (schiefe Bilinearform):

$$\partial_{[\bar{m}} f_{\bar{k}]} = \tfrac{1}{2}(\partial_{\bar{m}} f_{\bar{k}} - \partial_{\bar{k}} f_{\bar{m}}) = \tfrac{1}{2}\Sigma_l\Sigma_p \partial_{\bar{k}} u^l\cdot\partial_{\bar{m}} u^p(\partial_p f_l - \partial_l f_p)$$
$$= \Sigma_l\Sigma_p A^p_{\bar{m}} A^l_{\bar{k}}\partial_{[p} f_{l]}\,.$$

(c) Ebenso ist der schiefe Anteil der Ableitungen einer Bilinearform $\boldsymbol{q}$ ein Tensor $\mathrm{d}\boldsymbol{q}$:

$$\partial_{[\bar{m}} q_{\bar{k}\bar{l}]} = \Sigma_p\Sigma_q\Sigma_r A^p_{\bar{m}} A^q_{\bar{k}} A^r_{\bar{l}}\partial_{[p} q_{qr]}\,.$$

(d) Die schiefen Anteile*) von Multilinearformen vierter oder höherer Stufe sind in dem von uns betrachteten dreidimensionalen Falle gleich 0, denn in t_{klmp} sind zumindest zwei Indizes $k,l,m,p \in \{1,2,3\}$ gleich; etwa sei $k = m$, dann ist also $t_{klmp} = t_{mlkp}$, für einen schiefen Tensor muß aber gelten $t_{mlkp} = -t_{klmp}$, also $t_{klmp} = 0$. Daher gibt es keine Analoga zu (b, c) für Felder von Multilinearformen höherer Stufe auf dem $\mathbb{E}_3$ (wohl aber auf Räumen $\mathbb{E}_n$, $n > 3$).

(e) Auch bei allen anderen Tensoren t bilden die Ableitungen nicht die Koordinaten eines Tensors; für *Vektoren* geht das schon aus dem Beispiel in 1. hervor. Auch die Bildung des schiefen Anteils führt auf keinen Tensor, wenn $\boldsymbol{t}$ mindestens einen »oberen Index« hat, also keine (Multi-)Linearform ist; $\tfrac{1}{2}(\partial_k v^l - \partial_l v^k)$ ist kein Tensor; vgl. zweite Warnung in 3.1.4.8.

---

*) Der schiefe Anteil der partiellen Ableitungen $\partial_{[k} q_{l\ldots m]}$ einer Multilinearform $\boldsymbol{q}$ heißt *„äußere Ableitung"* und wird mit $\mathrm{d}\boldsymbol{q}$ bezeichnet; »Trivialfall«: q Skalar, $\partial_{[k]} q = \partial_k q$.

3. *Natürliche Identifikationsmöglichkeiten zwischen Räumen von Tensoren* (vgl. 3.2.1.4 und 3.2.4.3)

Die Ergebnisse des letzten Abschnittes veranlassen uns, vor dem Bilden einer Ableitung ein Vektorfeld $\boldsymbol{v}$ durch das Feld einer (schiefen Multi-)Linearform zu ersetzen. Dafür haben wir zwei Möglichkeiten:

(a) Durch die Längenmessung im $\mathbb{V}_n$ (gegeben als inneres Produkt, d. h. durch den Tensor g) gibt es eine natürliche Beziehung zwischen $\mathbb{V}$ und $\mathbb{V}^*$ (vgl. 3.2.1.4/5), die wir in diesem Abschnitt mit $\downarrow$ bzw. $\uparrow$ bezeichnen wollen:

$$\downarrow: \mathbb{V} \to \mathbb{V}^*, \quad \boldsymbol{v} \mapsto \downarrow\boldsymbol{v}, \quad \text{mit} \quad \Sigma_l g_{kl} v^l =: \downarrow v_k, \quad \downarrow\boldsymbol{v}(\boldsymbol{w}) = (\boldsymbol{v}|\boldsymbol{w})$$

$$\uparrow: \mathbb{V}^* \to \mathbb{V}, \quad \boldsymbol{f} \mapsto \uparrow\boldsymbol{f}, \quad \text{mit} \quad \Sigma_l g^{kl} f_l =: \uparrow f^k, \quad (\uparrow\boldsymbol{f}|\boldsymbol{w}) = \boldsymbol{f}(\boldsymbol{w})$$

es gilt: $\uparrow(\downarrow\boldsymbol{v}) = \boldsymbol{v}$, $\downarrow(\uparrow\boldsymbol{f}) = \boldsymbol{f}$.

(b) Durch die Volumenmessung im $\mathbb{V}_3$ (gegeben als äußeres Produkt durch den Tensor η; vgl. 3.2.4.3/4) gibt es eine natürliche Beziehung zwischen Vektoren und schiefen Bilinearformen.

$$\boldsymbol{v} \mapsto {}^*\boldsymbol{v}, \quad \text{mit} \quad \Sigma_m \eta_{klm} v^m =: {}^*v_{kl}$$

$$\boldsymbol{q} \mapsto {}^*\boldsymbol{q}, \quad \text{mit} \quad \tfrac{1}{2}\Sigma_l \Sigma_m \eta^{klm} q_{lm} =: {}^*q^k$$

Es gilt *): $^*(^*\boldsymbol{v}) = \boldsymbol{v}$, $^*(^*\boldsymbol{q}) = \boldsymbol{q}$.

Die Bilinearform $^*\boldsymbol{v}$ hat folgende Wirkung: Sie ordnet zwei Vektoren $\boldsymbol{w}, \boldsymbol{z}$ das Volumen des von $\boldsymbol{v}, \boldsymbol{w}, \boldsymbol{z}$ aufgespannten Spates zu: $^*\boldsymbol{v}(\boldsymbol{w}, \boldsymbol{z}) = \Sigma\Sigma\Sigma \eta_{klm} w^k z^l v^m = {}^*(\boldsymbol{v} \wedge \boldsymbol{w} \wedge \boldsymbol{z})$.

Eine Veranschaulichung von $^*\boldsymbol{v}$ ist ein ebenes Flächenstück beliebiger Form (etwa Parallelogramm oder Kreisscheibe) senkrecht auf $\boldsymbol{v}$ mit Flächeninhalt $\|\boldsymbol{v}\|$. Ein inneres Produkt $|(\boldsymbol{v}|\boldsymbol{w})|$ ist gleich dem Volumen des Prismas aus der »Grundfläche« $^*\boldsymbol{v}$ und der Achse $\boldsymbol{w}$, also mit der »Höhe« $\|\boldsymbol{w}\| \cdot \sin \sphericalangle ({}^*\boldsymbol{v}, \boldsymbol{w}) = \|\boldsymbol{w}\| \cdot \cos \sphericalangle (\boldsymbol{v}, \boldsymbol{w})$.

(c) Die Volumenmessung im $\mathbb{V}^3$ liefert auch eine natürliche Beziehung zwischen Skalaren und schiefen Trilinearformen:

$$s \mapsto \eta_{klm} \cdot s =: {}^*s_{klm}, \quad \text{mit} \quad \tfrac{1}{6}\Sigma_k \Sigma_l \Sigma_m \eta^{klm} q_{klm} =: {}^*q\,.$$

---

*) Aus 3.2.4.5 erhält man für diese und einige folgende Rechnungen nützliche Hilfsformeln:

$\Sigma_k \eta^{klm} \eta_{kpq} = \delta^l_p \delta^m_q - \delta^l_p \delta^m_p$, hieraus, aus $\Sigma_l \delta^l_q \delta^m_l = \delta^m_q$ und aus $\Sigma_k \delta^k_k = 3$ folgt:

$\Sigma_k \Sigma_l \eta^{klm} \eta_{klq} = 3\,\delta^m_q - \Sigma_l \delta^l_q \delta^m_l = 2\delta^m_q$; $\Sigma_k \Sigma_l \Sigma_m \eta^{klm} \eta_{klm} = 2\Sigma_m \delta^m_m = 6$;

zur Erinnerung (3.2.4.1): $\eta_{klm} = \sqrt{g}\,\varepsilon_{klm}$, $\eta^{klm} = \dfrac{1}{\sqrt{g}}\varepsilon^{klm}$.

Es gilt: $*(*s) = s$, $*(*q) = q$, $q_{klm} = \eta_{klm} \cdot *q$.

Die Trilinearform $*s$ ordnet drei Vektoren das s-fache des Volumens des von ihnen aufgespannten Spates zu: $*s(\boldsymbol{v}, \boldsymbol{w}, \boldsymbol{z}) = s \Sigma\Sigma\Sigma \eta_{klm} v^k w^l z^m = s \cdot \|\boldsymbol{v} \wedge \boldsymbol{w} \wedge \boldsymbol{z}\|$. Jede schiefe Trilinearform hat diese Gestalt:

$$q(\boldsymbol{v}, \boldsymbol{w}, \boldsymbol{z}) = *q \cdot \|\boldsymbol{v} \wedge \boldsymbol{w} \wedge \boldsymbol{z}\| .$$

4. *Die Ableitungen erster Ordnung*

Durch einmaliges Differenzieren kann man aus Skalar- und Vektorfeldern (unter Einschaltung dreier Operationen: Bildung des schiefen Anteils, $\uparrow$ bzw. $\downarrow$, $*$) folgende neuen Skalar- bzw. Vektorfelder bilden:
Für ein Skalarfeld s:

$\uparrow \mathrm{d}s$	$\Sigma_l g^{kl} \partial_l s$	$\operatorname{grad} s$, ∇s (Vektor)
$\mathrm{d}*s = 0$	$-$	

Für ein Vektorfeld $\boldsymbol{v}$:

$*\mathrm{d}\downarrow\boldsymbol{v}$	$\Sigma_l \Sigma_m \eta^{klm} \partial_{[l} \downarrow v_{m]} = \Sigma_l \Sigma_m \Sigma_p \frac{1}{\sqrt{g}} \varepsilon^{klm} \partial_l (g_{mp} v^p)$	$\operatorname{rot} \boldsymbol{v}$, $\nabla \times \boldsymbol{v}$ (Vektor)
$*\mathrm{d}*\boldsymbol{v}$	$\Sigma_k \Sigma_l \Sigma_m \eta^{klm} \partial_{[k} * v_{lm]} = \Sigma_k \frac{1}{\sqrt{g}} \partial_k (\sqrt{g}\, v^k)$	$\operatorname{div} \boldsymbol{v}$, $\nabla \boldsymbol{v}$ (Skalar)

Hinweise: In der linken Spalte steht unsere symbolische Schreibweise, in der Mitte die Koordinaten (Tensorkalkül, vgl. 3.1.4), rechts die symbolischen Schreibweisen der Physikbücher. Der »symbolische Vektor« ∇, genannt „Nabla“ hat die »Koordinaten« ∂_x, ∂_y, ∂_z; nur in geradlinigen Koordinaten hat $\operatorname{div} \boldsymbol{v}$ wirklich die Form eines inneren Produktes von ∇ mit $\boldsymbol{v}$, weil nur dann $\partial_k \sqrt{g} = 0$ ist.

Zum Nachrechnen der Koordinatendarstellung benutze man 3.1.4.8, die Fußnote zu 3. sowie $\partial_k(\eta_{lmp}) = \varepsilon_{lmp} \partial_k(\sqrt{g})$ und $\eta^{klm} \eta_{qrs} = \varepsilon^{klm} \varepsilon_{qrs}$.

Man beachte, daß nur wegen der von uns gewollten, aber nicht notwendigen Einschränkung auf *Vektor*felder die Einschaltung von $\downarrow$ bzw. $*$ nötig wird; beim Gradienten haben wir bereits in 4.4.2 gesehen, daß er als *Linearform* $\mathrm{d}s$ nicht nur einfachere Koordinaten $\partial_k s$ hat, sondern auch eine natürlichere geometrische Deutung: Die lineare Näherung der Funktion $s\colon \mathbb{E}_3 \to \mathbb{R}$ ist eine lineare Funktion, d. h. eine Linearform; vgl. Abb. 4.22. Der *Vektor* $\uparrow \mathrm{d}s$ steht senkrecht auf den Isoflächen $s = \text{const}$ und hat eine Länge »umgekehrt proportional zum Abstand der Isoflächen«; im Gegensatz zu $\mathrm{d}s$ benötigt die Ermittlung von $\uparrow \mathrm{d}s$ also neben Messungen der Größe s auch die von Winkeln und Längen (für den Faktor g^{kl}). Ähnliches gilt auch für rot $\boldsymbol{v}$ und div $\boldsymbol{v}$, deren geometrische Deutung in 5.3.4 nachgeliefert wird; in »natürlicher« Interpretation macht „rot" aus einer Linearform $\boldsymbol{f}$ eine Bilinearform d$\boldsymbol{f}$: $\partial_{[k}f_{l]}$, usw.

5. *Die Ableitungen zweiter Ordnung*

Nach Satz 4.2.7.2 ist $\partial_k\partial_l q_{\dots} = \partial_l\partial_k q_{\dots}$, also ist der schiefe Anteil der zweiten Ableitungen Null: $\mathrm{d}\mathrm{d}\boldsymbol{q} = 0$. Durch Einschieben von * kann man aber Ausdrücke erhalten, die nicht notwendigerweise Null sind:

$*\mathrm{dd}s = *\mathrm{d}\downarrow\uparrow\mathrm{d}s = 0$	–	$\operatorname{rot}\operatorname{grad} s = 0$
$*\mathrm{dd}\downarrow\boldsymbol{v} = *\mathrm{d}*(*\mathrm{d}\downarrow\boldsymbol{v}) = 0$	–	$\operatorname{div}\operatorname{rot}\boldsymbol{v} = 0$
$\mathrm{dd}*\boldsymbol{v} = 0$	–	–
$*\mathrm{d}*\uparrow\mathrm{d}s$	$\Sigma_k\Sigma_l \frac{1}{\sqrt{g}}\partial_l(\sqrt{g}\,g^{kl}\partial_k s)$	$\operatorname{div}\operatorname{grad} s$, Δs
$*\mathrm{d}\downarrow*\mathrm{d}\downarrow\boldsymbol{v}$		$\operatorname{rot}\operatorname{rot}\boldsymbol{v}$, $\nabla\times(\nabla\times\boldsymbol{v})$
$\uparrow\mathrm{d}*\mathrm{d}*\boldsymbol{v}$	$\Sigma_l\Sigma_m g^{kl}\partial_l\left(\frac{1}{\sqrt{g}}\partial_m(\sqrt{g}\,v^m)\right)$	$\operatorname{grad}\operatorname{div}\boldsymbol{v}$, $\nabla^2\boldsymbol{v}$

(Der Ausdruck für rot rot $\boldsymbol{v}$ in Koordinaten ist etwas komplizierter.)

6. *Darstellungen in speziellen Koordinaten*

Um der Übereinstimmung mit den meisten Physikbüchern willen werden die Vektoren $\boldsymbol{v}$, grad s und rot $\boldsymbol{v}$ nicht in Koordinaten bezüglich der Basis $\boldsymbol{e}_{(k)}$ aus 5. angegeben, sondern in orthonormierter Basis, für Zylinderkoordinaten: $\left(\boldsymbol{e}_{(\rho)}; \frac{1}{\rho}\boldsymbol{e}_{(\psi)}; \boldsymbol{e}_{(h)}\right)$, für Kugelkoordinaten: $\left(\boldsymbol{e}_{(r)}; \frac{1}{r}\boldsymbol{e}_{(\vartheta)}; \frac{1}{r\sin\vartheta}\boldsymbol{e}_{(\varphi)}\right)$.

Kartesische Koordinaten:

grad s: $(\partial_x s; \partial_y s; \partial_z s)$
rot $\boldsymbol{v}$: $(\partial_y v^z - \partial_z v^y; \partial_z v^x - \partial_x v^z; \partial_x v^y - \partial_y v^x)$
div $\boldsymbol{v}$: $\partial_x v^x + \partial_y v^y + \partial_z v^z$
Δs: $\partial_x\partial_x s + \partial_y\partial_y s + \partial_z\partial_z s$

Zylinderkoordinaten:

grad s: $\left(\partial_\rho s; \frac{1}{\rho}\partial_\psi s; \partial_h s\right)$

rot $\boldsymbol{v}$: $\left(\frac{1}{\rho}\partial_\psi v^h - \partial_h v^\psi ; \partial_h v^\rho - \partial_\rho v^h ; \frac{1}{\rho}\partial_\rho(\rho v^\psi) - \frac{1}{\rho}\partial_\psi v^\rho\right)$

div $\boldsymbol{v}$: $\frac{1}{\rho}\partial_\rho(\rho v^\rho) + \frac{1}{\rho}\partial_\psi v^\psi + \partial_h v^h$

Δs: $\frac{1}{\rho}\partial_\rho(\rho\partial_\rho s) + \frac{1}{\rho^2}\partial_\psi\partial_\psi s + \partial_h\partial_h s$

Kugelkoordinaten:

grad $\boldsymbol{s}$: $\left(\partial_r s ; \frac{1}{r}\partial_\vartheta s ; \frac{1}{r\sin\vartheta}\partial_\varphi s\right)$

rot $\boldsymbol{v}$: $\left(\frac{1}{r\sin\vartheta}[\partial_\vartheta(\sin\vartheta\, v^\varphi) - \partial_\varphi v^\vartheta] ; \frac{1}{r\sin\vartheta}\partial_\varphi v^r - \frac{1}{r}\partial_r(r v^\varphi) ;\right.$

$\left.\frac{1}{r}\partial_r(r v^\vartheta) - \frac{1}{r}\partial_\vartheta v^r\right)$

div $\boldsymbol{v}$: $\frac{1}{r^2}\partial_r(r^2 v^r) + \frac{1}{r\sin\vartheta}[\partial_\vartheta(\sin\vartheta\, v^\vartheta) + \partial_\varphi v^\varphi]$

Δs: $\frac{1}{r^2}\partial_r(r^2\partial_r s) + \frac{1}{r^2\sin\vartheta}\partial_\vartheta(\sin\vartheta\,\partial_\vartheta s) + \frac{1}{r^2(\sin\vartheta)^2}\partial_\varphi\partial_\varphi s$

Achtung: Ändert man die Reihenfolge der Koordinaten (etwa r, φ, ϑ statt r, ϑ, φ), so ändert rot $\boldsymbol{v}$ ggf. das Vorzeichen.

7. *Summen- und Produktregeln*

$d(\boldsymbol{q} + \boldsymbol{r}) = d\boldsymbol{q} + d\boldsymbol{r}$ $\quad$ $\operatorname{grad}(s + t) = \operatorname{grad} s + \operatorname{grad} t$

$\operatorname{rot}(\boldsymbol{v} + \boldsymbol{w}) = \operatorname{rot}\boldsymbol{v} + \operatorname{rot}\boldsymbol{w}$

$\operatorname{div}(\boldsymbol{v} + \boldsymbol{w}) = \operatorname{div}\boldsymbol{v} + \operatorname{div}\boldsymbol{w}$

$d(\boldsymbol{q}\cdot\boldsymbol{r}) = d\boldsymbol{q}\cdot\boldsymbol{r} \pm \boldsymbol{q}\cdot d\boldsymbol{r}$ $\quad$ $\operatorname{grad}(s\cdot t) = t\cdot\operatorname{grad} s + s\cdot\operatorname{grad} t$

$\operatorname{div}(s\cdot\boldsymbol{v}) = (\operatorname{grad} s|\boldsymbol{v}) + s\cdot\operatorname{div}\boldsymbol{v}$

$\operatorname{rot}(s\cdot\boldsymbol{v}) = \operatorname{grad}\boldsymbol{s}\times\boldsymbol{v} + s\cdot\operatorname{rot}\boldsymbol{v}$

$\operatorname{div}(\boldsymbol{v}\times\boldsymbol{w}) = (\operatorname{rot}\boldsymbol{v}|\boldsymbol{w}) - (\boldsymbol{v}|\operatorname{rot}\boldsymbol{w})$

$\operatorname{div}(s\cdot\operatorname{grad} t) = (\operatorname{grad} s|\operatorname{grad} t) + s\Delta t$

Achtung:

Manchmal tritt in der Produktregel ein Minuszeichen auf aus folgendem Grund:

$\eta^{klm}\partial_k(v_l w_m) = \eta^{klm}(\partial_k v_l)\cdot w_m - \eta^{lkm} v_l\partial_k w_m$.

Der traditionelle Kalkül mit grad, rot, div ist ziemlich beschränkt in seiner Anwendbarkeit; z. B. erhält man für die einfache Formel im Tensorkalkül

$$\partial_k(\Sigma_l v^l w_l) = \Sigma_l w_l \partial_k v^l + \Sigma_l v^l \partial_k w_l$$

für $\operatorname{grad}(\boldsymbol{v}|\boldsymbol{w})$ die komplizierte und mißverständliche Regel:

$$\operatorname{grad}(\boldsymbol{v}|\boldsymbol{w}) = (\boldsymbol{w}|\operatorname{grad})\boldsymbol{v} + (\boldsymbol{v}|\operatorname{grad})\boldsymbol{w} + \boldsymbol{v} \times \operatorname{rot}\boldsymbol{w} + \boldsymbol{w} \times \operatorname{rot}\boldsymbol{v}.$$

Weiterhin kann man in dieser Schreibweise nicht direkt die Richtigkeit einer dieser Formeln beweisen. Der symbolische Vektor ∇ führt in krummlinigen Koordinaten zu falschen Ergebnissen für $\operatorname{div}\boldsymbol{v}$.

8. *Hinweis:* Abschnitt 5.3 schließt direkt an diesen Abschnitt an; dort wird die geometrische Deutung von $\operatorname{rot}\boldsymbol{v}$ und $\operatorname{div}\boldsymbol{v}$ als Dichten sehr anschaulicher integraler Größen »nachgeliefert«. Als Übung sollten Sie die Ergebnisse von 3.2.4 und 4.4.3 auf den $\mathbb{E}_2$ übertragen (dort ist $**q = -q$; $*\boldsymbol{v}$ ist wie $\downarrow\boldsymbol{v}$ Linearform; $\operatorname{rot}\boldsymbol{v}$ ist Skalar).

9. *Beispiele:* Viele physikalische Gesetze haben die Form $\operatorname{rot}\boldsymbol{v} = \boldsymbol{0}$ oder $\operatorname{div}\boldsymbol{v} = 0$ oder $\Delta s = 0$ ($\operatorname{grad} s = \boldsymbol{0}$ dagegen ist trivial: s ist konstant). Das sind partielle Differentialgleichungen, die sich unter bestimmten Annahmen über die Symmetrien der Felder $\boldsymbol{v}$ bzw. s einfach lösen lassen.

(i) *Zylindersymmetrie:* Das Feld geht bei jeder Drehung um eine bestimmte Achse $\vec{a}$ und jeder Verschiebung in Richtung von $\vec{a}$ in sich über. In Zylinderkoordinaten ($\vec{a}$ ist $\{\rho = 0\}$) hängen die Feldgrößen nur noch von ρ, nicht von ψ und h ab.

$$\operatorname{div}\boldsymbol{v} = \frac{1}{\rho}\frac{\mathrm{d}}{\mathrm{d}\rho}(\rho v^1);$$

$\operatorname{div}\boldsymbol{v} = 0 \Leftrightarrow \rho v^1 = \text{const}$, also $v^1 = A/\rho$, $A \in \mathbb{R}$; v^2, v^3 beliebige Funktionen von ρ.

$$\operatorname{rot}\boldsymbol{v} = \left(0; -\frac{\mathrm{d}}{\mathrm{d}\rho}v^3; \frac{1}{\rho}\frac{\mathrm{d}}{\mathrm{d}\rho}(\rho v^2)\right)$$

$\operatorname{rot}\boldsymbol{v} = 0 \Leftrightarrow v^1$ bel. Funktion von ρ; $v^2 = B/\rho$ $B \in \mathbb{R}$; v^3 Konstante

$\operatorname{rot}\boldsymbol{v} = 0 = \operatorname{div}\boldsymbol{v} \Leftrightarrow \boldsymbol{v} = (A/\rho; B/\rho; C)$; $A, B, C \in \mathbb{R}$.

$$\Delta s = \frac{1}{\rho}\frac{\mathrm{d}}{\mathrm{d}\rho}\left(\rho\frac{\mathrm{d}s}{\mathrm{d}\rho}\right), \quad \Delta s = 0 \Leftrightarrow \frac{\mathrm{d}s}{\mathrm{d}\rho} = \frac{A}{\rho}, \quad s = A \cdot \log\rho + B; A, B \in \mathbb{R}$$

Z. B.: Das Magnetfeld eines stromdurchflossenen geraden Leiters $\vec{H} = \left(0; \frac{I}{2\pi\rho}; 0\right)$. Die Kraft eines gleichmäßig geladenen geraden Drahtes auf eine Ladung q: $\vec{F} = \left(-\frac{1}{4\pi\varepsilon_0}\cdot\frac{q}{\rho}; 0; 0\right)$, das elektrische Potential hierbei ist $\varphi = \frac{q \cdot \log\rho}{4\pi\varepsilon_0}$, $\operatorname{grad}\varphi = -\vec{F}$.

(ii) *Zentralfelder:* Vektorfelder, die auf ein Zentrum M hin-(oder von ihm fort-)gerichtet sind; in Kugelkoordinaten ist $\boldsymbol{v} = (v^1(r,\varphi,\vartheta); 0; 0)$.

$\operatorname{div} \boldsymbol{v} = \frac{1}{r^2}\partial_r(r^2 v^1)$; $\operatorname{div} \boldsymbol{v} = 0 \Leftrightarrow r^2 v^1$ ist von r unabhängig $\Leftrightarrow v^1 = f/r^2$, wobei f eine beliebige Funktion von φ und ϑ ist.

$$\operatorname{rot} \boldsymbol{v} = \left(0; \frac{1}{r\sin\vartheta}\partial_\varphi v^1; -\frac{1}{r}\partial_\vartheta v^1\right);$$

$\operatorname{rot} \boldsymbol{v} = 0 \Leftrightarrow v^1$ ist beliebige Funktion von r (nicht abhängig von φ, ϑ).

$\operatorname{rot} \boldsymbol{v} = 0 = \operatorname{div} \boldsymbol{v} \Leftrightarrow v^1 = A/r^2 \quad (A \in \mathbb{R})$.

(iii) *Kugelsymmetrie:* Bei jeder Drehung um das Zentrum M geht das Feld in sich über. In Kugelkoordinaten hängen die Feldgrößen nur von r ab. Ein kugelsymmetrisches Vektorfeld $\boldsymbol{v}$ ist ein Zentralfeld (überlegen Sie sich geometrisch, warum) mit $\operatorname{rot} \boldsymbol{v} = 0$ (vgl. (ii));

$\operatorname{div} \boldsymbol{v} = 0 \Leftrightarrow \boldsymbol{v} = (A/r^2; 0; 0) \quad A \in \mathbb{R}$.

$$\Delta s = \frac{1}{r^2}\frac{\mathrm{d}}{\mathrm{d}r}\left(r^2\frac{\mathrm{d}s}{\mathrm{d}r}\right); \Delta s = 0 \Leftrightarrow \frac{\mathrm{d}s}{\mathrm{d}r} = \frac{A}{r^2}; s = -\frac{A}{r} + B,\ A, B \in \mathbb{R}.$$

Z. B.: Gravitationskraft einer (punktförmigen) Masse M:

$\vec{F} = \left(-m \cdot \frac{M}{r^2}; 0; 0\right)$; die potentielle Energie in diesem Feld ist $E_{\text{pot}} = -m\frac{M}{r} + E_0$, $\operatorname{grad} E_{\text{pot}} = -\vec{F}$.

(E_0 ist durch die Wahl eines Nullpunktes für die Energie zu bestimmen.)

4.4.4 Kinematik von Strömungen

1. Eine Strömung ist eine Funktion von Ort und Zeit.

$\mathbb{E}_3 \times \mathbb{R} \to \mathbb{E}_3$

$\boldsymbol{p}, t \mapsto \boldsymbol{f}(\boldsymbol{p}; t) \quad \text{mit } \boldsymbol{f}(\boldsymbol{p}; 0) = \boldsymbol{p}$;

bei festem $\boldsymbol{p}$ beschreibt $t \mapsto \boldsymbol{f}(\boldsymbol{p}; t)$ die „Stromlinie" des »Teilchens«, das anfangs ($t = 0$) im Punkte $\boldsymbol{p}$ war. Bei festem t beschreibt $\boldsymbol{p} \mapsto \boldsymbol{f}(\boldsymbol{p}; t)$ eine Transformation $\mathbb{E}_3 \to \mathbb{E}_3$ von der Lage der Teilchen zur Zeit 0 auf die Lage zur Zeit t. Zur Veranschaulichung kann man für $t = 0$ ein kartesisches Koordinatensystem wählen und es mit der Strömung »mitschwimmen« lassen; für $t > 0$ wird dieses »Koordinatennetz« im allgemeinen krummlinig werden. Diese Deformation wollen wir in linearer Näherung in einem Punkt $\boldsymbol{p}_0$ für $t = 0$ untersuchen.

$$f(p;t) = p + v(p)\cdot t + o(t)$$
$$v(p) = v(p_0) + v'(p_0)\cdot h + o(\|h\|)$$
mit $f(p;0) = p = p_0 + h;\ v(p) := \frac{\partial}{\partial t} f(p;t)|_{t=0};$

$v'(p_0)\cdot h := \Sigma_k \partial_k v(p_0^1, p_0^2, p_0^3)\cdot h^k.$

Zur Zeit $t = 0$ ist h der »Verbindungsvektor« von p_0 zu einem benachbarten Teilchen und das Vektorfeld $v(p)$ die Strömungsgeschwindigkeit.

(A) $t \mapsto p_0 + h + v(p_0)\cdot t$ ist die Transformation von $\mathbb{E}_3$, die sich bei der örtlich und zeitlich konstanten Geschwindigkeit $v(p_0)$ aller Teilchen zur Zeit t ergibt.

(B) Nun haben die Teilchen im allgemeinen unterschiedliche Geschwindigkeiten; die Verbindungsvektoren h zu »benachbarten Teilchen« unterliegen (wenn man $o(\|h\|)$ und $o(t)$ vernachlässigt) der Transformation

$$A : h \mapsto f(p_0 + h;t) - f(p_0;t) = h + v'(p_0)\cdot h\cdot t,$$

also $A = \mathrm{id} + t\cdot v'(p_0)$ mit den Koordinaten $a_l^k = \delta_l^k + t\cdot \partial_l v^k$.

2. Die *Spur* von $v' : \Sigma_k v'^k_k = \Sigma_k \partial_k v^k$ ist die Divergenz des Geschwindigkeitsfeldes v; sie ist für $t = 0$ die Änderungsgeschwindigkeit*) des Volumens, das irgendeine Menge von Teilchen mit kleinem Abstand h zu p_0 einnimmt, denn wenn man $o(t)$ und $o(\|h\|)$ vernachlässigt, ist das Volumen (vgl. 3.2.3.10):

$$\det(\delta_l^k + t\cdot v'^k_l) = \begin{vmatrix} 1 + t\cdot\partial_1 v^1 & t\partial_2 v^1 & t\partial_3 v^1 \\ t\partial_1 v^2 & 1 + t\partial_2 v^2 & t\partial_3 v^2 \\ t\partial_1 v^3 & t\partial_2 v^3 & 1 + t\partial_3 v^3 \end{vmatrix}$$
$$= 1 + t\cdot\Sigma_k\partial_k v^k + 0(t^2),$$

also $\frac{\mathrm{d}}{\mathrm{d}t}\det(\delta_l^k + t v'^k_l)|_{t=0} = \Sigma_k \partial_k v^k$. $0(t^2)$ steht für eine Summe von Gliedern, die t^2 oder t^3 als Faktòr enthalten, also differenziert für $t = 0$ verschwinden.

3. In orthonormierter Basis (also $v^k = v_k, g_{kl} = \delta_{kl}$) kann man A in einen schiefen und einen symmetrischen Anteil zerlegen (vgl. 3.1.4.8 und 3.3.4.4). Der schiefe Anteil von A

$$\text{(B I)}\ \delta_{[kl]} + t v'_{[kl]} = t\cdot v'_{[kl]} = \frac{1}{2}(\partial_k v_l - \partial_l v_k)t$$

*) Das ist die in 3.1.4.9 angekündigte Deutung der „Spur".

hat als schiefe Bilinearform in geeigneter Basis die Gestalt $\begin{bmatrix} 0 & -\mu \cdot t & 0 \\ \mu \cdot t & 0 & 0 \\ 0 & 0 & 0 \end{bmatrix}$.

Also ist $v'_{[kl]} = \frac{\partial}{\partial t} a_{[kl]}\Big|_{t=0} = \frac{d}{dt} \begin{bmatrix} \cos \mu t & -\sin \mu t & 0 \\ \sin \mu t & \cos \mu t & 0 \\ 0 & 0 & 1 \end{bmatrix}\Bigg|_{t=0}$ das Geschwindigkeitsfeld einer starren *Rotation* mit der Winkelgeschwindigkeit μ zur Zeit $t = 0$.

Der symmetrische Anteil von A

(B II) $\delta_{kl} + t \cdot \partial_{(k} v_{l)}$ hat in geeigneter Basis die Form

$\begin{bmatrix} 1 + \lambda_1 t & 0 & 0 \\ 0 & 1 + \lambda_2 t & 0 \\ 0 & 0 & 1 + \lambda_3 t \end{bmatrix}$, das ist eine *Scherung:* Die Einheitskugel $\{\|\boldsymbol{h}\| = 1\}$ wird in ein Ellipsoid mit den Hauptachsen $1 + \lambda_1 t$, $1 + \lambda_2 t$, $1 + \lambda_3 t$ deformiert. Das Geschwindigkeitsfeld $\partial_{(k} v_{l)}$ der Scherung kann noch zerlegt werden in:

(B II a) den Spuranteil*) $\frac{1}{3}\delta_{kl} \Sigma_m \partial_m v_m$, der zu einer in allen Richtungen gleichmäßige *winkeltreue Expansion* gehört und

(B II b) der spurfreie Anteil $\partial_{(k} v_{l)} - \frac{1}{3}\delta_{kl} \Sigma_m \partial_m v_m$, der zu einer *volumentreuen Verzerrung* gehört.

4. Die Transformation**) A $\mathbb{E}_3 \to \mathbb{E}_3$ in 1 hat die Gestalt

$$\begin{array}{ll} A: \mathbb{E}_3 \to \mathbb{E}_3 & \text{bzw. } A: \mathbb{V}_3 \to \mathbb{V}_3 \\ \boldsymbol{p} \mapsto \boldsymbol{p}_0 + \boldsymbol{v} + \boldsymbol{T}(\boldsymbol{p} - \boldsymbol{p}_0) & \boldsymbol{p} - \boldsymbol{p}_0 \mapsto \boldsymbol{v} + \boldsymbol{T}(\boldsymbol{p} - \boldsymbol{p}_0) \end{array}$$

(mit $\boldsymbol{p} - \boldsymbol{p}_0 = \boldsymbol{h}, \boldsymbol{T} = t \cdot \boldsymbol{v}', \boldsymbol{v} = t \cdot \boldsymbol{v}(p_0); \boldsymbol{p}, \boldsymbol{p}_0 \in \mathbb{E}_3, \boldsymbol{v} \in \mathbb{V}_3$, also $\boldsymbol{p} - \boldsymbol{p}_0 \in \mathbb{V}_3$, $\boldsymbol{p}_0 + \boldsymbol{v} \in \mathbb{E}_3$, $\boldsymbol{T}$ lineare Transformation $\mathbb{V}_3 \mapsto \mathbb{V}_3$, also $\boldsymbol{T}(\boldsymbol{p} - \boldsymbol{p}_0) \in \mathbb{V}_3$): $\boldsymbol{A}$ ist Summe einer Konstanten $\boldsymbol{v}$ und der linearen Transformation $\boldsymbol{T}$, ist also »Funktion 1. Grades in 3 Dimensionen«. Die Abbildung A: $\mathbb{V}_3 \to \mathbb{V}_3$ führt affine Teilräume in affine Teilräume über, insbesondere Geraden in Geraden; unter A wird ein kartesisches Koordinatennetz (Quadrate mit Seitenlänge Δ) in ein Netz aus Geraden überführt, solche Abbildungen heißen *affin*. Sind die »Karos« des Geraden-Netzes Parallelogramme mit Fläche Δ^2, d. h. $\det \boldsymbol{T} = \pm 1$, so ist $\boldsymbol{A}$ *volumentreu*, sind sie wieder Quadrate, so ist $\boldsymbol{A}$ *winkeltreu*, sind sie Quadrate der Seitenlänge Δ, so ist $\boldsymbol{A}$ *längentreu* („Isometrie").

---

*) Der Faktor 1/3 tritt wegen Spur $(\delta_{kl}) = \Sigma_k \delta_{kk} = 3$ auf.

**) $p \mapsto f(p;t)$ für ein festes t unter Vernachlässigung von $o(t)$ und $o(\|\boldsymbol{h}\|)$.

5. Integrale

Ein Überblick über Konzept und grundlegende Eigenschaften von Integralen unter großzügigem Fortlassen von Details. Ein Versuch, vier üblicherweise an getrennten Stellen in sehr verschiedenem Stil behandelten Gebiete zusammenzufügen: Maßtheorie, Umkehrung der Differentiation, Vektoranalysis und Integralsätze, Funktionentheorie.

5.1 Integration im $\mathbb{R}^n$

Die Integration auf dem $\mathbb{R}^n$ wird an den Anfang gestellt, weil hier deutlicher als bei der auf dem $\mathbb{R}^1$ wird, was Integration ist: das »Summieren« von Funktionswerten über Bereiche.

5.1.0 Motivation

Dieser Abschnitt schließt direkt an 3.0.2 an.

1. Die Beziehung zwischen *Intensitäten* und *integralen Größen* ist bisher nur in einem speziellen Fall untersucht worden: Eine Größe $f(t)$, die von einer (reellen) Variablen t abhängt, ändert sich von $t = t_0$ bis $t = t_1$ um $f(t_1) - f(t_0)$; die Intensität der Änderung, die Änderungsgeschwindigkeit, ist $\dot{f}(t)$; umgekehrt läßt sich die integrale Größe als Stammfunktion zu $\dot{f}(t)$ wiedergewinnen.

2. Wir wollen jetzt die Analogie im $\mathbb{R}^n$ studieren, wobei sich an Skizzen*) im $\mathbb{R}^2$ das Wesentliche erkennen läßt [vgl. Abb. 5.1]. Ein Körper, der den Bereich B einnimmt, habe die Masse $m(B)$. In einem Teilbereich B_i ist die „mittlere Massendichte" ρ die Masse in B_i pro Volumen μ von B_i: $\rho(B_i) := m(B_i)/\mu(B_i)$. Läßt man B_i auf einen Punkt p zusammenschrumpfen und hat dabei $m(B_i)/\mu(B_i)$ einen Grenzwert, so heißt dieser „Massendichte am Ort p": $\rho(p)$. Umgekehrt kann man die Gesamtmasse $m(B)$ durch Aufsummieren erhalten:

(i) Man zerlegt B in Teilbereiche B_i, so daß jeder Punkt aus B in genau einem der B_i enthalten ist (d.h.: $\bigcup B_i = B, B_i \cap B_j = \emptyset$ für $i \neq j$).

(ii) Man summiert die Massen der B_i: $m(B) = \Sigma_i \rho(B_i) \cdot \mu(B_i)$. Ist nun die Intensität, also die Massendichte, für alle Orte $p \in B$ gegeben, so kann man die $\rho(B_i)$ abschätzen: Mit

$$\rho^+(B_i) := \sup_{p \in B_i} \rho(p); \rho^-(B_i) := \inf_{p \in B_i} \rho(p) \quad \text{gilt}$$

$$\rho^-(B_i) \leqslant \rho(B_i) \leqslant \rho^+(B_i) \text{ bzw. } \Sigma \rho^-(B_i) \cdot \mu(B_i) \leqslant m(B) \leqslant \Sigma \rho^+(B_i) \mu(B_i).$$

---

*) Eigentlich im $\mathbb{E}^2$, nicht $\mathbb{R}^2$; die Massendichte ist Funktion des Ortes, nicht zweier reeller Variabler. Hier in 5.1 wird der $\mathbb{E}_2$ als Veranschaulichung des $\mathbb{R}^2$ benutzt, erst in 5.3 wird der geometrische Aspekt ernstgenommen.

Ist $\delta := \sup_i(\rho^+(B_i) - \rho^-(B_i))$ die maximale Schwankung von ρ innerhalb der B_i, so ist also $m(B)$ mit einer Genauigkeit von mindestens $\delta \cdot \Sigma\mu(B_i) = \delta \cdot \mu(B)$ bekannt.

Läßt man die „Zerlegung" von B in die B_i immer »feiner« werden, so geht (zumindest bei stetigen Dichtefunktionen ρ) $\delta \to 0$, und $m(B)$ ist als Grenzwert von Summen des Typs $\Sigma\rho(p_i)\cdot\mu(B_i)$ mit $p_i \in B_i$ zu erhalten.

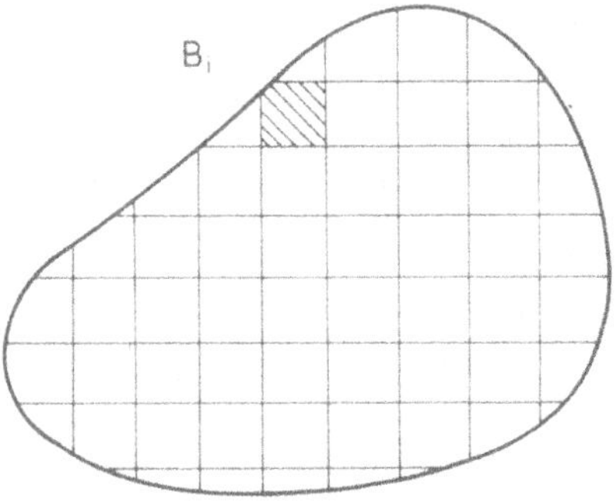

Abb. 5.1. Ein Bereich B ist in Teilbereiche zerlegt, von denen einer durch Schraffur hervorgehoben ist

3. *Das Konzept des Integrals*

Gegeben sei ein Bereich $B \subset \mathbb{R}^n$ und eine Funktion $f: B \to \mathbb{R}$. Gibt es eine Folge von „*Zerlegungen*" $\{B_i^k\}$ mit $\bigcup_i B_i^k = B, B_i^k \cap B_j^k = \emptyset$ für $i \neq j$, so daß die mit

$$f_i^{k-} := \inf_{B_i^k} f \leqslant f(p) \leqslant \sup_{B_i^k} f =: f_i^{k+} \qquad (\forall\, p \in B_i^k)$$

$$(f_i^{k-} := 0 =: f_i^{k+} \quad \text{falls} \quad B_i^k = \emptyset)$$

gebildeten „Unter-" und „Obersummen":

$$\Sigma_i f_i^{k-}\,\mu(B_i^k), \quad \Sigma_i f_i^{k+}\,\mu(B_i^k)$$

für $k \to \infty$ einen übereinstimmenden Grenzwert haben, so heißt dieser das „*Integral*" *von f über B* (bezüglich des Maßes μ), geschrieben $\int_B f\,\mathrm{d}\mu$.

(Ist B im Falle $n = 1$ ein Intervall $[a;b]$ und wird f als Funktion von t angeschrieben, so schreibt man auch $\int_a^b f(t)\,dt$ statt $\int_{[a;b]} f\,d\mu$; für $b < a$ ist $\int_a^b f\,dt := -\int_b^a f\,dt$).

4. *Ankündigung*

Zur Realisierung dieses Konzeptes müssen zwei Begriffe präzisiert werden: Die Volumenmessung μ in $\mathbb{R}^n$ (5.1.1) und die Summierungen bzw. deren Grenzwerte (5.1.2).

Neben Kriterien, wann die Integrale existieren, und allgemeinen Eigenschaften, die sie haben, wenn sie existieren (5.1.3), wird ein wichtiges Verfahren zur Berechnung von Integralen in zwei Stufen gegeben:

(i) Rückführung auf Integration im $\mathbb{R}^1$ (5.1.4),

(ii) Integration im $\mathbb{R}^1$ als Ermittlung von Stammfunktionen (5.2.1).

5.1.1 Volumenmessung im $\mathbb{R}^n$

Flächenbestimmung als Idealisierung des Auszählens von »Karos«. Wer sich mit dem Konzept 5.1.0 zufriedengibt, kann 5.1.1 und 5.1.2 überschlagen.

1. Auf möglichst vielen Teilmengen des $\mathbb{R}^n$ soll das Volumenmaß μ als Funktion mit folgenden Eigenschaften (Absätze 2 bis 5) erklärt werden:

2. Für μ sind Werte aus $[0; +\infty]$ zugelassen (also auch „$+\infty$").

3. *(Additivität)* Sei $\{A_k\}$ eine (endliche oder unendliche) Folge mit $A_k \cap A_l = \emptyset$ für $k \neq l$ (d. h.: die A_k bilden eine Zerlegung von $\bigcup_k A_k =: A$), dann ist

$$\Sigma \mu(A_k) = \mu(\bigcup A_k) = \mu(A),$$

insbesondere gilt für zwei Mengen A, B mit $A \cap B = \emptyset$

$$\mu(A) + \mu(B) = \mu(A \cup B).$$

4. *(Normierung)* Der „Einheitswürfel" $I^n := \{(x^1, \ldots, x^n) \in \mathbb{R}^n \mid 0 < x^k \leqslant 1; k = 1 \ldots n\}$ ist die „Volumeneinheit": $\mu(I^n) = 1$.

5. Sind die Mengen A und B *kongruent*, geht B also aus A durch Verschiebung und/oder Drehung und/oder Spiegelung hervor, so ist $\mu(A) = \mu(B)$.

(Zu *fordern* braucht man sogar nur die Invarianz von μ unter Verschiebungen, die im $\mathbb{R}^n$ »natürlicher« sind als die zur Struktur des $\mathbb{E}_n$ gehörenden Drehungen.)

6. Aus diesen Forderungen folgen viele Konsequenzen, von denen hier einige unter 7 bis 16 aufgeführt werden; dabei wird die Existenz der auftretenden Maße $\mu(A), \dots$ vorausgesetzt.

7. $\mu(A \setminus B) = \mu(A) - \mu(A \cap B) = \mu(A) - \mu(A \setminus (A \setminus B))$,
da $A = (A \setminus B) \cup (A \cap B)$ und $(A \setminus B) \cap (A \cap B) = \emptyset$ ist.

8. $\mu(A \cup B) = \mu(A) + \mu(B) - \mu(A \cap B)$
(aus 3 und 7 mit $A \cup B = (A \setminus B) \cup B$).

9. Aus $A \subset B$ folgt $\mu(A) \leqslant \mu(B)$
(*Monotonie*, aus 2 und 3: $\mu(B) = \mu(A) + \mu(B \setminus A) \geqslant \mu(A)$).

10. Ein n-dim Würfel I^n_{-k} mit Kanten der Länge 10^{-k} hat $\mu(I^n_{-k}) = 10^{-n \cdot k}$ (wegen 5 haben alle solche Würfel dasselbe Maß; und $10^{n \cdot k}$ von ihnen bilden eine Zerlegung von I^n).

11. Ein Würfel im $\mathbb{R}^n$ mit Kantenlänge a hat das Volumen a^n (Zerlegung in Würfel des Typs I^n_{-k}; ist a kein abbrechender Dezimalbruch, werden abzählbar unendlich viele solcher Würfel benötigt, man kommt bereits in diesem simplen Fall nicht mit *endlichen* Folgen in 3 aus!).

12. Durch weitere geometrische »Puzzle-Spiele« lassen sich für viele elementare Figuren die Inhalte bestimmen. Durch die Integralrechnung werden wir aber ein einfacheres und weiterreichendes Verfahren zur Volumenbestimmung erhalten.

13. $\mu(\emptyset) = 0$ (da $\mu(I^n) = \mu(I^n \cup \emptyset) = \mu(I^n) + \mu(\emptyset)$ ist).
Aus $\mu(A) = 0$ folgt aber nicht $A = \emptyset$.

14. Ein Punkt p hat im $\mathbb{R}^1$ das Maß $\mu(\{p\}) = 0$,
denn: $\{1\} =]0;1] \setminus (]0;0{,}9] \cup]0{,}9;0{,}99] \cup]0{,}99;0{,}999] \cup \dots)$,

$$\mu(\{1\}) = 1 - \sum_{k=1}^{\infty} 9 \cdot 10^{-k} = 1 - 1 = 0.$$

Daraus folgt auch: $\mu(]0;1]) = \mu([0;1]) = \mu(]0;1[)$.

Ein anderes Argument wäre: Es passen ∞ viele Punkte p_n in das Intervall I^1, wegen 5 haben alle p_n dasselbe Maß $\mu(p)$, wegen 3 und 9 ist $\infty \cdot \mu(p) \leqslant \mu(I^1) = 1$, also $\mu(p) = 0$. (Das zweite Argument beweist allerdings nicht, daß $\mu(p)$ existiert.)

15. Allgemeiner hat ein $(n-m)$-dimensionaler Würfel $(m > 0)$ im $\mathbb{R}^n$ das Volumen 0. Die in der Praxis als Integrationsbereiche auftretenden Mengen $B \subset \mathbb{R}^n$ haben Ränder vom Maße Null: $\mu(\partial B) = 0$; dazu gehören die Mengen mit glatten Rändern (Kugeln usw.) oder mit aus endlich vielen glatten Stücken bestehenden Rändern (Quader usw.). Es gibt auch andere Mengen: $\mathbb{D}$ hat (in $\mathbb{R}^1$) als Rand ganz $\mathbb{R}^1$ (2.2.5.13), also $\mu(\partial\mathbb{D}) = \infty$. Die Voraussetzung „glatt" (differenzierbar) ist wichtig: In 2.2.5.17 (ii) wird eine Kurve beschrieben, die im $\mathbb{R}^2$ eine Menge des Flächeninhaltes 1 ausfüllt; glatte Kurven, d. h.:

$$[0;1] \to \mathbb{R}^n \qquad (n \geqslant 2)$$
$$t \mapsto (x^1(t), x^2(t), \ldots, x^n(t)) \quad x^k \text{ differenzierbar nach } t$$

haben hingegen Wege mit dem Maß Null.

16. Jede Menge aus abzählbar vielen Punkten hat im $\mathbb{R}^n$ $(n > 0)$ das Maß 0 (wegen 14. und 3.)*). Insbesondere ist in $\mathbb{R}$: $\mu(\mathbb{Q}) = \mu(\mathbb{D}) = 0$; dieses Ergebnis hatten wir schon in 2.1.2.19 erhalten, wo wir $\mathbb{D}$ mit »Pflastern« einer beliebig kleinen Gesamtlänge l überdeckt hatten, d. h. $\mu(\mathbb{D}) \leqslant l$ für jedes $l > 0$.

17. Mit solchen und ähnlichen Argumenten läßt sich begründen, daß für die Menge $\mathfrak{A}$ folgender Teilmengen des $\mathbb{R}^n$ eindeutig und widerspruchsfrei ein Maß μ durch 2, 3, 4, 5 festgelegt ist:

(i) Alle Würfel I^n_{-k} (für alle $k \in \mathbb{N}$) sind in $\mathfrak{A}$.

(ii) Die Vereinigung abzählbar vieler Mengen aus $\mathfrak{A}$ ist in $\mathfrak{A}$:

$$A_k \in \mathfrak{A} \quad (k \in \mathbb{N}) \Rightarrow \bigcup_k A_k \in \mathfrak{A}\,.$$

(iii) Mit $A, B \in \mathfrak{A}$ ist auch $A \backslash B \in \mathfrak{A}$ und daher auch $A \cap B = A \backslash (A \backslash B) \in \mathfrak{A}$.

(iv) Ist $A \in \mathfrak{A}$, $\mu(A) = 0$ und $B \subset A$, so ist auch $B \in \mathfrak{A}$ und $\mu(B) = 0$.

Alle offenen und alle abgeschlossenen Teilmengen des $\mathbb{R}^n$ und überhaupt alle Mengen im $\mathbb{R}^n$, die »man sich vorstellen kann«, gehören zu den „*meßbaren*" Mengen $\mathfrak{A}$. (Die Existenz von Mengen in $\mathfrak{P}(\mathbb{R}^n) \backslash \mathfrak{A}$ läßt sich zeigen, aber es läßt sich keine von ihnen explizit angeben.)

Allgemein wird als „*Maß*" jede Funktion $\mu: \mathfrak{A} \to [0; +\infty]$ mit Eigenschaft 3 und mit $\mu(\emptyset) = 0$ bezeichnet; in diesem Buch wird aber nur das durch Eigenschaften 4 und 5 *eindeutig* festgelegte „Lebesguesche" *Volumenmaß* benutzt.

5.1.2 Integrierbarkeit

Die Idee des Riemannschen und des Lebesgueschen Integrals.

1. *Definition des Integrals*

Wir können jetzt das Konzept 5.0.3 zu einer Definition präzisieren und fordern dazu:

---

*) Auch hier zeigt sich, wie nützlich der Übergang von $\mathbb{D}$ auf $\mathbb{R}$ war. Es ist nicht einfach, auf $\mathbb{D}$ bzw. $\mathbb{D}^n$ ein »vernünftiges« Maß zu finden, das dem Intervall [0;1] den Wert 1 zuordnet.

(a) Alle auftretenden B_i^k seien meßbar (d. h. $B_i^k \in \mathfrak{A}$; vgl. 5.1.1.17).

(b) Die »Summen« $\Sigma \ldots$ sollen endliche Summen oder absolut konvergente Reihen sein.

Dann gilt:

(i) Alle in 5.0.3 auftretenden Ausdrücke sind wohldefiniert.

(ii) Die Werte aller »Summen« sind von der Reihenfolge der Glieder, d. h. von der Numerierung der B_i in einer Zerlegung unabhängig, vgl. 4.3.4.21 (c).

(iii) Jede Untersumme $\Sigma f_i^- \mu(B_i)$ zu einer Zerlegung $\{B_i\}$ ist nicht größer als eine Obersumme $\Sigma \tilde{f}_j^+ \mu(\tilde{B}_j)$ zu irgendeiner anderen Zerlegung $\{\tilde{B}_j\}$.

2. Würde man nicht absolut konvergente Reihen zulassen, würde (ii) und (iii) nicht gelten.

Gegenbeispiel: $B = \mathbb{R}; f: t \mapsto \operatorname{sgn} t$.

Zerlegung von B: Die Intervalle $]n; n+1]$ bzw. $[-n-1; -n[$ werden in Intervalle der Länge 2^{-n} zerlegt. Für jedes dieser B_i ist $f_i^- = f_i^+$. Die Glieder $f_i^\pm \mu(B_i)$ sind die der Reihe aus 4.3.4.12; dort wird erläutert, daß bei geeignet gewählter Reihenfolge jeder beliebige Zahlenwert als Summe erhalten werden kann.

3. Zum *Beweis* von (iii):

Es gilt $\Sigma_i f_i^- \mu(B_i) \leqslant \Sigma_i f_i^+ \mu(B_i)$.

Zu den beiden Zerlegungen $\{B_i\}$ und $\{\tilde{B}_j\}$ bilden wir die Menge aller $\hat{B}_{ij} := B_i \cap \tilde{B}_j$. Es gilt: $B_i = \bigcup_j \hat{B}_{ij}$, $\tilde{B}_j = \bigcup_i \hat{B}_{ij}$, $B = \bigcup_i \bigcup_j \hat{B}_{ij}$. $\hat{B}_{ij} \cap \hat{B}_{kl} = (B_i \cap B_k) \cap (\tilde{B}_j \cap \tilde{B}_l) = \emptyset$, falls nicht $i = k$ und $j = l$ sind. $\{\hat{B}_{ij}\}$ ist also eine Zerlegung von B. Wegen

$$f_i^- = \inf_{B_i} f \leqslant \inf_{\hat{B}_{ij}} f = \hat{f}_{ij}^- \leqslant \hat{f}_{ij}^+ = \sup_{\hat{B}_{ij}} f \leqslant \sup_{\tilde{B}_j} f = \tilde{f}_j^+$$

ist

$$\Sigma_i f_i^- \mu(B_i) = \Sigma_i f_i^- \cdot \Sigma_j \mu(\hat{B}_{ij}) \leqslant \Sigma_i \Sigma_j \hat{f}_{ij}^- \mu(\hat{B}_{ij}) \leqslant \Sigma_i \Sigma_j \hat{f}_{ij}^+ \mu(\hat{B}_{ij})$$
$$\leqslant \Sigma_k \tilde{f}_k^+ \mu(\tilde{B}_k). \qquad \blacksquare$$

Wegen (iii) ist gesichert, daß bei zwei verschiedenen Folgen von Zerlegungen, die jede einen gemeinsamen Grenzwert von Unter- und Obersummen haben, diese beiden Grenzwerte gleich sind (wieso?), also:

Der Wert des Integrals ist von der speziellen Wahl der Folge der Zerlegungen unabhängig.

Definition: Existiert $\int_B f \, d\mu$, so heißt f *„auf B integrierbar“ (integrabel).*

4. *Zwei Strategien zur Ermittlung der Integrale* [Abb. 5.2]

Bei nicht konstanten Funktionen gibt es immer Folgen von Zerlegungen, deren Unter- und Obersummen keinen gemeinsamen Grenzwert haben. Die Definition des Integrals gibt noch keine Anweisung, wie eine *geeignete* Folge von Zerlegungen gewählt werden soll, das ist eine solche, für die

(*) $\Sigma_i (f_i^{k+} - f_i^{k-}) \mu(B_i^k) \to 0$ für $k \to \infty$.

A. *(Riemann)* Man zerlege den Bereich B in »einfache« Teile (die B_i^k sind Intervalle bzw. n-dim. Würfel oder Quader mit einem Durchmesser Δ_i^k), die »immer kleiner« werden, d. h.: $\max_i \Delta_i^k =: \Delta^k$, $\lim_{k \to \infty} \Delta^k = 0$.

Die Bedingung (*) läßt sich erfüllen, wenn B aus endlich vielen Quadern besteht und f auf $\bar{B} = B \cup \partial B$ *stetig* oder wenigstens beschränkt ist und die Menge C der Unstetigkeitsstellen das Maß 0 hat: $\mu(C) = 0$ (insbesondere sind endlich viele »Sprünge« von f zugelassen)*). Dann nämlich kann man die Sprungstellen C von f in einer Menge $\bigcup_{i'} B_{i'}^k$ mit beliebig kleinem Maß μ einschließen, also $\Sigma_i (f_{i'}^{k+} - f_{i'}^{k-}) \mu(B_{i'}^k)$ beliebig klein machen), und auf dem Rest von B geht wegen der Stetigkeit $\max_i (f_i^{k+} - f_i^{k-}) \to 0$ für $k \to \infty$.

B. *(Lebesgue)* Man »erzwingt« $(f_i^{k+} - f_i^{k-}) \to 0$, indem man die Menge $\mathbb{R}$ der Funktionswerte zerlegt in Intervalle $[a_i^k; a_{i+1}^k[$ $(i \in \mathbb{Z})$ und als B_i^k deren Urbilder wählt: $B_i^k := \{x \in \mathbb{R}^n | a_i^k \leqslant f(x) < a_{i+1}^k\}$. Läßt man durch Wahl immer feinerer Aufteilungen $\delta^k := \max_i |a_{i+1}^k - a_i^k| \to 0$ für $k \to \infty$ gehen, geht $f_i^{k+} - f_i^{k-} \leqslant \delta^k \to 0$. Notwendige Voraussetzungen für die Erfüllung von (*) ist jetzt, daß

(a) alle $\mu(B_i^k)$ existieren,

(b) die a_i^k so gewählt werden können, daß die $\mu(B_i^k) < \infty$ sind, oder daß $f = 0$ auf B_i^k ist.

---

*) Man kann auch beschränkte Bereiche B mit »gekrümmtem« Rand zulassen, indem man einen Quader $\tilde{B} \supset B$ wählt, und $f = 0$ auf $\tilde{B} \setminus B$ setzt; allerdings muß ∂B als mögliche Unstetigkeitsstelle von f dann $\mu(\partial B) = 0$ haben. Unbeschränkte Bereiche B sind zugelassen, wenn $B = \tilde{B} \cup \hat{B}$ ist, wobei $\tilde{B}$ beschränkt ist und $f = 0$ auf $\hat{B}$ gilt.

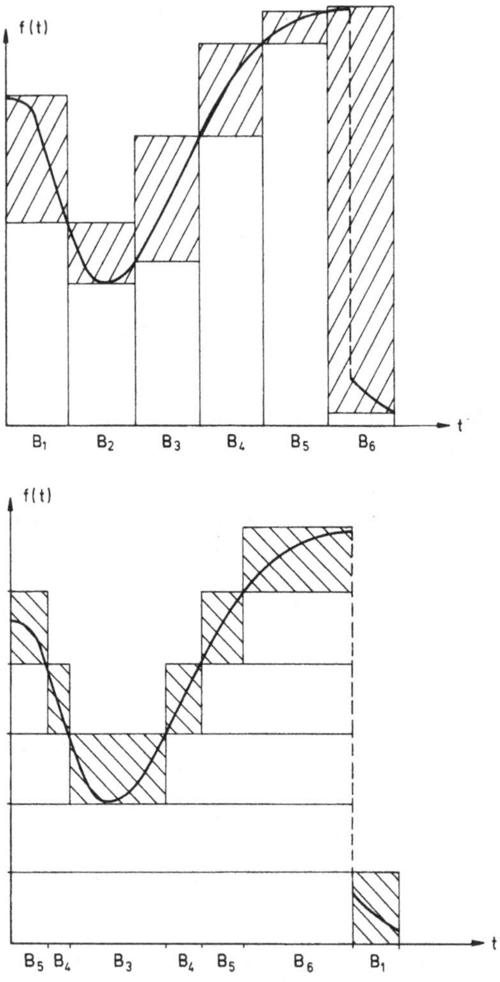

Abb. 5.2. Die Riemannsche und die Lebesguesche Strategie zur Ermittlung der Ober- und Untersummen. Im dargestellten Fall wird die Definitionsmenge bzw. die Wertemenge in sechs gleiche Teile zerlegt. Die Ungenauigkeit (Differenz von Ober- und Untersumme, durch die schraffierte Fläche repräsentiert) ist bei dem Lebesgueschen Verfahren hier etwa halb so groß wie bei dem Riemannschen, hauptsächlich verursacht durch die Unstetigkeit.
Die prinzipielle Überlegenheit der Lebesgueschen Methode, ihre allgemeine Anwendbarkeit, kommt in diesem Beispiel nicht zum Ausdruck

(Bedingung (a) ist für alle Funktionen erfüllt, die »man sich ausdenken kann«, (b) ist etwa für $\mathbb{R}^1 \to \mathbb{R}, t \mapsto \operatorname{sgn} t$ verletzt; eine nicht integrierbare Funktion, die (a) und (b) erfüllt, ist $\mathbb{R}\setminus\{0\} \to \mathbb{R}, t \mapsto 1/t$).

5. *Beispiele*

(i) Eine nach Riemann integrierbare Funktion mit unendlich vielen Unstetigkeitsstellen:

$$B =]0;1], \quad f\colon t \mapsto \begin{cases} 10^{-k} & t \in \mathbb{D}_k \\ 0 & t \in \mathbb{R}\setminus\mathbb{D}\,. \end{cases}$$

($\mathbb{D}_k$: Menge der Dezimalzahlen mit k Stellen hinter dem Komma, wobei die k-te Ziffer $\neq 0$ ist.) Bei jedem $t \in \mathbb{D}$ ist f unstetig und bei jedem $t \in \mathbb{R}\setminus\mathbb{D}$ stetig. Mit den Zerlegungen

$$B_i^k =](i-1)\cdot 10^{-k}; i\cdot 10^{-k}] \quad (i = 1,\dots,10^k)$$

erhält man als Obersummen für $k = 0,1,2,\dots,m$:

$$1\cdot 1; 10^{-1}(1\cdot 1 + 9\cdot 10^{-1}); 10^{-2}(1\cdot 1 + 9\cdot 10^{-1} + 90\cdot 10^{-2});\dots;$$

$$10^{-m}(1 + 0{,}9\cdot m) \to 0 \text{ für } m \to \infty\,,$$

als Untersumme immer 0, also $\int_B f\,d\mu = 0$.

(ii) Ein Integral, das nach Lebesgue aber nicht nach Riemann ermittelbar ist.

$$B =]0;1], \quad g\colon t \mapsto \begin{cases} 1 & t \in \mathbb{D} \\ 0 & t \in \mathbb{R}\setminus\mathbb{D} \end{cases}$$

g ist unstetig für jedes t. In jedem Intervall B_i ist $f_i^+ = 1$, $f_i^- = 0$, also sind alle Riemannschen Obersummen 1 und alle Untersummen 0. Nach Lebesgue ergibt sich für die Zerlegung $B_1 = \mathbb{D} \cap B$; $B_2 = B\setminus\mathbb{D}$ als Ober- und Untersumme $1\cdot\mu(B_1) + 0\cdot\mu(B_2) = 1\cdot 0 + 0\cdot 1$ (vgl. 5.1.1.16), also $\int_B g\,d\mu = 0$.

(iii) Die Folge der Funktionen $f_n = \sqrt[n]{f}$ mit f aus (i)

$$f_n\colon t \mapsto \begin{cases} 10^{-k/n} & t \in \mathbb{D}_k \\ 0 & t \in \mathbb{R}\setminus\mathbb{D}\,. \end{cases}$$

konvergiert gegen g (aus (ii)), da $\lim\limits_{n\to\infty} \sqrt[n]{a} = 1$ für $a \neq 0$ ist; also kann eine monotone beschränkte Folge von Riemann-integrierbaren Funktionen gegen eine nicht Riemann-integrierbare Funktion konvergieren.

Weitere Beispiele zu diesem Thema finden sich in 5.2.3.

6. *Anmerkungen*

Das Riemannsche Prinzip (Zerlegung der Definitionsmenge B in »einfache« Mengen B_i) liegt fast allen numerischen Berechnungen und physikalischen Messungen von Integralen zugrunde.

Das Lebesguesche Prinzip (Zerlegung der Zielmenge $\mathbb{R}$) führt in allen Fällen zum Erfolg, in denen das Integral nach 5.1.2.1 existiert.

Entgegen dem Eindruck, den man aus einigen Darstellungen der Integrationstheorie gewinnen kann, liegt die Bedeutung des allgemeinen (über den Riemannschen weit hinausgehenden) Integralbegriffes nicht in der Möglichkeit, solche stark unstetigen Funktionen wie in 5 (ii) integrieren zu können (den Physiker interessieren solche Funktionen ohnehin nicht). Entscheidend ist, daß die *Menge* der nach Lebesgue integrierbaren Funktionen viel schönere Eigenschaften hat als ihre Teilmenge der Riemann-integrierbaren Funktionen; ähnlich wie bei dem Übergang von $\mathbb{Q}$ auf $\mathbb{R}$ erhalten wir *Vollständigkeitseigenschaften* (siehe Satz 5.1.3.7 und 7.1.3.4, andererseits Beispiel 5 (iii)).

Dadurch, daß im Riemannschen Konzept in 5.1.1.3 und 5.1.0.3 nur *endliche* Summen zugelassen sind, entfällt zunächst die Möglichkeit, unbeschränkte Funktionen oder Bereiche zuzulassen. Erst über den »Umweg« der „uneigentlichen Integrale" (5.2.3) sind viele in der Praxis bedeutsame Integrale wie $\int\limits_{-\infty}^{+\infty} e^{-x^2}\mathrm{d}x$ und $\int\limits_0^1 \frac{\mathrm{d}x}{\sqrt{x}}$ zu erklären, obwohl diese gemäß dem Konzept 5.1.0.3 genauso »gute« Integrale sind wie etwa $\int\limits_0^1 x^2\,\mathrm{d}x$.

Daß immer noch in Grundkursen die Riemannsche Methode zur *Definition* des Integrals benutzt wird, ist wohl nur aus historischen Gründen zu erklären.

5.1.3 Eigenschaften von Integralen

1. *Existenzkriterien*

Ist B beschränkte, offene oder abgeschlossene Menge und f beschränkt und stetig (bis auf eine Menge C von Sprungstellen mit $\mu(C) = 0$), so existiert $\int\limits_B f\,\mathrm{d}\mu$*).

Existieren $\int f$ und $\int\limits_B g$, so auch $\int\limits_B |f|$, $\int\limits_B (f \pm g)$, $\int\limits_B \alpha f$ $(\alpha \in \mathbb{R})$; aber nicht allgemein $\int\limits_B f \cdot g$ oder $\int\limits_B f^\alpha$ $(\alpha \in \mathbb{R})$.

---

*) Wenn, wie in diesem Buch, nur *ein* Maß, das Volumenmaß μ, benutzt

Gegenbeispiel: $\int_0^1 \frac{dx}{\sqrt{x}} = 2$, $\int_0^1 \frac{1}{\sqrt{x}} \cdot \frac{1}{\sqrt{x}} dx = \int_0^1 \frac{dx}{x}$ existiert nicht (5.2.3.3).

2. *Volumenmessung:* $\int_B d\mu := \int_B 1 \cdot d\mu = \mu(B)$.

3. *Linearität und Additivität*

(a) $\int_B f d\mu + \int_B g d\mu = \int_B (f+g) d\mu$, $\alpha \int_B f d\mu = \int_B (\alpha \cdot f) d\mu \quad (\alpha \in \mathbb{R})$

(b) Für $\mu(A \cap B) = 0$ ist $\int_A f d\mu + \int_B f d\mu = \int_{A \cup B} f d\mu$

Im $\mathbb{R}^1$ liest sich das so:

$$\int_a^b f(t) dt + \int_b^c f(t) dt = \int_a^c f(t) dt \quad \text{(für beliebige } a,b,c \in \mathbb{R}\text{)}.$$

4. *Monotonie*

(a) Aus $f(x) \leqslant g(x)$ für alle $x \in B$ folgt $\int_B f d\mu \leqslant \int_B g d\mu$.

(b) Aus $0 \leqslant f(x)$ für alle $x \in B$ folgt $0 \leqslant \int_B f d\mu$

und, für beliebiges $g(x)$: $\inf_{x \in B} g(x) \cdot \int_B f d\mu \leqslant \int_B f \cdot g d\mu \leqslant \sup_{x \in B} g(x) \cdot \int_B f d\mu$.

Die Voraussetzung: $0 \leqslant f$ ist wichtig; Gegenbeispiel: $B = [-1; +1]$, $f(t) = t = g(t)$, $\int_B f \cdot g dt = \int_B t^2 dt = 2/3 > \sup g \cdot \int_B t dt = 1 \cdot 0 = 0$.

5. *Schrankensatz und Mittelwertsatz*

$$\inf_{x \in B} f(x) \cdot \mu(B) \leqslant \int_B f d\mu \leqslant \sup_{x \in B} f(x) \cdot \mu(B)$$

$$0 \leqslant \left| \int_B f d\mu \right| \leqslant \int_B |f| d\mu \leqslant \sup_{x \in B} |f| \cdot \mu(B).$$

---

wird, kann das „$d\mu$" zunächst fortgelassen werden. Wichtig wird die Angabe des Differentials

- nach Koordinatenwahl, etwa Polarkoordinaten im $\mathbb{R}^2$: $d\mu(r,\varphi) = r dr d\varphi$;
- bei Funktionen mehrerer Veränderlicher, etwa: $\int_0^1 x^2 \cdot y dx = \frac{1}{3} y$, $\int_0^1 x^2 \cdot y dy = \frac{1}{2} x^2$ (ausführlicher: $d\mu(x)$ statt dx, $d\mu(y)$ statt dy);
- bei Variablensubstitution, vgl. 5.2.2.3/6.

Ist f stetig, so ist $|\int_B f| = \int_B |f|$ genau dann, wenn f auf B das Vorzeichen nicht wechselt, und $|\int_B f| = \sup|f| \cdot \mu(B)$ genau dann, wenn f konstant ist. $\bar{f} := \frac{1}{\mu(B)} \int_B f \, d\mu$ heißt *Mittelwert von f auf B*, es gilt $\inf_B f \leqslant \bar{f} \leqslant \sup_B f$.

6. *Eindeutigkeitsaussagen*

(a) $\int_B |f| = 0 \Leftrightarrow \mu(\{x \in B \,|\, f(x) \neq 0\}) = 0$

ist darüber hinaus f stetig, so ist $f \equiv 0$ auf B.

(b) $\int_B |f - g| = 0 \Leftrightarrow \mu(\{x \in B \,|\, f(x) \neq g(x)\}) = 0$

sind darüber hinaus f und g stetig, so ist $f \equiv g$ auf B.

(c) $\int_B |f - g| = 0 \Rightarrow \int_B f = \int_B g \Leftrightarrow \left|\int_B (f - g)\right| = 0$.

Kommentar: Zwei Funktionen, die sich nur auf einer Menge C mit $\mu(C) = 0$ unterscheiden, haben gleiches Integral. So ändert die Abänderung der Funktionswerte an endlich vielen Punkten oder (im $\mathbb{R}^2$ bzw. $\mathbb{R}^3$) auf glatten Kurven bzw. glatten Flächen den Wert des Integrals nicht. Daher ist es sinnvoll, einer Funktion f, die auf einer Menge C mit $\mu(C) = 0$ nicht definiert (oder »∞«) ist, ein Integral zuzuschreiben: Man setze $g := f$ auf $B \setminus C$, $g := 0$ auf C und $\int_B f := \int_{B\setminus C} f = \int_B g$.

7. *Stetigkeit und Vollständigkeit* *)

(a) Aus $f_n \to f$, f_n monoton wachsend (d. h.: für alle $x \in B$ ist $\lim f_n(x) = f(x)$ und $f_n(x) \leqslant f_{n+m}(x) (m \in \mathbb{N})$) folgt, daß $\lim \int_B f_n = \int_B f$ ist oder beide Integrale nicht existieren.

(b) Ist $f_1 \geqslant 0$, f_n monoton wachsende Folge, $f_n \leqslant g$, und sind alle Funktionen f_n und g integrabel, so existiert $f := \lim f_n$ und es gilt $\int_B f = \lim \int_B f_n$.

(c) Konvergiert f_n gegen f, sind alle $|f_n| \leqslant g$, und sind die f_n und g integrabel, so ist $\int_B f = \lim \int_B f_n$.

(Achtung, Gegenbeispiel: $B = \mathbb{R}, f_n : t \mapsto \begin{cases} 1 & n < t < n+1; \\ 0 & \text{sonst} \end{cases}$ $f : t \mapsto 0$

---

*) Diese Regeln gelten nicht in der Menge der nach Riemann integrierbaren Funktionen; vgl. Beispiel 5.1.2.5 (iii).

Die *Stetigkeits*aussagen von (a, b, c) werden deutlicher, wenn man $\int \lim f_n$ statt $\int f$ schreibt.

$\int\limits_{\mathbb{R}} f_n = 1$, $\int\limits_{\mathbb{R}} \lim f_n = 0$; es gibt hier nicht das geforderte g, da $g \geqslant 1$ sein müßte und $\int\limits_{\mathbb{R}} g \geqslant \int 1\,\mathrm{d}\mu$ nicht existiert (»ist $+\infty$«).

(d) Aus $\int |f_n - f| \to 0$ folgt $\int f_n \to \int f$.

(Achtung, es folgt nicht $f_n \to f$. Gegenbeispiel: $B = [0;1]$. Seien $n_1, \ldots, n_k$ die Ziffern der Dezimaldarstellung von n; die Stellenzahl k hängt natürlich von n ab, und für $n \to \infty$ geht $k \to \infty$. Es sei $f_n(t) := 1$, falls die ersten k Ziffern der nichtabbrechenden Dezimalbruchdarstellung von t (»hinter dem Komma«) gerade gleich $n_1 \ldots n_k$ sind, sonst sei $f_n(t) := 0$. Etwa für $n = 475$ ist $k = 3$ und $f_{475}(t) = 1$ für $t \in [0{,}475; 0{,}476[$, sonst $= 0$. Es ist $\int f_n = 10^{-k}$, also für $f \equiv 0$ geht $\int |f_n - f| \to 0$, aber f_n konvergiert für kein $t \neq 0$ gegen 0.

(e) Falls die Funktion f außer von $x \in B$ noch stetig von einem Parameter $t \in \mathbb{R}$ abhängt, und es eine Funktion g auf B gibt, so daß:

$|f_t(x)| \leqslant g(x)$ für alle t gilt und

$\int\limits_B g$ und $\int\limits_B f_t$ für alle t existieren,

dann hängt $F(t) := \int\limits_B f_t$ stetig von t ab.

8. Ist darüber hinaus f_t nach t differenzierbar und gibt es eine Funktion h auf B, so daß:

$|\partial_t f_t(x)| \leqslant h(x)$ für alle t gilt und $\int\limits_B h$ existiert,

dann ist $F(t)$ differenzierbar, und es ist $\dot{F}(t) = \int\limits_B \partial_t f_t$ (»Differentiation unter dem Integralzeichen«).

9. *Schwarzsche Ungleichung*

Wendet man die Ungleichung 2.2.3.23 auf Ober- bzw. Untersummen an

$$(\Sigma f_i \cdot g_i \mu(B_i))^2 \leqslant (\Sigma (f_i \sqrt{\mu(B_i)})^2) \cdot (\Sigma (g_i \sqrt{\mu(B_i)})^2),$$

so erhält man

$$\Big(\int\limits_B fg\,\mathrm{d}\mu\Big)^2 \leqslant \int\limits_B f^2\,\mathrm{d}\mu \cdot \int\limits_B g^2\,\mathrm{d}\mu .$$

(Ein ganz andersartiger Beweis wird in 7.1.1.9 gegeben.)

5.1.4 Iterierte Integrale

Der erste Schritt in dem wichtigsten Verfahren zur Auswertung von Integralen im $\mathbb{R}^n$: Rückführung auf n-malige Integration in $\mathbb{R}$. Alles wird für $n = 2$ formuliert; Beispiele werden nach dem zweiten Schritt in 5.2 nachgeliefert.

1. Wenn man gemäß unserem Konzept 5.1.0.2 [vgl. auch Abb. 5.1] die Glieder $\rho(p_i)\mu(B_i)$ »zusammensammelt«, so liegt es nahe, zunächst die Glieder einer Zeile zu addieren und dann diese Teilsummen zu addieren. Das macht folgende Gleichung plausibel [vgl. Abb. 5.3].

2. $$B_a^2 := \{y \in \mathbb{R} \mid (a,y) \in B\}; \quad B_a^1 := \{x \in \mathbb{R} \mid (x,a) \in B\}$$
$$I^1 := \{y \in \mathbb{R} \mid B_y^1 \neq \emptyset\}; \quad I^2 := \{x \in \mathbb{R} \mid B_x^2 \neq \emptyset\}$$
$$\int_B f \,\mathrm{d}\mu = \int_{I^1} \left(\int_{B_y^1} f(x,y)\,\mathrm{d}x \right) \mathrm{d}y = \int_{I^2} \left(\int_{B_x^2} f(x,y)\,\mathrm{d}y \right) \mathrm{d}x \,.$$

Für die Berechnung der »Zeilensummen« $\int_{B_y^1} f(x,y)\,\mathrm{d}x$ wird f als Funktionsschar (Variable x, Parameter y) aufgefaßt. Die Integrale über die Zeilen bzw. Spaltenintegrale heißen „iterierte Integrale“.

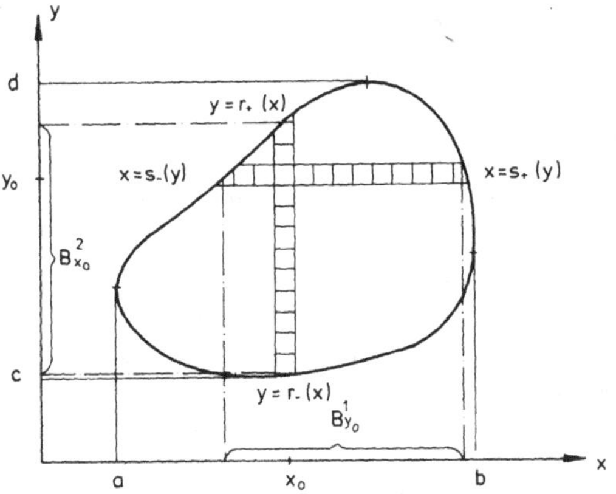

Abb. 5.3. Zum Satz von Fubini: Die Teilmengen einer Zerlegung von B (vgl. Abb. 5.1.) können »zeilen«- oder »spalten«-weise zusammengesammelt werden; je eine Zeile und Spalte sind eingezeichnet. I^1 bzw. I^2 sind hier $[c;d]$ bzw. $[a;b]$

3. *Satz* (Fubini) Existiert $\int_B f\,\mathrm{d}\mu$ $(B \subset \mathbb{R}^2)$, so existieren die iterierten Integrale und Gleichung 2 gilt.

4. *Satz* (Tonelli) Existiert das iterierte Integral $\int_{I^1} \left(\int_{B_y^1} |f(x,y)|\,\mathrm{d}x \right) \mathrm{d}y$, so existiert auch $\int_B f\,\mathrm{d}\mu$, also gilt 2.

(Die Existenz eines iterierten Integrals über f statt $|f|$ reicht nicht aus; Gegenbeispiel in 5.2.3.4 (iii).

5. In 2, 3 und 4 wird nicht behauptet bzw. verlangt, daß alle Zeilen- bzw. Spaltenintegrale existieren; es dürfen aber nur so wenige nicht existieren, daß die iterierten Integrale immer noch wohldefiniert sind (vgl. 5.1.3.6); Beispiel 5.3.2.8(ii).

6. Für die Praxis nützlich ist folgender Fall:

Die Kurve, die den Rand von B bildet, läßt sich zusammensetzen aus den Graphen der Funktionen

$$r^+, r^- : [a,b] \to \mathbb{R} \text{ bzw. } s^+, s^- : [c,d] \to \mathbb{R}, \ (r^+, r^-, s^+, s^- \text{ stetig})$$

so daß:

$$B = \{(x,y) \in \mathbb{R}^2 | a \leqslant x \leqslant b, r^-(x) \leqslant y \leqslant r^+(x)\},$$
$$B = \{(x,y) \in \mathbb{R}^2 | c \leqslant y \leqslant d, s^-(y) \leqslant x \leqslant s^+(y)\},$$

(insbesondere ist B beschränkt und abgeschlossen). Ist f stetig auf B, dann gilt:

$$\int_B f \, d\mu = \int_a^b \left(\int_{r^-(x)}^{r^+(x)} f(x,y) dy \right) dx = \int_c^d \left(\int_{s^-(y)}^{s^+(y)} f(x,y) dx \right) dy .$$

7. *Anmerkung:* Die meisten mehrdimensionalen Integrale sind über Bereiche im »Raum« genommen, also eigentlich im $\mathbb{E}_3$ und werden erst durch Koordinaten auf den $\mathbb{R}^3$ gebracht (Ersetzen von $f(p)$ mit $p \in \mathbb{E}_3$ durch $f(x,y,z)$); unser einführendes Beispiel (Masse m und Dichte ρ in 5.0.1) gehört dazu. Iterierte Integrale hingegen treten oft mit »nichträumlichen« Integrationsvariablen auf (Beispiel in 5.2.2.6); für solche Integrale sind die Aussagen dieses Abschnittes nützliche Regeln über das Vertauschen der Reihenfolge von Integrationen (hierbei Achtung bei den Integrationsgrenzen!).

8. *Anmerkung:* Integrale und Flächeninhalt

Stellt man $f: \mathbb{R} \to \mathbb{R}^+$ durch einen Graphen im $\mathbb{R}^2$ dar, kann man $\int_a^b f dx$ »geometrisch« deuten als Flächeninhalt von

$$A := \{(x,y) \in \mathbb{R}^2 | 0 \leqslant y \leqslant f(x); a \leqslant x \leqslant b\}.$$

Das folgt aus 5.1.3.2 und $\int_A 1 \, d\mu = \int_a^b \left(\int_0^{f(x)} dy \right) dx = \int_a^b f(x) dx$.

In der historischen Entwicklung und noch heute in der Schulmathematik wird dieser Sachverhalt zur *Definition* von Integralen benutzt, nicht nur als wertvolle Methode der *Veranschaulichung*. Das ist sehr unglücklich, denn:

(a) Bei $f: \mathbb{R} \to \mathbb{R}^-$ ist $\int f$ negativ; bei der »Summation« von 5.1.0 ist dies natürlich, bei Flächen unnatürlich. Überhaupt erscheint die spezielle Form solcher Flächen $A \subset \mathbb{R}^2$ vom geometrischen Standpunkt aus seltsam.

(b) Eine Integration über Bereiche des $\mathbb{R}^2$ oder $\mathbb{R}^3$ läßt sich nur noch mühsam, Integration über gekrümmte Kurven oder Flächen im $\mathbb{E}_3$ gar nicht mehr in dieser Art deuten. Dieser Zugang ist daher eine didaktische Sackgasse.

(c) Auch im Falle $f: \mathbb{R}^1 \to \mathbb{R}$ hat man meist nichtgeometrische Anwendungen. Bei Strom-Spannungs-Kennlinien hat die »Fläche« die Dimension Leistung, bei Druck-Volumen-Kennlinien die einer Energie. „Fläche" hat man hier nicht »wörtlich« zu nehmen, sondern im Sinne eines Diagramms als anschauliche Repräsentation verschiedenartigster physikalischer Größen.

9. *Hinweis:* Statt kartesischer kann man auch andere Koordinaten wählen, siehe 5.3.2.7.

5.2 Integration auf $\mathbb{R}$

Die Integration auf $\mathbb{R}$ ist nicht nur der einfachste Spezialfall der Integration auf $\mathbb{R}^n$, sondern spielt eine Ausnahmerolle durch den Zusammenhang mit Stammfunktionen, der den Einsatz aller Ergebnisse der Differentialrechnung für die Integration ermöglicht.

5.2.1 Der Hauptsatz der Differential- und Integralrechnung

1. *Satz*

(a) Ist f eine stetige Funktion auf $\mathbb{R}$, so ist:

$$\frac{d}{dt}\int_{t_0}^{t} f(x)\,dx = f(t).$$

(b) Ist f auf $[t_0,t]$ stetig und auf $]t_0,t[$ differenzierbar, so ist

$$\int_{t_0}^{t} f'(x)\,dx = f(t) - f(t_0).$$

(c) Ist F eine Stammfunktion von f in $[a;b]$, so ist

$$\int_a^b f(x)\,dx = F(b) - F(a) =: F(x)|_a^b =: [F(x)]_a^b.$$

Analoge Sätze für $\mathbb{E}_3$ und $\mathbb{C}$ finden sich in 5.3.4 bzw. 5.4.2.4.

2. *Warnung:* Die Voraussetzung der Stetigkeit *auf einem Intervall* ist wesentlich. Gegenbeispiele:

$f = 1/x$, $\dot{f} = -1/x^2$, $f(1) - f(-1) = 2$, $\dot{f} < 0$, also kann $\int_{-1}^{+1} \dot{f}(x)\,\mathrm{d}x$ nicht $+2$ sein; tatsächlich existiert es gar nicht (»es wird $-\infty$«).

Ist f beliebige Funktion auf $\mathbb{R}\setminus\{0\}$ und ist dort $\dot{g} = f$, so ist:

$$F: t \mapsto \begin{cases} g(t) + c & t < 0 \\ g(t) + d & t > 0 \end{cases} \quad \text{für beliebige } c, d \in \mathbb{R}$$

Stammfunktion; $F(+1) - F(-1)$ kann daher jeden beliebigen Wert annehmen, die Aussage von 1(*c*) ist also sinnlos (die Voraussetzung von 1(*c*) ist verletzt, da F nicht auf ganz $[-1; +1]$ definiert ist).

Die Voraussetzung in (b), daß f differenzierbar sein soll, kann abgeschwächt werden: Man darf endlich (oder sogar abzählbar unendlich) viele Knickstellen (an denen $\dot{f}$ nicht existiert) zulassen. Existiert $\dot{f}$ nur für die Werte $t_1 < t_2 < \cdots < t_n$ nicht, so setze man $\int_{t_0}^{t_1} \dot{f}\,\mathrm{d}x + \cdots + \int_{t_n}^{t} \dot{f}\,\mathrm{d}x = f(t) - f(t_n) + f(t_n) - + \cdots - f(t_0) = f(t) - f(t_0)$.

Aussage (b) ist für $f: t \mapsto |t|$, nicht aber für $f: t \mapsto \operatorname{sgn} t$ (da dieses unstetig ist), anwendbar.

3. *Beweis* zu 1.

[Ableitung als lineare Näherung (4.2.3.1)]

(a) Es gilt wegen 5.1.3.5

$$\left| \int_t^{t+h} f(x)\,\mathrm{d}x - f(t) \cdot h \right| = \left| \int_t^{t+h} (f(x) - f(t))\,\mathrm{d}x \right| \leqslant$$

$$\leqslant \sup_{0 \leqslant \vartheta \leqslant 1} |f(t + \vartheta h) - f(t)| \cdot h.$$

Für stetige Funktionen f geht $\sup|\ldots| \to 0$ für $h \to 0$.

Also $\int_{t_0}^{t+h} f(x)\,\mathrm{d}x = \int_{t_0}^{t} f(x)\,\mathrm{d}x + f(t) \cdot h + o(h)$

[Ableitung im dynamischen Konzept (4.1.1)]

$$\frac{\mathrm{d}}{\mathrm{d}t} \int_{t_0}^{t} f(x)\,\mathrm{d}x = \lim_{h \to 0} \frac{1}{h} \left[\int_{t_0}^{t+h} f(x)\,\mathrm{d}x - \int_{t_0}^{t} f(x)\,\mathrm{d}x \right]$$

$$= \lim_{h \to 0} \frac{1}{h} \int_t^{t+h} f(x)\,\mathrm{d}x = f(t).$$

(b) Differenziert man beide Seiten der in (b) behaupteten Gleichung, erhält man gemäß (a) $\dot{f}(t) = \dot{f}(t)$, also können sich die beiden Seiten von (b) nur um eine Konstante c unterscheiden (4.2.5.7). Für $t = t_0$ ergibt sich, daß $c = 0$ sein muß.

(c) ist Gleichung (b), leicht umgeschrieben.

4. *Anmerkung*

Funktionen, die keine Stammfunktionen besitzen, können integrabel sein. Beispiele: $t \mapsto \operatorname{sgn} t$ und $t \mapsto \begin{cases} 1 & t = 0 \\ 0 & t \neq 0 \end{cases}$ sind auf $[-1; +1]$ integrabel.

Nichtintegrable Funktionen f können Stammfunktionen F haben. Beispiel:

$$F(t) = \begin{cases} t^2 \cos \frac{1}{t^2}, & t \neq 0 \\ 0 & , t = 0 \end{cases}, \quad f(t) = \dot{F}(t) = \begin{cases} \frac{2}{t} \sin \frac{1}{t^2} + 2t \cos \frac{1}{t^2}, & t \neq 0 \\ 0 & , t = 0 \end{cases}$$

denn da $|F(t)| \leqslant t^2$ ist, ist $F(h) = F(0) + o(h)$, also $\dot{F}(0) = 0$; daß f nicht über $[-1; +1]$ integrierbar ist, wird in 5.2.3.4 (ii) begründet.

5. *Differentiation von Integralen*

Aus den beiden «speziellen« Regeln, nämlich 5.1.3.8 und Satz 1 (a):

$$\frac{\mathrm{d}}{\mathrm{d}t} \int_a^b f(x,t)\mathrm{d}x = \int_a^b \partial_t f(x,t)\mathrm{d}x$$

$$\frac{\mathrm{d}}{\mathrm{d}t} \int_a^t f(x)\mathrm{d}x = f(t), \quad \frac{\mathrm{d}}{\mathrm{d}t} \int_t^b f(x)\mathrm{d}x = -\frac{\mathrm{d}}{\mathrm{d}t} \int_b^t f(x)\mathrm{d}x = -f(t)$$

erhält man mit der Kettenregel

$$\frac{\mathrm{d}}{\mathrm{d}t} \int_a^{b(t)} f(x)\mathrm{d}x = f(b(t)) \cdot \frac{\mathrm{d}b}{\mathrm{d}t}(t)$$

die allgemeine Formel:

$$\frac{\mathrm{d}}{\mathrm{d}t} \int_{a(t)}^{b(t)} f(x,t)\mathrm{d}x = f(b(t),t) \cdot \frac{\mathrm{d}b}{\mathrm{d}t}(t) - f(a(t),t) \cdot \frac{\mathrm{d}a}{\mathrm{d}t}(t) + \int_{a(t)}^{b(t)} \partial_t f(x,t)\mathrm{d}x .$$

6. *Warnung* („Unbestimmtes Integral")

Angesichts des Satzes 1 nennt man häufig die Menge der Stammfunktionen von $f(x)$ das „unbestimmte Integral $\int f(x)\mathrm{d}x$". Verschleiert wird dann, daß Satz 1 keine selbstverständliche Konsequenz von Definitionen, sondern eine tiefe Einsicht ist, und daß dieser Satz 1 nur unter gewissen Voraussetzungen gilt (vgl. 2 und 4).

Die Stammfunktionen $F_c(x)$ von $f(x)$ bilden eine Funktionsschar. Parameter ist die „Integrationskonstante" c (vgl. 4.2.5.7), er wird in der

Schreibweise $\int f(x)\mathrm{d}x$ verschwiegen. Bei dem Integral $I = \int_a^b f(x)\mathrm{d}x$ ist „x" eine gebundene „Integrationsvariable"; I hängt nicht von x ab: $\int_a^b f(x)\mathrm{d}x = \int_a^b f(u)\mathrm{d}u$; bei $\int f(x)\mathrm{d}x$ ist „x" plötzlich freie Variable, $\int f(x)\mathrm{d}x$ ist daher von $\int f(u)\mathrm{d}u$ zu unterscheiden wie $F(x)$ von $F(u)$.

In der Form $\int_a^x f(t)\mathrm{d}t$ ($a \in \mathbb{R}$) erhält man nur diejenigen Stammfunktionen, die eine Nullstelle (nämlich $x_N = a$) haben; z. B. für $\dot f(x) = x$ ergibt $\int_a^x t\,\mathrm{d}t$ aus der Schar $\frac{x^2}{2} + c$ nur die Funktionen mit Parameterwert $c \leqslant 0$, aber die mit $c < 0$ gleich doppelt, nämlich für $a = \pm\sqrt{-2c}$.

Besonders schlimm ist der Physikerbrauch, für die Integrationsvariable und eine veränderliche obere Grenze denselben Buchstaben zu benutzen:

$\int_a^t f(t)\mathrm{d}t$. Man sehe sich einmal an, was aus Beispiel 5.2.2.6 (iii) mit dieser Schlamperei werden würde.

$\int_a^t f(t)\mathrm{d}t' = f(t)(t-a)$ aber $\int_a^t f(t')\mathrm{d}t' = F(t) - F(a)$, was soll $\int_a^t f(t)\mathrm{d}t$ sein?

5.2.2 Regeln für die Integration auf $\mathbb{R}$

Die Regeln von 4.2.4 bzw. 4.3.1.4 auf die Integration übertragen, indem $f, \dot f, \ldots$ durch $F, f, \ldots$ ersetzt werden.

1. Der Schrankensatz und seine Folgerungen 4.2.5.2/4/8/10 entsprechen den Abschätzungen in 5.1.3.4/5.

2. Die Summenregel 4.2.4.1(2) ergibt die Linearität 5.1.3.3.

3. Die Kettenregel 4.2.4.1(5) führt auf die „*Substitutionsregel*"

$$\int_a^b g(f(t))\dot f(t)\mathrm{d}t = \int_{f(a)}^{f(b)} g(u)\mathrm{d}u\,.$$

(f sei differenzierbar in $]a;b[$,
g stetig in $[f(a); f(b)]$ bzw. $[f(b); f(a)]$).

4. Die Produktregel 4.2.4.1(3) führt auf die „*Partielle Integration*"

$$\int_a^b \dot f(t)\cdot g(t)\mathrm{d}t + \int_a^b f(t)\cdot \dot g(t)\mathrm{d}t = [f(t)\cdot g(t)]_a^b = f(b)g(b) - f(a)g(a).$$

5. *Achtung:* Es gibt keine allgemeine **Regel**, mit deren Hilfe das Integral über das Produkt oder die Hintereinanderschaltung zweier Funktionen auf die Integrale über die einzelnen Funktionen zurückgeführt werden kann. Daher gibt es, anders als beim Differenzieren, keinen Kalkül, der zu jeder elementaren Funktion deren Integral bzw. Stammfunktion explizit liefert. Das beruht nicht auf »derzeitiger Unkenntnis«, vielmehr gibt es tatsächlich elementare Funktionen, deren Stammfunktionen nicht elementar sind; z. B.: $t \mapsto e^{-t^2}, \frac{1}{t}\sin t, 1/\sqrt{t^4 + a}$. Stammfunktionen von zusammengesetzten elementaren Funktionen versucht man, durch unter Umständen raffinierten Einsatz der Regeln 3 und 4 zu finden.

6. Beispiele für die Anwendung der Substitution

(i) Bei einer Skalentransformation $f\colon t \mapsto m \cdot t + n$ $(m \neq 0)$:

$$\int_a^b g(mt+n)\,dt = \frac{1}{m}\int_a^b g(mt+n)\dot{f}(t)\,dt = \frac{1}{m}\int_{ma+n}^{mb+n} g(u)\,du$$

z. B.: $\int \frac{dx}{ax+b} = \frac{1}{a}\int \frac{du}{u} = \frac{1}{a}\log u = \frac{1}{a}\log(ax+b)$.

anders gerechnet:

$$\int \frac{dx}{ax+b} = \frac{1}{a}\int \frac{dx}{x+b/a} = \frac{1}{a}\int \frac{du}{u} = \frac{1}{a}\log u = \frac{1}{a}\log\left(x+\frac{b}{a}\right).$$

(Wie kann es zu diesen beiden verschiedenen Ergebnissen kommen? Rechnen Sie beides mit Integrationsgrenzen durch.)

(ii) $\int_a^b f(t^2)\cdot t\cdot dt = \frac{1}{2}\int_{a^2}^{b^2} f(u)\,du$

z. B.: $\int_a^b t\cdot e^{-t^2}\,dt = \frac{1}{2}\int_{a^2}^{b^2} e^{-u}\,du = \frac{1}{2}(e^{-b^2} - e^{-a^2})$.

(iii) Die elektrische „Leistung" ist $U(t)\cdot I(t)$, die im Zeitraum $[0,t]$ verbrauchte Energie $E(t) = \int_0^t U(t')I(t')\,dt'$. Auf einem zur Zeit 0 ungeladenen Kondensator ist die Ladung $Q(t) = C\cdot U(t) = \int_0^t I(t')\,dt'$. Also ist $E(t)$, in I ausgedrückt: $\frac{1}{C}\int_0^t I(t')\int_0^{t'} I(t'')\,dt''\,dt'$, der zeitliche Mittelwert in $[0,t]$ ist

$$\bar{E}(t) = \frac{1}{C\cdot t}\int_0^t\int_0^{t'}\int_0^{t''} I(t'')I(t''')\,dt'''\,dt''\,dt'.$$

Wegen $I(t) = C \cdot \dot{U}(t)$ ist, in U ausgedrückt,

$$E(t) = C \int_0^t U(t')\dot{U}(t')\mathrm{d}t' = C \int_0^{U(t)} U'\mathrm{d}U' = \frac{C}{2} U(t)^2; \; \bar{E}(t) = \frac{C}{2t} \int_0^t U^2(t)\mathrm{d}t.$$

Für $I(t) = I_0$ ist $E(t) = \frac{I_0^2}{C} \int_0^t \int_0^{t'} \mathrm{d}t''\mathrm{d}t' = \frac{I_0^2}{C} \int_0^t t'\mathrm{d}t' = \frac{I_0^2 t^2}{2C}$

$\bar{E}(t) = \frac{I_0^2 t^2}{6C}$, $U(t) = \frac{I_0}{C} \cdot t$. Für $I(t) = I_0 \cdot \sin\omega t$ ist

$$E(t) = \frac{I_0^2}{C} \int_0^t \int_0^{t'} \sin\omega t''\mathrm{d}t'' \cdot \sin\omega t'\mathrm{d}t' = \frac{I_0^2}{C\omega} \int_0^t (-\cos(\omega t') + 1)\sin\omega t'\mathrm{d}t'$$

$$= \frac{I_0^2}{C\omega^2} \int_0^{-\cos\omega t + 1} v\mathrm{d}v = \frac{I_0^2}{2C\omega^2}(1 - \cos\omega t)^2 = \frac{2I_0^2}{C\omega^2}\left(\sin\frac{\omega}{2}t\right)^4$$

7. Beispiele zur Anwendung der Partiellen Integration

(i) Wenn $t^n \cdot f(t)$ integriert werden soll, wobei man die Stammfunktionen von f bis zur n-ten Ordnung kennt, kann man den Faktor t^n »abbauen«; Beispiele in (ii), (iii):

(ii) $\int_a^b t^n \mathrm{e}^{-t}\mathrm{d}t = -\mathrm{e}^{-t}t^n|_a^b + \int_a^b n t^{n-1}\mathrm{e}^{-t}\mathrm{d}t = \cdots$

$$= -\mathrm{e}^{-t}(t^n + nt^{n-1} + n(n-1)t^{n-2} + \cdots + n!)|_a^b + \int_a^b 0 \cdot \mathrm{e}^{-t}\mathrm{d}t.$$

Wegen des asymptotischen Verhaltens $\lim_{t \to +\infty} \mathrm{e}^{-t} \cdot t^n = 0$ ist

$$\lim_{b \to \infty} \int_0^b t^n \mathrm{e}^{-t}\mathrm{d}t = n \cdot \lim_{b \to \infty} \int_0^b t^{n-1}\mathrm{e}^{-t}\mathrm{d}t = n!$$

Definiert man $\Gamma(x) := \lim_{b \to \infty} \int_0^b t^{x-1}\mathrm{e}^{-t}\mathrm{d}t$ für $x \in \mathbb{R}^+$, so erhält man:

$\Gamma(x+1) = x \cdot \Gamma(x)$ für alle $x \in \mathbb{R}^+$. $\Gamma(x+1) = x!$ für $x \in \mathbb{N}$ („Gammafunktion")*).

Bei dieser Gelegenheit soll auch noch das asymptotische Verhalten von $n!$ (bzw. $\Gamma(x)$) abgeschätzt werden. Die partielle Integration verwenden wir dabei allerdings nur für die »Hilfsregel«

$$\int_a^b \log t\,\mathrm{d}t = \int_a^b 1 \cdot \log t\,\mathrm{d}t = t \cdot \log t|_a^b - \int_a^b t \cdot \frac{1}{t}\mathrm{d}t = [t \cdot \log t - t]_a^b.$$

Aus der Monotonie von $\log t$ und dem Schrankensatz 5.1.3.5 folgt:

---

*) Daß man die Verallgemeinerung von $(n-1)!$ statt der von $n!$ auf reelle Zahlen mit einem Namen belegt, ist ein historischer Zufall.

$$\log(k-1) \leqslant \int_{k-1}^{k} \log t \, dt \leqslant \log k \qquad \forall k \in \mathbb{N} \setminus \{0;1\}.$$

Durch Aufsummieren erhält man mit $\log n! = \sum_{k=1}^{n} \log k = \sum_{k=2}^{n} \log k$

$$\log(n-1)! \leqslant \int_1^n \log t \, dt \leqslant \log n! \leqslant \int_1^{n+1} \log t \, dt \leqslant \log(n+1)!$$

Also: $n \cdot \log n - n + 1 \leqslant \log n! \leqslant (n+1) \cdot \log(n+1) - n$,

also: $\left(\frac{n}{e}\right)^n \cdot e = e^{n \log n - n + 1} \leqslant n! \leqslant e^{(n+1)\log(n+1) - n} = \left(\frac{n+1}{e}\right)^{n+1} \cdot e.$

Setzt man $n! =: \left(\frac{n}{e}\right)^n \cdot f(n)$, so ist $e \leqslant f(n) \leqslant \left(\frac{n+1}{n}\right)^n \cdot (n+1) = \left(1 + \frac{1}{n}\right)^n \cdot (n+1) < (n+1)e$ (vgl. 2.3.2.7(A,C)).

Mit größerem Aufwand läßt sich zeigen, daß $f(n) \approx \sqrt{2\pi n}$ für große Werte von n ist („Stirlingsche Formel"). $\Gamma(n)$ bzw. $n!$ wächst schneller als e^n, aber langsamer als n^n für $n \to \infty$ an.

(iii) Das Restglied im Satz von Taylor

Formel 4.2.7.6/10 für eine Funktion $f: \mathbb{R} \to \mathbb{R}$

$$f(a+h) - p_n(a;h) = R_{n+1}(a;h) = \frac{h^{n+1}}{n!} \int_0^1 (1-\vartheta)^n \cdot f^{(n+1)}(a + \vartheta h) \, d\vartheta$$

kann durch vollständige Induktion bewiesen werden:

$$(n = 0) \quad f(a+h) - f(a) = \frac{h}{0!} \int_0^1 f'(a + \vartheta h) \, d\vartheta = \int_a^{a+h} f'(u) \, du$$

(Substitution $u(\vartheta) = a + h\vartheta$).

Die Gültigkeit für $n = k$ hat die für $n = k + 1$ zur Folge:

$$\begin{aligned}
R_{k+1}(a;h) &= \frac{h^{k+1}}{k!} \int_0^1 (1-\vartheta)^k f^{(k+1)}(a + \vartheta h) \, d\vartheta \\
&= -\frac{h^{k+1}}{k!} \left[\frac{(1-\vartheta)^{k+1}}{k+1} f^{(k+1)}(a + \vartheta h) \right]_{\vartheta=0}^{\vartheta=1} \\
&\quad + \frac{h^{k+1}}{k!} \int_0^1 \frac{(1-\vartheta)^{k+1}}{k+1} f^{(k+2)}(a + \vartheta h) \cdot h \, d\vartheta \\
&= \frac{h^{k+1}}{(k+1)!} f^{(k+1)}(a) + R_{k+2}(a;h) \\
&= p_{k+1}(a;h) - p_k(a;h) + R_{k+2}(a;h).
\end{aligned}$$

(iv) Die „Legendre Polynome“ werden definiert als

$$p_n(t) := \frac{1}{2^n n!} \frac{d^n}{dt^n} (t^2 - 1)^n .$$

(a) $(t^2 - 1)^n$ ist Polynom $2n$-ten Grades; $\frac{d^k}{dt^k}(t^2 - 1)^n$ hat bei $t = \pm 1$ für $0 \leqslant k < n$ den Wert 0, für $k = n$ den Wert $n!\,2^n$ bei $t = 1$ und $(-1)^n n!\,2^n$ bei $t = -1$, für $k = 2n$ den Wert $(2n)!$ für alle t.

(b) p_n ist Polynom n-ten Grades. Es erfüllt die sogenannte Orthogonalitätsbeziehung (vgl. 7.1.3.1) für $m < n$:

$$\int_{-1}^{+1} p_m(t) \cdot p_n(t) dt = \frac{1}{2^{m+n} \cdot m!\,n!} \int_{-1}^{+1} \frac{d^m}{dt^m}(t^2 - 1)^m \cdot \frac{d^n}{dt^n}(t^2 - 1)^n dt$$

$$= \frac{1}{2^{m+n} m!\,n!} \frac{d^m}{dt^m}(t^2 - 1)^m \frac{d^{n-1}}{dt^{n-1}}(t^2 - 1)^n \Big|_{-1}^{+1}$$

$$+ \frac{-1}{2^{m+n} m!\,n!} \int_{-1}^{+1} \frac{d^{m+1}}{dt^{m+1}}(t^2 - 1)^m \cdot \frac{d^{n-1}}{dt^{n-1}}(t^2 - 1)^n dt = \cdots$$

$$= \frac{(-1)^m}{2^{m+n} m!\,n!} \int_{-1}^{+1} \frac{d^{2m}}{dt^{2m}}(t^2 - 1)^m \frac{d^{n-m}}{dt^{n-m}}(t^2 - 1)^n dt$$

$$= \frac{(-1)^m (2m)!}{2^{m+n} m!\,n!} \cdot \frac{d^{n-m-1}}{dt^{n-m-1}}(t^2 - 1)^n \Big|_{-1}^{+1} = 0$$

(für $m < n$ wegen der Ergebnisse von (a))

$\int_{-1}^{+1} p_n(t) \cdot p_n(t) dt$ ist natürlich $\neq 0$ (wieso?); man kann es ausrechnen und erhält $\frac{2}{2n+1}$.

(v) $\int_a^b \sin t \cdot f(t) dt = -\cos t \cdot f(t)|_a^b + \int_a^b \cos t \cdot \dot{f}(t) dt$,

z. B. $f(t) = \cos t$: $\int_a^b \sin t \cos t\, dt = -(\cos t)^2|_a^b - \int_a^b \cos t \sin t\, dt$,

also $\int_a^b \sin t \cos t\, dt = -\frac{1}{2}(\cos t)^2|_a^b$

$f(t) = \sin t$: $\int_a^b (\sin t)^2 dt = -\sin t \cdot \cos t|_a^b + \int_a^b [1 - (\sin t)^2] dt$

also $\int_a^b (\sin t)^2 dt = \frac{1}{2}(t - \sin t \cdot \cos t)|_a^b$.

Damit können Sie die „Orthogonalitätsbeziehungen“ für $\sin mt$, $\cos nt$ nachrechnen:

$$\int_0^{2\pi} \sin mt \cdot \cos nt \, dt = 0 \quad \text{für alle } m,n \in \mathbb{N}$$

$$\int_0^{2\pi} \sin mt \cdot \sin nt \, dt = \begin{cases} \pi & m = n \neq 0 \\ 0 & \text{sonst} \end{cases} \quad (m,n \in \mathbb{N})$$

$$\int_0^{2\pi} \cos mt \cdot \cos nt \, dt = \begin{cases} 2\pi & m = n = 0 \\ \pi & m = n \neq 0 \\ 0 & \text{sonst} \end{cases} \quad (m,n \in \mathbb{N}).$$

5.2.3 Uneigentliche Integrale

1. Unser Existenzsatz 5.1.3.1 garantiert, daß stückweise stetige *beschränkte Funktionen* auf meßbaren *beschränkten Gebieten* integrierbar sind. In einer Reihe praktisch wichtiger Fälle kann aber auch bei Verletzung dieser Beschränktheitsbedingungen integriert werden. (Da dann nicht mehr nach Riemann verfahren werden kann, spricht man aus historischen Gründen von „uneigentlichem Integral".)

2. *Beispiel:* $B = [0;\infty[$, $\int_B e^{-t} dt$. [Abb. 5.4]

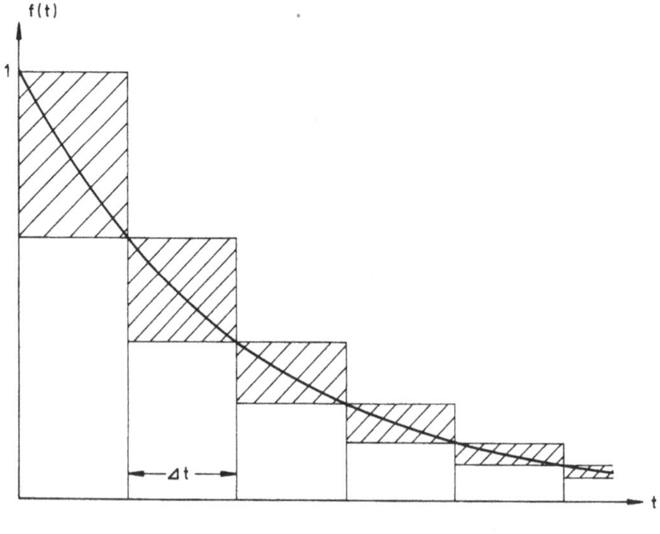

Abb. 5.4. Ober- und Untersummen für $\int_0^\infty e^{-t}$; ihre Differenz, repräsentiert durch die Fläche der schraffierten Rechtecke, ist $1 \cdot \Delta t$, geht also $\to 0$ für $\Delta t \to 0$

Wählt man als k-te Zerlegung die Intervalle $B_i^k := \left[\frac{i}{k}; \frac{i+1}{k}\right[$ (also mit der Länge $1/k$), so ist $f_i^{k+} = e^{-i/k}$, $f_i^{k-} = e^{-(i+1)/k}$.

Die Obersumme ist eine geometrische Reihe (Quotient $e^{-1/k}$) $\sum_{i=0}^{\infty} e^{-i/k} \cdot \frac{1}{k} = \frac{1}{k} \frac{1}{1-e^{-1/k}}$, ebenso die Untersumme $\sum_{i=1}^{\infty} e^{-i/k} \cdot \frac{1}{k} = \frac{1}{k} \frac{e^{-1/k}}{1-e^{-1/k}}$. Da $\lim_{t\to 0} \frac{t}{1-e^{-t}} = \lim_{t\to 0} \frac{1}{e^{-t}} = 1$ ist (gemäß 4.2.7.13), ist $\int_0^{\infty} e^{-t} dt = 1$. Dieses Ergebnis erhält man schneller aus dem Hauptsatz 5.2.1 und den Regeln $(e^{-t})^{\bullet} = -e^{-t}$ und 5.1.3.7(a): $\int_0^u e^{-t} dt = -e^{-u} - (-e^{-0}) = 1 - e^{-u} \to 1$ für $u \to \infty$.

3. Nach diesem Verfahren erhält man folgende wichtige Ergebnisse:

$$\int_0^{\infty} e^{-kt} dt = \lim_{u\to\infty} \left[-\frac{1}{k} e^{-kt}\right]_0^u = \frac{1}{k}$$

$$\int_0^1 \log t \, dt = \lim_{\substack{u>0 \\ u\to 0}} [t \log t - t]_u^1 = -1$$

(da $\lim_{\substack{t>0 \\ t\to 0}} (t \cdot \log t) = \lim \frac{\log t}{1/t} = \lim\left(-\frac{1}{t} \cdot t^2\right) = 0$, vgl. 4.2.7.13)

$$\int_1^{\infty} t^{-\alpha} dt = \lim_{u\to\infty} \left[\frac{t^{-\alpha+1}}{-\alpha+1}\right]_1^u = \begin{cases} \frac{1}{\alpha-1} & \text{für } \alpha > 1 \\ \text{Existiert nicht für } \alpha < 1 \end{cases}$$

$$\int_0^1 t^{-\alpha} dt = \lim_{u\to 0} \left[\frac{t^{-\alpha+1}}{-\alpha+1}\right]_u^1 = \begin{cases} \frac{1}{1-\alpha} & \text{für } \alpha < 1 \\ \text{Existiert nicht für } \alpha > 1 \end{cases}$$

Für $\alpha = 1$ ist $\int_a^b t^{-1} dt = \log t|_a^b = \log \frac{b}{a}$; weder über $B =]0;1]$ noch über $B = [1;\infty[$ ist t^{-1} integrabel).

Die Untersummen von $\int_1^{\infty} t^{-\alpha} dt$ für die Zerlegung $B_i = [i; i+1[$ sind $\sum_{k=2}^{\infty} \frac{1}{k^{\alpha}}$, die „allgemeinen harmonischen Reihen“, die also für $\alpha > 1$ gegen einen Wert kleiner als $\frac{1}{\alpha-1}$ konvergieren.

Achtung: Diese »Grenze« $\alpha = 1$ zwischen integrablen und nicht-integrablen Polen verschiebt sich bei höheren Dimensionen, vgl. 5.3.2.8 (ii).

4. Es gibt Funktionen, für die $\lim_{u\to b}\int_a^u f(t)\,dt$, nicht aber $\int_a^b f(t)\,dt$ (b mag ∞ sein) existiert. Allerdings kann dieser Fall nur auftreten, wenn $\lim_{u\to b}\int_a^u |f(t)|\,dt$ nicht existiert, sonst ergäbe Regel 5.1.3.7 (c) mit

$$f_u(t) = \begin{cases} f(t) & t \leqslant u \\ 0 & t > u \end{cases} \quad \text{und } g = |f| \text{ die Existenz von } \int_a^b f.$$

Beispiele:

(i) $\lim_{u\to\infty}\int_0^u \frac{\sin t}{t}\,dt$ existiert, nicht aber $\lim_{u\to\infty}\int_0^u \left|\frac{\sin t}{t}\right| dt$, daher nicht $\int_{\mathbb{R}^+} \frac{\sin t}{t}\,dt$. Sei $I_k := \int_{k\pi}^{(k+1)\pi} \frac{\sin t}{t}\,dt$, so ist $\operatorname{sgn}(I_{k+1}) = -\operatorname{sgn}(I_k)$, $\frac{2}{\pi k} > |I_k| > \frac{2}{\pi(k+1)}$, denn $\int_{k\pi}^{(k+1)\pi} \sin t\,dt = (-1)^k\cdot 2$.

Die Reihen

$$\sum_{k=0}^{n} I_k = \int_0^{(n+1)\pi} \frac{\sin t}{t}\,dt \quad \text{und} \quad \sum_{k=0}^{n} |I_k| = \int_0^{(n+1)\pi} \left|\frac{\sin t}{t}\right| dt$$

verhalten sich daher fast genauso wie die harmonischen Reihen $\Sigma\beta_k$ und $\Sigma|\beta_k|$ in 4.3.4.10.

(ii) $$\lim_{u>0,\,u\to 0}\int_u^1 \left(\frac{2}{t}\sin\frac{1}{t^2} + 2t\cos\frac{1}{t^2}\right) dt = \lim_{u\to 0}\left[t^2\cos\frac{1}{t^2}\right]_u^1 = \cos 1\,.$$

Die Substitution $x = 1/t^2$ zeigt die Ähnlichkeit mit Beispiel (i) auf:

$$\int_u^1 \left(\frac{2}{t}\sin\frac{1}{t^2} + 2t\cos\frac{1}{t^2}\right) dt = \int_1^{1/u^2} \left(\frac{\sin x}{x} + \frac{\cos x}{x^2}\right) dx\,.$$

$\int_1^\infty \frac{\cos x}{x^2}\,dx$ existiert, da $\left|\frac{\cos x}{x^2}\right| \leqslant \frac{1}{x^2}$ und $\int_1^\infty \frac{1}{x^2}\,dx = 1$ ist, es bleibt der in (i) behandelte Ausdruck $\lim_{u\to\infty}\int_1^u \frac{\sin x}{x}\,dx$.

(iii) Sei $f(x,y) := (x-y)(x+y)^{-3}$ und $B_\varepsilon := \{(x,y)\in\mathbb{R}^2 \mid \varepsilon < x \leqslant 1;\ \varepsilon < y \leqslant 1\}$. Für $\varepsilon > 0$ ist f stetig und beschränkt auf B_ε, also integrierbar, und es ist wegen des Satzes 5.1.4.3 und $f(y,x) = -f(x,y)$

$$\int_{B_\varepsilon} f\,d\mu = \int_\varepsilon^1 \left(\int_y^1 f(x,y)\,dx\right) dy + \int_\varepsilon^1 \left(\int_x^1 f(x,y)\,dy\right) dx = 0\,.$$

Für $y > 0$ ist $\int_0^1 f(x,y)\mathrm{d}x = \frac{-1}{(1+y)^2}$, also $\int_0^1 \left(\int_0^1 f(x,y)\mathrm{d}x\right)\mathrm{d}y = -\int_1^2 \frac{\mathrm{d}u}{u^2} = -\frac{1}{2}$; andererseits ist $\int_0^1 \left(\int_0^1 f(x,y)\mathrm{d}y\right)\mathrm{d}x = \frac{1}{2}$, also kann (vgl. Satz 5.1.4.4) $\int_{B_0} f\mathrm{d}\mu$ nicht existieren, obwohl $\lim_{\varepsilon\to 0} \int_{B_\varepsilon} f\mathrm{d}\mu = 0$ existiert.

5. *Warnung:*

Für solche sogenannten „nicht absolut konvergenten uneigentlichen Integrale" gelten die meisten in diesem Kapitel genannten Regeln für Integrale nicht, daher ist der übliche Brauch, $\int_0^\infty \frac{\sin t}{t}\mathrm{d}t$ statt $\lim_{b\to\infty} \int_0^b \frac{\sin t}{t}\mathrm{d}t$ usw. zu schreiben, äußerst gefährlich. Die durch die Unzulänglichkeiten der Riemannschen Integrationsmethode veranlaßte Zusammenfassung von völlig »ordnungsgemäßen« Integralen wie $\int_0^\infty \mathrm{e}^{-t}\mathrm{d}t$ mit solchen »Nicht«-Integralen zur Menge der „uneigentlichen Integrale" ist unsachgemäß.

5.3 Integration im $\mathbb{E}_3$

Mittels Koordinaten wird die Integration im $\mathbb{E}_3$ auf die Integration im $\mathbb{R}^n$ zurückgeführt. Im Vordergrund stehen nicht mehr Existenzfragen oder Berechnungsverfahren, sondern geometrische Sachverhalte. Die Ableitungsbildungen div $\boldsymbol{v}$ *und* rot $\boldsymbol{v}$ *aus Kap. 4.4 können als Dichten integraler Größen veranschaulicht und wichtige Beziehungen zwischen ihnen gewonnen werden.*

5.3.1 Integrationsbereiche

1. Zunächst werde $\mathbb{E}_3$ mit Koordinaten versehen: $\mathbb{E}_3 \to \mathbb{R}^3$, $p \mapsto x^a$

2. Als Integrationsbereiche wollen wir die Bildmengen $B(\gamma)$ von Abbildungen $\gamma\colon \mathbb{R}^k \to \mathbb{E}_3$ der folgenden Typen zulassen:

(a) glatte *Kurven* $\mathbb{R}^1 \to \mathbb{E}_3$, $t \mapsto \gamma(t)$ (ggf. „t^1" statt „t")
(b) glatte *Flächen* $\mathbb{R}^2 \to \mathbb{E}_3$, $t^1, t^2 \mapsto \gamma(t^1, t^2)$
(c) glatte *Körper* $\mathbb{R}^3 \to \mathbb{E}_3$, $t^1, t^2, t^3 \mapsto \gamma(t^2, t^2, t^3)$

bzw. $\boldsymbol{t} \mapsto \gamma(\boldsymbol{t})$

Dabei bedeutet „glatt", daß die Koordinaten der Bildpunkte $x^k(\gamma(\boldsymbol{t}))$ stetig differenzierbar von $\boldsymbol{t}$ abhängen. Als Definitionsmenge $D(\gamma)$ von γ verwendet man oft auch »einfache« Teilmengen von $\mathbb{R}^k$ wie Intervalle, Rechtecke, Kugeln.

3. Hierbei sind „*Entartungen*" der Bildmenge (d. h. $\dim B(\gamma) < \dim D(\gamma)$) nicht ausgeschlossen; ist etwa γ konstant, besteht das Bild der „Kurve" γ nur aus einem Punkt. Eine Verallgemeinerung auf „*stückweise glatte*" Abbildungen (B hat dann Ecken, Kanten oder ähnliches) ist ohne prinzipielle Schwierigkeiten möglich.

4. Durch γ wird die *Orientierung* von $\mathbb{R}^k$ auf das Bild $B(\gamma)$ übertragen (falls B nicht entartet ist): $\mathbb{R}^1$ hat einen *Richtungssinn* (die Bewegung von 0 nach $+1$ gilt als positiv). $\mathbb{R}^2$ hat einen *Drehsinn* (die Drehung »entgegen dem Uhrzeiger« von der positiven 1-Achse in Richtung auf die positive 2-Achse gilt als positiv).

$\mathbb{R}^3$ hat einen *Schraubensinn* (eine Schraube mit Rechtsgewinde mit Achse auf der 3-Achse, deren Kopf in der $1-2$-Ebene in positivem Sinne gedreht wird, schraubt sich vorwärts in die positive 3-Richtung).

Da auch der $\mathbb{E}_3$ eine (»Rechtsschrauben«-)Orientierung hat, kann man die Orientierung eines Körpers mit ihr vergleichen. Ist die von γ auf $B(\gamma)$ übertragene Orientierung der im $\mathbb{E}_3$ vorhandenen entgegengesetzt, ist B „negativ orientiert".

Eine Orientierung einer Fläche im $\mathbb{E}_3$ kann man auch durch die „positive Normalenrichtung" angeben, das ist die Richtung, in der sich eine Rechtsschraube vorwärtsschraubt, deren Kopf auf der Fläche in deren Drehsinn gedreht wird.

5. Die Bilder B haben *Ränder* ∂B: Körper die »Oberfläche«, Flächen die »Randkante«, Kurven die »Endpunkte«; Punkten spricht man die leere Menge als Rand zu. Haben Flächen oder Kurven die leere Menge als Rand, so heißen sie „*geschlossen*" (z. B. eine Kugeloberfläche hat keine Randkante, eine Ellipse hat keine Endpunkte). Es gilt allgemein:

$\partial\partial B = \emptyset$, der Rand eines Randes ist leer

(z. B.: B Kugel, ∂B Kugeloberfläche, $\partial\partial B = \emptyset$; B: Strecke, ∂B: Endpunkte, $\partial\partial B = \emptyset$). Die Orientierung von B induziert eine Orientierung von ∂B: Bei einer Kurve wird der Anfangspunkt negativ, der Endpunkt positiv gezählt; der Rand einer Fläche wird in deren Drehsinn umlaufen, das zählt als positive Richtung. Bei einem positiv (bzw. negativ) orientierten Körper hat ein aus ihm »herauszeigender Pfeil« positive (bzw. negative) Normalenrichtung und legt so eine Orientierung der Oberfläche fest.

6. *Umparametrisierung*

Verschiedene Abbildungen γ, $\tilde{\gamma}$ können dieselbe Bildmenge B haben: Dann gibt es zu jedem $\boldsymbol{t} \in D(\tilde{\gamma})$ ein $\tilde{\boldsymbol{t}} \in D(\gamma)$ mit demselben Bildpunkt: $\tilde{\gamma}(\boldsymbol{t}) = \gamma(\tilde{\boldsymbol{t}})$.

Beispiel (vgl. 4.4.2.1): Die Bewegungen $\gamma: t \mapsto x^a(t)$; $\tilde{\gamma}: t \mapsto \tilde{x}^a(t)$ zweier Massenpunkte, die denselben Weg zu verschiedenen Zeiten und/oder mit verschiedenen Geschwindigkeiten durchlaufen:

$$\gamma(\mathbb{R}) = \tilde{\gamma}(\mathbb{R}), \text{ aber nicht für alle } t: \gamma(t) = \tilde{\gamma}(t).$$

Hat man eine stetig differenzierbare Funktion: $t \mapsto \varphi(t)$ von einer Menge $A \subset \mathbb{R}^n$ *auf* $D(\gamma)$ und setzt $\tilde{\gamma} := \gamma \circ \varphi$ also $\tilde{\gamma}(t) = \gamma(\varphi(t))$, $D(\tilde{\gamma}) = A$, so heißt $\tilde{\gamma}$ eine „*Umparametrisierung*" von γ.

Aus »Bequemlichkeit« wird verlangt, daß φ die Orientierung von $\mathbb{R}^n$ erhält und umkehrbar eindeutig ist, obwohl die meisten Sätze (ggf. mit Vorzeichenänderungen) auch im allgemeineren Falle gelten. Eine Umparametrisierung ist also – grob gesprochen – eine Koordinatentransformation der Definitionsmenge, $\varphi: D(\tilde{\gamma}) \to D(\gamma)$.

5.3.2 Volumenmaße und Volumenelemente

1. Für Kurven, Flächen, Körper gibt es eine *Inhaltsmessung* (die auf der Metrik $\|. - .\|$ des $\mathbb{E}_3$ beruht).

Eine *Kurve* γ wird durch eine Folge von Streckenzügen angenähert, wobei die Richtungen der Strecken gegen die Tangentenrichtungen streben sollen (sonst kann passieren, was in Abb. 5.5 angedeutet ist: die Strecken-

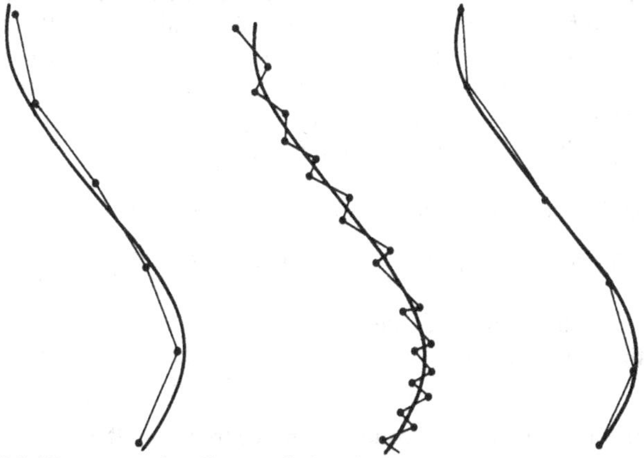

Abb. 5.5. Wenn man eine Kurve mit Streckenzügen annähert, um die Bogenlänge zu erhalten, müssen die Richtungen der Strecken gegen die Tangentenrichtungen der Kurve gehen, sonst kann die Länge des Streckenzuges divergieren oder gegen einen Wert größer als die Kurvenlänge konvergieren. Bei glatter Kurve ist dies erfüllt, wenn die Streckenendpunkte auf der Kurve liegen (die Sekanten konvergieren gegen die Tangenten, vgl. 4.2.1.)

züge werden zu »lang«). Falls der Grenzwert der Summe der Streckenlängen existiert, heißt er *Bogenlänge* der Kurve. Wählt man als Ecken eines Streckenzuges Punkte $\gamma(t_k)$ mit $a = t_1 < t_2 < \cdots < t_n = b$, so ist seine Länge:

$$\sum_{k=1}^{n-1} \|\gamma(t_{k+1}) - \gamma(t_k)\| = \sum_{k=1}^{n-1} \left\| \frac{\gamma(t_{k+1}) - \gamma(t_k)}{t_{k+1} - t_k} \right\| \cdot (t_{k+1} - t_k)\,.$$

Verfeinert man die Einteilung von $[a,b]$ immer mehr, so strebt diese Summe gegen die *Bogenlänge* $\sigma^{(1)}$ der Kurve γ:

$$\int_a^b \|\dot{\gamma}\| \mathrm{d}t =: \int_{B(\gamma)} \mathrm{d}s =: \sigma^{(1)}(B(\gamma))\,;$$

hierbei ist $\dot{\gamma}(t_0)$ der *Tangentenvektor* an γ in $\gamma(t_0)$.

2. Bei *Flächen* führt eine entsprechende Annäherung (etwa durch Systeme von Dreiecken), falls es überhaupt einen Grenzwert gibt, zu dem *Flächeninhalt* $\sigma^{(2)}$

$$\int_{D(\gamma)} \|\partial_1\gamma \wedge \partial_2\gamma\| \mathrm{d}t^1 \mathrm{d}t^2 =: \int_{B(\gamma)} \mathrm{d}a =: \sigma^{(2)}(B(\gamma))\,;$$

hier sind $\partial_1\gamma, \partial_2\gamma$ Tangentenvektoren an diejenigen Kurven*) auf $B(\gamma)$, längs denen t^2 bzw. t^1 konstant sind, sie spannen die *Tangentialebene* auf. $\|\partial_1\gamma(a,b) \wedge \partial_2\gamma(a,b)\| \Delta t^1 \Delta t^2$ ist der Flächeninhalt eines Parallelogramms (vgl. 3.2.4.5), das für kleine $\Delta t^1, \Delta t^2$ »fast« mit dem Karo $\{p = \gamma(t^1,t^2) \mid a \leqslant t^1 \leqslant a + \Delta t^1, b \leqslant t^2 \leqslant b + \Delta t^2\} \subset B(\gamma)$ zusammenfällt [Abb. 5.6]. Der Vektor $\boldsymbol{n} := \partial_1\gamma \times \partial_2\gamma = \uparrow{}^*(\partial_1\gamma \wedge \partial_2\gamma)$ ist ein positiv gerichteter *Normalenvektor* auf $B(\gamma)$.

3. Bei Körpern ergibt sich entsprechend ein *Volumen* $\sigma^{(3)}$

$$\int_{D(\gamma)} \|\partial_1\gamma \wedge \partial_2\gamma \wedge \partial_3\gamma\| \mathrm{d}t^1 \mathrm{d}t^2 \mathrm{d}t^3 =: \int_{B(\gamma)} \mathrm{d}v =: \sigma^{(3)}(B(\gamma))\,.$$

Die Beziehung zwischen den Zahlen $t^1, t^2, t^3 =: \bar{x}^1, \bar{x}^2, \bar{x}^3$ und den Koordinaten des Bildpunktes $x^k = \gamma^k(\boldsymbol{t}) = \gamma^k(\bar{x}^l)$ kann als Koordinatentransformation interpretiert werden. Dann ist $^*(\partial_1\gamma \wedge \partial_2\gamma \wedge \partial_3\gamma)$ die Determinante aus den Transformationskoeffizienten $A_l^k = \dfrac{\partial x^k}{\partial \bar{x}^l} = \partial_l \gamma^k$

---

*) Genauer: Setzt man in der Funktion zweier Variabler, der Fläche $\gamma: t^1, t^2 \mapsto \gamma(t^1; t^2)$, eine der beiden Variablen als Parameter, erhält man je eine Kurvenschar:

$$\gamma_b^1 : t^1 \mapsto \gamma(t^1, b)\, \gamma_a^2 : t^2 \mapsto \gamma(a; t^2); \partial_1\gamma := \dot{\gamma}_b^1, \partial_2\gamma := \dot{\gamma}_a^2\,.$$

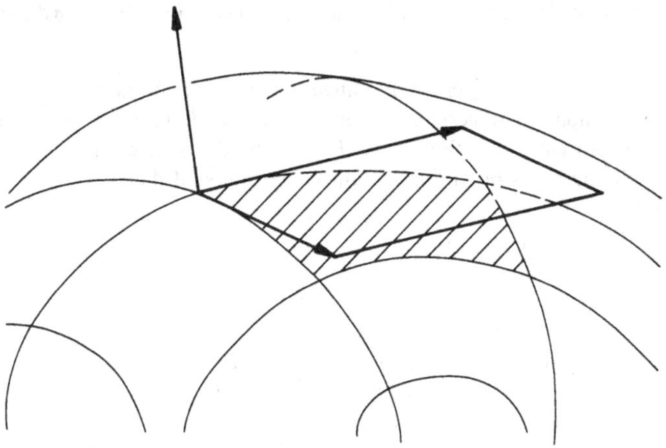

Abb. 5.6. Ein »Koordinatenkaro« auf einer gekrümmten Fläche und seine lineare Näherung: ein Parallelogramm in einer Tangentialebene

(vgl. 4.4.2.6); ihr Betrag ist $\sqrt{|g|}$ mit $g = \det(g_{kl})$ (vgl. 3.2.4.1), ihr Vorzeichen ist gleich der Orientierung des Körpers γ. Beispiel folgt unten in 6.

4. Die äußeren Produkte $\dot{\gamma}$, $\partial_1\gamma \wedge \partial_2\gamma$, $\partial_1\gamma \wedge \partial_2\gamma \wedge \partial_3\gamma$ (zusammenfassend als $\dot{\boldsymbol{\sigma}}$ bezeichnet) geben durch ihre Beträge $\|\boldsymbol{t}\|, \|\boldsymbol{n}\|, \sqrt{|g|}$ den »Vergrößerungsfaktor« der Abbildung γ vom Maß μ im $\mathbb{R}^n$ zum Inhalt in $B(\gamma)$ an und kennzeichnen darüber hinaus Orientierung und Lage (d. h. Menge der Tangenten) der Bilder. Kommt es bei der – in den folgenden Abschnitten behandelten – Integration nur auf den Inhalt von $B(\gamma)$ an, verwendet man:

Numerische Linien-/Flächen-/Volumenelemente $\mathrm{d}\sigma = \|\dot{\boldsymbol{\sigma}}\|\,\mathrm{d}\mu$, im einzelnen:

$$\mathrm{d}s = \|\boldsymbol{t}\|\,\mathrm{d}t, \mathrm{d}a = \|\boldsymbol{n}\|\,\mathrm{d}t^1\mathrm{d}t^2 = \|\partial_1\gamma \wedge \partial_2\gamma\|\,\mathrm{d}t^1\mathrm{d}t^2, \mathrm{d}v = \sqrt{|g|}\,\mathrm{d}t^1\mathrm{d}t^2\mathrm{d}t^3 .$$

Kommt es auch auf die Lage bzw. Orientierung von $B(\gamma)$ an, verwendet man:

Geometrische Linien-/Flächen-/Volumenelemente $\mathrm{d}\boldsymbol{\sigma} = \dot{\boldsymbol{\sigma}}\,\mathrm{d}\mu$, im einzelnen:

$$\mathrm{d}\boldsymbol{s} = \boldsymbol{t}\,\mathrm{d}t, {}^*\mathrm{d}\boldsymbol{a} = \partial_1\gamma \wedge \partial_2\gamma\,\mathrm{d}t^1\mathrm{d}t^2, \mathrm{d}\boldsymbol{v} = \partial_1\gamma \wedge \partial_2\gamma \wedge \partial_3\gamma\,\mathrm{d}t^1\mathrm{d}t^2\mathrm{d}t^3 .$$

Oft wird das *vektorielle* Flächenelement $\mathrm{d}\boldsymbol{a} = \boldsymbol{n}\,\mathrm{d}t^1\,\mathrm{d}t^2 = {}^*\dot{\boldsymbol{\sigma}}\,\mathrm{d}\mu$ benutzt.

5. Es läßt sich zeigen, daß Länge/Flächeninhalt/Volumen sich bei einer Umparametrisierung $\tilde{\gamma}$ von γ nicht ändern. (Der Inhalt ist eine Eigenschaft der Bildmenge $B(\gamma)$, nicht der speziellen Form der Zuordnung $\mathbb{R}^k \to B(\gamma)$.) Die Volumenelemente sind dabei wie folgt zu transformieren:

$$\tilde{\gamma} = \gamma \circ \varphi,\ \varphi: t^k \mapsto \varphi^l(t^k)$$
$$\partial_k \tilde{\gamma}(t^l) = \partial_k \gamma(\varphi^m(t^l)) = \Sigma_m \partial_m \gamma \cdot \partial_k \varphi^m;$$
(Kurven:) $\dot{\tilde{\gamma}} = \dot{\varphi}\dot{\gamma}$

(Flächen:) $\partial_1 \tilde{\gamma} \wedge \partial_2 \tilde{\gamma} = (\partial_1 \varphi^1 \partial_1 \gamma + \partial_1 \varphi^2 \partial_2 \gamma) \wedge (\partial_2 \varphi^1 \partial_1 \gamma + \partial_2 \varphi^2 \partial_2 \gamma) = (\partial_1 \varphi^1 \cdot \partial_2 \varphi^2 - \partial_1 \varphi^2 \cdot \partial_2 \varphi^1) \partial_1 \gamma \wedge \partial_2 \gamma$
$= \det(\partial_k \varphi^l) \partial_1 \gamma \wedge \partial_2 \gamma$, da $\boldsymbol{v} \wedge \boldsymbol{w} = -\boldsymbol{w} \wedge \boldsymbol{v}$ und $\boldsymbol{v} \wedge \boldsymbol{v} = 0$ ist

(Körper:) $\partial_1 \tilde{\gamma} \wedge \partial_2 \tilde{\gamma} \wedge \partial_3 \tilde{\gamma} = \det(\partial_k \varphi^l) \partial_1 \gamma \wedge \partial_2 \gamma \wedge \partial_3 \gamma$

(allgemein:) $\dot{\tilde{\boldsymbol{\sigma}}} = \det(\partial_k \varphi^l)\dot{\boldsymbol{\sigma}}$; $\int\limits_{D(\tilde{\gamma})} \dot{\tilde{\boldsymbol{\sigma}}}\,\mathrm{d}\mu = \int\limits_{D(\gamma)} \dot{\boldsymbol{\sigma}}\,\mathrm{d}\mu$.

6. *Beispiel:* Das Flächenelement in Polarkoordinaten

Wie schon in 4.4 werden wir ein Beispiel im $\mathbb{E}_2$ statt im $\mathbb{E}_3$ betrachten, um einfache Skizzen [Abb. 4.24], benutzen zu können. Über „$\triangleq$" wird die Schreibweise der Koordinatentransformationen (4.4.2) mit der dieses Abschnittes in Beziehung gesetzt gemäß der Bemerkung in 3.

Die x^k seien kartesische Koordinaten im $\mathbb{E}_2(\bar{x}^k \triangleq x^k)$

$$\gamma: \mathbb{R}^2 \supset \mathbb{R}_0^+ \times [0;2\pi[\to \mathbb{E}_2$$
$$(t^1;t^2) \triangleq (r;\varphi) \mapsto (r\cos\varphi; r\sin\varphi) \triangleq (x^1;x^2).$$

Also $\gamma^1(t^1;t^2) = t^1 \cdot \cos t^2, \gamma^2(t^1;t^2) = t^1 \cdot \sin t^2$

$$\partial_l \gamma^k = \begin{bmatrix} \cos t^2 & -t^1 \sin t^2 \\ \sin t^2 & t^1 \cos t^2 \end{bmatrix}, \ \det(\partial_l \gamma^k) = t^1 \triangleq r = \sqrt{g} \quad (4.4.2.7)$$

Im Punkte $(t_0^1;t_0^2) = (r_0,\varphi_0)$ spannen die $\partial_k \gamma \triangleq \boldsymbol{e}_{(k)}$ ein Parallelogramm des Flächeninhaltes ${}^*(\partial_1 \gamma \wedge \partial_2 \gamma) = t_0^1 \triangleq r_0$ auf, denn:

$$\boldsymbol{e}_{(1)} \wedge \boldsymbol{e}_{(2)} = (\cos\varphi\,\bar{\boldsymbol{e}}_{(1)} + \sin\varphi\,\bar{\boldsymbol{e}}_{(2)}) \wedge (-r\sin\varphi\,\bar{\boldsymbol{e}}_{(1)} + r\cos\varphi\,\bar{\boldsymbol{e}}_{(2)})$$
$$= r\bar{\boldsymbol{e}}_{(1)} \wedge \bar{\boldsymbol{e}}_{(2)}.$$

(Wegen $\boldsymbol{v} \wedge \boldsymbol{w} = -\boldsymbol{w} \wedge \boldsymbol{v}$), ${}^*(\boldsymbol{e}_{(1)} \wedge \boldsymbol{e}_{(2)}) = r^*(\bar{\boldsymbol{e}}_{(1)} \wedge \bar{\boldsymbol{e}}_{(2)}) = r$.

Eine »direkte elementargeometrische« Berechnung bestätigt dies:

Der Kreisring $\left\{r_0 - \frac{\Delta r}{2} \leqslant r \leqslant r_0 + \frac{\Delta r}{2}\right\}$ hat den Flächeninhalt $\pi\left(r_0 + \frac{\Delta r}{2}\right)^2 - \pi\left(r_0 - \frac{\Delta r}{2}\right)^2 = 2\pi r_0 \Delta r$, das »Koordinatenkaro« $\left\{r_0 - \frac{\Delta r}{2} \leqslant r \leqslant r_0 + \frac{\Delta r}{2}; \varphi_0 - \frac{\Delta\varphi}{2} \leqslant \varphi \leqslant \varphi_0 + \frac{\Delta\varphi}{2}\right\}$ den $\frac{\Delta\varphi}{2}$-ten Teil davon: Das ist $r_0 \Delta r \Delta\varphi$, also $\det(\partial_l \gamma^k) \cdot \Delta r \Delta\varphi$.

7. *Substitutionsregel* (vgl. 5.2.2.3) *für mehrdimensionale Integrale*

Die Bemerkung in 3 zeigt, wie man das in 5.1.4.9 angesprochene Problem behandeln kann. Es gilt:

$$\int_D f(\varphi^1(\boldsymbol{t}); \varphi^2(\boldsymbol{t})) \det(\partial_k \varphi^l(\boldsymbol{t})) \mathrm{d}t^1 \mathrm{d}t^2 = \int_{\varphi(D)} f(x^1; x^2) \mathrm{d}x^1 \mathrm{d}x^2 .$$

Dabei wird $\det(\partial_k \varphi^l)$ die *Funktionaldeterminante* der Funktion φ oder *Jacobideterminante* der Transformation $\varphi: \boldsymbol{t} \to \boldsymbol{x}$ genannt.

Sei B der Bereich der Punkte, deren t^1, t^2-Koordinaten Werte aus D, bzw. deren Kartesische Koordinaten x^1, x^2 Werte aus $\varphi(D)$ haben, dann sind die beiden Integrale in der obigen Formel zwei Darstellungen von $\int_B f \mathrm{d}\mu$. Für das »rechte« Integral ist dies Satz 5.1.4.3; für das linke Integral wende man die Überlegung von 5.1.4.1/2 auf das t^1-t^2-Koordinatengitter an und benutze dabei, daß »die Koordinatenkaros den Inhalt $\mathrm{d}\mu = \det(\partial_k \varphi^l) \cdot \mathrm{d}t^1 \mathrm{d}t^2$ haben«. Etwa in Polarkoordinaten wird B nicht wie in 5.1.4.2 in »Zeilen« ($y = \text{const}$) oder »Spalten«, sondern in »Ringe« ($r = \text{const}$) oder »Strahlen« ($\varphi = \text{const}$) unterteilt (zeichnen Sie Abb. 5.3 für Polarkoordinaten).

8. *Beispiele*

(i) Für die Berechnung der Gaußschen Glockenfunktion e^{-t^2} über $\mathbb{R}^1$ »weicht man« am besten in den $\mathbb{R}^2$ aus:

$$\iint_{\mathbb{R}^2} e^{-x^2-y^2} \mathrm{d}x \mathrm{d}y = \iint_D e^{-r^2} r \mathrm{d}r \mathrm{d}\varphi \quad D = \{0 \leqslant \varphi < 2\pi, 0 \leqslant r < \infty\}$$

$$= \int_0^{2\pi} \mathrm{d}\varphi \cdot \int_0^\infty e^{-r^2} r \mathrm{d}r = 2\pi \cdot \int_0^\infty \frac{1}{2} e^{-u} \mathrm{d}u = \pi$$

(γ wird hier als Transformation auf Polarkoordinaten benutzt). Also

$$\int_{\mathbb{R}^1} e^{-x^2} \mathrm{d}x = \left[\int_{\mathbb{R}^1} e^{-x^2} \mathrm{d}x \cdot \int_{\mathbb{R}^1} e^{-y^2} \mathrm{d}y\right]^{1/2} = \left[\iint_{\mathbb{R}^2} e^{-x^2-y^2} \mathrm{d}x \mathrm{d}y\right]^{1/2} = \sqrt{\pi} .$$

Für $\int_a^b e^{-x^2} \mathrm{d}x$ funktioniert dieser Trick nicht.

(ii) Oft treten im $\mathbb{E}_2$ bzw. $\mathbb{E}_3$ Pole $r^{-\alpha}(\alpha > 0, r^2 = \Sigma(x^k)^2$ in kartesischen Koordinaten) auf. Welche sind integrabel über die Einheitskugel $B = \{r \leqslant 1\}$? (vgl. 5.2.3.3).

Es liegt nahe, zu Polar- bzw. Kugelkoordinaten überzugehen:

$$\iint_B r^{-\alpha} r \mathrm{d}r \mathrm{d}\varphi = 2\pi \int_0^1 r^{-\alpha+1} \mathrm{d}r = \frac{2\pi}{2-\alpha} \quad \text{für } \alpha < 2$$

$$\iiint_B r^{-\alpha} \cdot r^2 \sin\vartheta \mathrm{d}r \mathrm{d}\vartheta \mathrm{d}\varphi = \int_0^\pi \sin\vartheta \mathrm{d}\vartheta \int_0^{2\pi} \mathrm{d}\varphi \int_0^1 r^{-\alpha+2} \mathrm{d}r = \frac{4\pi}{3-\alpha} \text{ für } \alpha < 3 .$$

Andererseits ist $r^{-\alpha}$ über $\mathbb{R}^2 \backslash B$ bzw. $\mathbb{R}^3 \backslash B$ integrabel, wenn es »im Unendlichen schnell genug abfällt«, nämlich wenn $\alpha > 2$ bzw. $\alpha > 3$ ist.

5.3.3 Kurven-, Flächen- und Körperintegrale

1. Integrale $\int_B f$ im Sinne von 5.1 beschreiben das »Aufsummieren von Zahlen« (nämlich den Funktionswerten $f(x); x \in \mathbb{R}^k$) über Bereiche im $\mathbb{R}^k$. Die Abbildung γ »bringt uns den $\mathbb{R}^k$ nach $B(\gamma)$«, genauer: bildet die Definitionsmenge $D(\gamma) \subset \mathbb{R}^k$ auf die Bildmenge $B(\gamma) \subset \mathbb{E}_n$ ab. Um die uns interessierenden Tensorfelder auf dem $\mathbb{E}_n$ integrieren zu können, müssen wir ihnen in den Punkten von $B(\gamma)$ Zahlen zuordnen, die sich dann »summieren« lassen.

2. *Numerische Integrale*

Bei Verwendung der numerischen Volumenelemente $\mathrm{d}\sigma$ muß der Integrand ein Skalar $f: \mathbb{E}_3 \to \mathbb{R}$ sein, damit in jedem Punkt $f \cdot \|\dot{\boldsymbol{\sigma}}\|$ eine Zahl ist.

$$\int_{B(\gamma)} f \mathrm{d}\sigma := \int_{D(\gamma)} f(\gamma(t^k)) \|\dot{\boldsymbol{\sigma}}\| \mathrm{d}\mu .$$

3. *Geometrische Integrale*

Bei Verwendung der geometrischen Volumenelemente $\mathrm{d}\boldsymbol{\sigma} = \dot{\boldsymbol{\sigma}} \mathrm{d}\mu$ muß der Integrand eine Funktion $\boldsymbol{q}$ sein, die dem Tensor $\dot{\boldsymbol{\sigma}}$ eine reelle Zahl zuordnet. Damit die unten unter 4 genannte Eigenschaft gilt, fordern wir, daß $\boldsymbol{q}$ eine (schiefe Multi-)Linearform sein soll.

$$\int_{B(\gamma)} \boldsymbol{q} \cdot \mathrm{d}\boldsymbol{\sigma} := \int_{D(\gamma)} \boldsymbol{q}(\dot{\boldsymbol{\sigma}}) \mathrm{d}\mu .$$

Wir schreiben die möglichen Fälle einzeln auf, berücksichtigen dabei auch den Fall, daß $\boldsymbol{q}$ aus einem Vektorfeld $\boldsymbol{w}$ hervorgeht (als $\downarrow\boldsymbol{w}$ oder $^*\boldsymbol{w}$, vgl. 4.4.3.3) und deuten die Dimension des Bereiches B durch die Zahl von Integralzeichen an (im Hinblick auf 5.1 inkonsequent, aber wohl »gut lesbar«). B und D stehen für $B(\gamma)$ und $D(\gamma)$.

γ: Kurve mit Tangente $\boldsymbol{t}$, $\boldsymbol{q}$ Linearform, $\boldsymbol{w}$ Vektor, $\downarrow\boldsymbol{w} = \boldsymbol{q}$

$$\int_B \boldsymbol{q}\,\mathrm{d}\sigma = \int_D \boldsymbol{q}(\dot{\gamma})\mathrm{d}\mu = \int_D \Sigma_k q_k \dot{\gamma}^k \mathrm{d}t = \int_D (\boldsymbol{w}|\boldsymbol{t})\mathrm{d}t \; ^{*})$$

Das ist die „*Zirkulation von* $\boldsymbol{w}$ *längs* γ“, hier wird die Tangentialkomponente von $\boldsymbol{w}$ aufsummiert.

γ: Fläche mit Normale $\boldsymbol{n}$, $\boldsymbol{q}$ schiefe Bilinearform, $^{*}\boldsymbol{w} = \boldsymbol{q}$

$$\iint_B \boldsymbol{q}\,\mathrm{d}\sigma = \iint_D \boldsymbol{q}(\partial_1\gamma,\partial_2\gamma)\mathrm{d}\mu = \iint_D \Sigma_k\Sigma_l q_{kl}\partial_1\gamma^k\partial_2\gamma^l \mathrm{d}t^1\mathrm{d}t^2$$
$$= \iint_D (\boldsymbol{w}|\boldsymbol{n})\mathrm{d}t^1\mathrm{d}t^2 \, . ^{*})$$

Das ist der „*Fluß von* $\boldsymbol{w}$ *durch* γ“, hier wird die Normalkomponente von $\boldsymbol{w}$ aufsummiert.

γ: Körper, $\boldsymbol{q}$ schiefe Trilinearform, f Skalar, $^{*}f = \boldsymbol{q}$

$(q_{klm} = f \cdot \eta_{klm} = f\sqrt{|g|}\varepsilon_{klm})$

$$\iiint_B \boldsymbol{q}\,\mathrm{d}\sigma = \iiint_D \Sigma_k\Sigma_l\Sigma_m q_{klm}\partial_1\gamma^k\partial_2\gamma^l\partial_3\gamma^m \mathrm{d}t^1\mathrm{d}t^2\mathrm{d}t^3 =$$
$$= \iiint_D f \cdot \sqrt{|g|}\mathrm{d}t^1\mathrm{d}t^2\mathrm{d}t^3 \, . ^{*})$$

Dieses geometrische Integral ist gleich dem numerischen Integral über f. Es gibt keine geometrischen oder numerischen Integrale von Vektorfeldern $\boldsymbol{w}$ über Körper.

4. Der Wert aller dieser Integrale ist durch die Integrationsbereiche $B(\gamma)$ und ihre Orientierung bestimmt. Er ist von der Wahl der Koordinaten x^a in $\mathbb{E}_3$ unabhängig. Er ändert sich auch nicht bei einer Umparametrisierung von γ; aus 5.3.2.5/7 und der Voraussetzung, daß $\boldsymbol{q}$ schiefe Multilinearform ist ($\boldsymbol{q}(\partial_2\gamma;\partial_1\gamma) = -\boldsymbol{q}(\partial_1\gamma;\partial_2\gamma)$ usw.), folgt z. B.

$$\iint_{B(\tilde{\gamma})} \boldsymbol{q}\,\mathrm{d}\tilde{\sigma} = \iint_{D(\tilde{\gamma})} \boldsymbol{q}(\partial_1\tilde{\gamma};\partial_2\tilde{\gamma})\mathrm{d}\mu$$
$$= \iint_{D(\tilde{\gamma})} \boldsymbol{q}(\partial_1\gamma\partial_1\varphi^1 + \partial_2\gamma\partial_1\varphi^2;\partial_1\gamma\partial_2\varphi^1 + \partial_2\gamma\partial_2\varphi^2)\mathrm{d}\mu$$
$$= \iint_{D(\tilde{\gamma})} \det(\partial_k\varphi^l)\cdot\boldsymbol{q}(\partial_1\gamma;\partial_2\gamma)\mathrm{d}\mu = \iint_{D(\gamma)} \boldsymbol{q}(\partial_1\gamma,\partial_2\gamma)\mathrm{d}\mu = \iint_{B(\gamma)} \boldsymbol{q}\,\mathrm{d}\sigma \, .$$

---

*) Die Umformungen auf die Integrale über $\boldsymbol{w}$ bzw. f ergeben sich aus:

$\Sigma_k q_k\dot{\gamma}^k = \Sigma_k\Sigma_l g_{kl} w^k\dot{\gamma}^l = (\boldsymbol{w}|\dot{\gamma}) = (\boldsymbol{w}|\boldsymbol{t})$

$\Sigma_k\Sigma_l q_{kl}\partial_1\gamma^k\partial_2\gamma^l = \Sigma_l\Sigma_m\Sigma_p\eta_{lmp}w^l\partial_1\gamma^m\partial_2\gamma^p = (\boldsymbol{w}|\uparrow{}^{*}(\partial_1\gamma \wedge \partial_2\gamma)) = (\boldsymbol{w}|\boldsymbol{n})$

$\Sigma_k\Sigma_l\Sigma_m f\eta_{klm}\partial_1\gamma^k\partial_2\gamma^l\partial_3\gamma^m = f\cdot{}^{*}(\partial_1\gamma \wedge \partial_2\gamma \wedge \partial_3\gamma) = \pm\sqrt{|g|}\cdot f$

(Bei positiver Orientierung von γ gilt das „+“ von „±“.)

5. *Achtung (Integrale über Tensoren)*

Formal kann man auch über Tensoren integrieren; etwa sei das Integral $\int \boldsymbol{w}\,d\mu$ über das Vektorfeld $\boldsymbol{w}$ der Vektor, dessen Koordinaten die Integrale $\int w^k d\mu$ über die Koordinaten von $\boldsymbol{w}$ sind. Für diese Integrale gilt nicht die Koordinatenunabhängigkeit. Nach unserer »geometrischen« Auffassung ist so etwas unzulässig: Die Vektoren eines Vektorfeldes sind in ihrem Fußpunkt verankert; diese Vektoren sind nicht »verschiebbar«, daher nicht summierbar, können also auch nicht integriert werden. In bestimmten Fällen können aber in der Physik Vektoren »verschoben« werden, z. B. die Impulse von Teilchen $\boldsymbol{p}^{(i)}$ zur Ermittlung der Impulsbilanz $\Sigma_i \boldsymbol{p}^{(i)}$, *nicht* aber zur Bestimmung des Drehimpulses. In solchen Fällen sind Integrationen von Tensoren in *kartesischen* Koordinaten zulässig.

5.3.4 Der Satz von Stokes

Die Aussage des Hauptsatzes, daß Differentiation und Integration einander aufheben (5.2.1) gilt in einem bestimmten Sinne auch in höheren Dimensionen.

1. *Satz* (Stokes, Gauß, Ostrogradski, Green)

Ist B beschränkte Menge mit glattem Rand ∂B, und ist $\boldsymbol{q}$ ein differenzierbares Feld einer (schiefen Multi-)Linearform, so ist

$$\int_B d\boldsymbol{q} = \oint_{\partial B} \boldsymbol{q}\,.$$

$d\boldsymbol{q}$ ist die äußere Ableitung von $\boldsymbol{q}$, vgl. 4.4.3; das Symbol $\oint$ steht für keine neue Operation, es betont nur, daß es sich um eine Integration über einen *geschlossenen* (vgl. 5.3.1.5) Bereich, nämlich den Rand von B, handelt.

Im $\mathbb{E}_3$ erhalten wir:

2. $\boldsymbol{q}$ schiefe Bilinearform, $\boldsymbol{w}$ Vektor, $^*\boldsymbol{w} = \boldsymbol{q}$

$$\iiint_B d\boldsymbol{q}\,dv = \oiint_{\partial B} \boldsymbol{q}^* d\boldsymbol{a} \qquad \iiint \operatorname{div} \boldsymbol{w} \cdot dv = \oiint (\boldsymbol{w}|\boldsymbol{n})\,da$$

3. $\boldsymbol{q}$: Linearform, $\boldsymbol{w}$ Vektor, $\downarrow\boldsymbol{w} = \boldsymbol{q}$

$$\iint_B d\boldsymbol{q}^* d\boldsymbol{a} = \oint_{\partial B} \boldsymbol{q}\,d\boldsymbol{s} \qquad \iint (\operatorname{rot} \boldsymbol{w}|d\boldsymbol{a}) = \oint (\boldsymbol{w}|d\boldsymbol{s})$$

$$\iint (\operatorname{rot} \boldsymbol{w}|\boldsymbol{n})\,da = \oint (\boldsymbol{w}|\boldsymbol{t})\,ds$$

4. q: Skalar, $D(\gamma) = [a;b]$

$$\int_B \mathrm{d}q\,\mathrm{d}s = q|_{\partial B} = q(\gamma(b)) - q(\gamma(a)) \quad \int_B (\operatorname{grad} q|\mathrm{d}s) = q(\gamma(b)) - q(\gamma(a)).$$

5. Im $\mathbb{E}_2$ gilt 4 unverändert, außerdem ein Satz, der das Analogon zu 2 *und* 3 ist und unten in 7 steht.

6. Im $\mathbb{E}_1 = \mathbb{R}$ ist 4 der Hauptsatz $\int_a^b \dot{f}\,\mathrm{d}t = f|_a^b = f(b) - f(a)$.

7. Der *Beweis* von 1 baut mit dem Satz von Fubini (5.1.4.3) die Dimension ab und wendet den Hauptsatz (5.2.1.1(b)) an. Als »Muster« wird hier ein Satz im $\mathbb{E}_2$ (in kartesischen Koordinaten) bewiesen; man achte auch auf die Rolle der Orientierung. Wie in Abb. 5.3 ist

$$\begin{aligned} B &= \{(t^1;t^2) \in \mathbb{R}^2 | a \leqslant t^1 \leqslant b; r^-(t^1) \leqslant t^2 \leqslant r^+(t^1)\} \\ &= \{(t^1;t^2) \in \mathbb{R}^2 | c \leqslant t^2 \leqslant d; s^-(t^2) \leqslant t^1 \leqslant s^+(t^2)\} \end{aligned}$$

q Linearform: $(q_1;q_2)$, $\mathrm{d}q$: $\partial_{[k}q_{l]}$, $\mathrm{d}v = \mathrm{d}t^1\,\mathrm{d}t^2$

$$\begin{aligned} \iint_B \partial_1 q_2 \,\mathrm{d}t^1\,\mathrm{d}t^2 &= \int_c^d \left(\int_{s^-(t^2)}^{s^+(t^2)} \partial_1 q_2 \,\mathrm{d}t^1 \right) \mathrm{d}t^2 \\ &= \int_c^d [q_2(s^+(t^2)) - q_2(s^-(t^2))]\,\mathrm{d}t^2 = +\oint_{\partial B} q_2\,\mathrm{d}t^2 . \end{aligned}$$

Entsprechend ist $\iint_B \partial_2 q_1 \,\mathrm{d}v = -\oint_{\partial B} q_1\,\mathrm{d}t^1$.

Also: $\iint_B (\partial_1 q_2 - \partial_2 q_1)\,\mathrm{d}v = \oint_{\partial B}(q_1\,\mathrm{d}t^1 + q_2\,\mathrm{d}t^2)$.

8. Mit $q = \downarrow w$ ($q_k = \Sigma_l g_{kl} w^l = \Sigma_l \delta_{kl} w^l = w^k$) ist dies $\iint \operatorname{rot} w \cdot \mathrm{d}v = \oint (w|\mathrm{d}s)$.

Mit $q = {}^*w$ ($q_k = \Sigma_l \eta_{kl} w^l = \Sigma_l \varepsilon_{kl} w^l$; $q_1 = w^2, q_2 = -w^1$) ist dies $\iint \operatorname{div} w \,\mathrm{d}v = \oint (w|{}^*\mathrm{d}s)$.

9. *Beispiel* (Flächeninhalt als Kurvenintegral)

Die Linearformen q mit den kartesischen Koordinaten $(0,t^1)$, $(-t^2,0)$ und $\frac{1}{2}(-t^2,t^1)$ erfüllen $\partial_1 q_2 - \partial_2 q_1 = 1$ für alle $(t^1,t^2) \in \mathbb{R}^2$, daher ist

$$(*)\ \sigma^{(2)}(B) = \iint_B \mathrm{d}t^1\,\mathrm{d}t^2 = \oint_{\partial B} t^2\,\mathrm{d}t^1 = -\oint_{\partial B} t^1\,\mathrm{d}t^2 = \tfrac{1}{2}\oint_{\partial B} (t^2\,\mathrm{d}t^1 - t^1\,\mathrm{d}t^2).$$

Für einen Bereich $B = \{(x,y) \in \mathbb{R}^2 | a \leqslant x \leqslant b, 0 \leqslant y \leqslant f(x)\}$ erhält man mit dem zweiten Integral in (*): $\sigma^{(2)}(B) = \int_a^b f(x)\,dx$. Aus dem letzten Integral in (*) ergibt sich der Keplersche Flächensatz:

Ist der Drehimpuls $m \cdot \mathbf{s} \wedge \frac{d^2\mathbf{s}}{dt^2}$ konstant, so ist die vom »Fahrstrahl« $\mathbf{s}$ überstrichene Fläche pro Zeit

$$\frac{d}{dt}\left(\mathbf{s} \wedge \frac{d\mathbf{s}}{dt}\right) = \mathbf{s} \wedge \frac{d^2\mathbf{s}}{dt^2} \text{ konstant, da } \frac{d\mathbf{s}}{dt} \wedge \frac{d\mathbf{s}}{dt} = 0 \text{ ist.}$$

10. *Folgerung* (Veranschaulichung von rot $\mathbf{w}$ und div $\mathbf{w}$)

Aus 2 folgt für einen hinreichend kleinen Volumenbereich B, in dem div $\mathbf{w}$ sich nicht mehr viel ändert:

$$\operatorname{div} \mathbf{w} \approx \frac{1}{\sigma^{(3)}(B)} \iint_{\partial B} (\mathbf{w}|d\mathbf{a}), \text{ genauer: } \operatorname{div} \mathbf{w}(p) = \lim \frac{1}{\sigma^{(3)}(B)} \iint_{\partial B} (\mathbf{w}|d\mathbf{a}),$$

wobei der Grenzwert für eine Folge von auf den Punkt p zusammenschrumpfenden Bereichen B genommen wird. Die Divergenz ist also die »Quelldichte« des Feldes $\mathbf{w}$, die angibt, wieviel mehr Feld (pro Volumen) aus einem Bereich heraus- als hineinströmt.

Aus 3 folgt entsprechend: $\operatorname{rot} \mathbf{w} \approx \frac{1}{\sigma^{(2)}(B)} \int_{\partial B} (\mathbf{w}|\mathbf{t})\,ds$.

Die Rotation ist die »Wirbeldichte« von $\mathbf{w}$, die angibt, wieviel mehr Feld in die positive als in die negative Umlaufsrichtung (Richtung der Tangente $\mathbf{t}$) einer geschlossenen Kurve fließt.

11. Ein wesentlicher Unterschied von $\mathbb{E}_3$ zu $\mathbb{E}_1$ bzw. $\mathbb{R}^1$ ist, daß im $\mathbb{E}_3$ Funktionen (sprich „Felder“) nur in Ausnahmefällen so etwas wie eine Stammfunktion besitzen. Der Satz von Stokes ermöglicht die Behandlung dieser Fälle:

12. *Folgerung*

Ist rot $\mathbf{w} = \mathbf{0}$ auf $\mathbb{E}_3$, so ist:

(i) $\oint_C (\mathbf{w}|d\mathbf{s}) = 0$ für jede *geschlossene* Kurve C. (Es gibt nämlich eine Fläche B, deren Rand C ist: $\partial B = C$, darauf wende man 3 an).

(ii) $\int_C (\mathbf{w}|d\mathbf{s}) = \int_{\tilde{C}} (\mathbf{w}|d\mathbf{s})$ für Kurven C und $\tilde{C}$ mit demselben Anfangspunkt p und demselben Endpunkt q; (denn $C - \tilde{C}$ ist geschlossene Kurve). Die Zirkulation ist *wegunabhängig*.

(iii) Es gibt ein Skalarfeld φ mit der Eigenschaft: $\int\limits_{\widehat{pq}}(\boldsymbol{w}|\mathrm{d}\boldsymbol{s}) = \varphi(q) - \varphi(p)$ für jede Kurve von p nach q und $\operatorname{grad}\varphi = \boldsymbol{w}$. φ heißt „*Potential*" von $\boldsymbol{w}$.

Man wähle einen »Basispunkt« o und definiere $\varphi(o) := 0$, $\varphi(p) := \int\limits_{\widehat{op}}(\boldsymbol{w}|\mathrm{d}\boldsymbol{s})$ für jedes $p \in \mathbb{E}_3$; wegen $\int\limits_{\widehat{oq}}(\boldsymbol{w}|\mathrm{d}\boldsymbol{s}) = \int\limits_{\widehat{op}}(\boldsymbol{w}|\mathrm{d}\boldsymbol{s}) + \int\limits_{\widehat{pq}}(\boldsymbol{w}|\mathrm{d}\boldsymbol{s})$ ist dann $\varphi(q) = \varphi(p) + \int\limits_{\widehat{pq}}(\boldsymbol{w}|\mathrm{d}\boldsymbol{s})$. In kartesischen Koordinaten erhält man $\operatorname{grad}\varphi$ so:

$\tilde{p} := (x+h, y, z)$, $p = (x, y, z)$, γ: Strecke von p nach $\tilde{p}$

$\varphi(\tilde{p}) - \varphi(p) = \int\limits_{\gamma}(\boldsymbol{w}|\mathrm{d}\boldsymbol{s}) = \int\limits_{x}^{x+h} w^1\,\mathrm{d}x = w^1(x,y,z)\cdot h + O(|h|)$, also $\partial_1\varphi = w^1$ usw.

13. *Folgerung*

Ist $\operatorname{div}\boldsymbol{w} = 0$ auf $\mathbb{E}_3$, so ist

(i) $\oiint\limits_{B}(\boldsymbol{w}|\mathrm{d}\boldsymbol{a}) = 0$ für jede *geschlossene* Fläche B.

(ii) $\iint\limits_{B}(\boldsymbol{w}|\mathrm{d}\boldsymbol{a}) = \iint\limits_{\tilde{B}}(\boldsymbol{w}|\mathrm{d}\boldsymbol{a})$, wenn $\partial B = \partial\tilde{B}$; der Fluß von $\boldsymbol{w}$ durch zwei Flächen mit demselben Rand ist gleich.

(iii) Es gibt ein Vektorfeld $\boldsymbol{a}$ mit $\operatorname{rot}\boldsymbol{a} = \boldsymbol{w}$.
$\boldsymbol{a}$ heißt „*Vektorpotential*" von $\boldsymbol{w}$.

Der Vollständigkeit halber sei auch ein solches Feld in kartesischen Koordinaten konstruiert. Es soll erfüllen

$\partial_2 a^3 - \partial_3 a^2 = w^1, \partial_3 a^1 - \partial_1 a^3 = w^2, \partial_1 a^2 - \partial_2 a^1 = w^3$; das Feld $a^3 \equiv 0$,

$$a^2(x,y,z) = -\int_0^z w^1(x,y,z')\,\mathrm{d}z'$$

$$a^1(x,y,z) = \int_0^z w^2(x,y,z')\,\mathrm{d}z' - \int_0^y w^3(x,y',0)\,\mathrm{d}y' \quad \text{tut dies, denn}$$

$$\partial_2 a^1 = \int_0^z \partial_2 w^2 - w^3(x,y,0) = -w^3(x,y,z) + \int_0^z \partial_3 w^3 + \int_0^z \partial_2 w^2$$

$$= -w^3(x,y,z) - \int_0^z \partial_1 w^1 = -w^3 + \partial_1 a^2.$$

14. *Folgerung*

Ist $\operatorname{div} \boldsymbol{w} = 0$ und $\operatorname{rot} \boldsymbol{w} = \mathbf{0}$, so erfüllt das Potential φ neben $\operatorname{grad} \varphi = \boldsymbol{w}$ auch $\Delta\varphi = 0$, da dann $\Delta\varphi = \operatorname{div} \operatorname{grad} \varphi = \operatorname{div} \boldsymbol{w} = 0$ ist.

15. Es sei hier noch mitgeteilt, daß es zu einem beliebigen Vektorfeld $\boldsymbol{w}$ ein Skalarfeld φ und ein Vektorfeld $\boldsymbol{a}$ mit $\operatorname{div} \boldsymbol{a} = 0$ gibt, so daß $\operatorname{grad} \varphi + \operatorname{rot} \boldsymbol{a} = \boldsymbol{w}$ ist. Wegen $\operatorname{div} \operatorname{rot} \boldsymbol{v} = 0$, $\operatorname{rot} \operatorname{grad} f = \mathbf{0}$ ist $\operatorname{div} \boldsymbol{w} = \Delta\varphi$ und $\operatorname{rot} \boldsymbol{w} = \operatorname{rot} \operatorname{rot} \boldsymbol{a}$, d. h. $\Delta\varphi$ ist die Quelldichte und $\operatorname{rot} \operatorname{rot} \boldsymbol{a}$ die Wirbeldichte von $\boldsymbol{w}$.

16. *Warnung* [Abb. 5.7/8]:

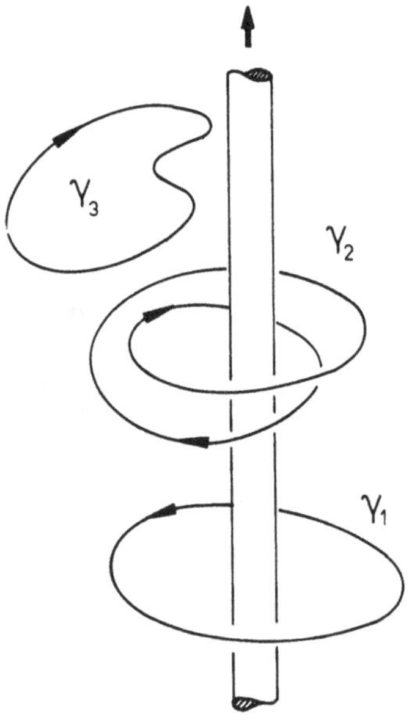

Abb. 5.7. Im Äußeren eines unendlich langen stromdurchflossenen Drahtes können nicht alle geschlossenen Kurven zusammengezogen werden. Die Zirkulation längs γ_1 ist $4\pi J/c$, längs γ_2: $-8\pi J/c$, längs γ_3: 0

Setzt man die Gültigkeit von $\operatorname{rot} \boldsymbol{w} = \mathbf{0}$ nur in einem Teilbereich $A \subset \mathbb{E}_3$ voraus, muß Folgerung 12 nicht mehr gelten. So erfüllt das Magnetfeld $\boldsymbol{H}$ eines Leiters mit Stromstärke J außerhalb des Leiters $\operatorname{rot} \boldsymbol{H} = 0$; die Zirkulation von $\boldsymbol{H}$ längs einer geschlossenen Kurve γ, die den Leiter g-mal »umkreist«, ist $\frac{\pm 4g\pi}{c}J$; der Schluß in 12(i) ist nicht anwendbar, denn es gibt keine Fläche B mit $\partial B = \gamma$, auf der $\operatorname{rot}\boldsymbol{H} \equiv \boldsymbol{0}$ ist.

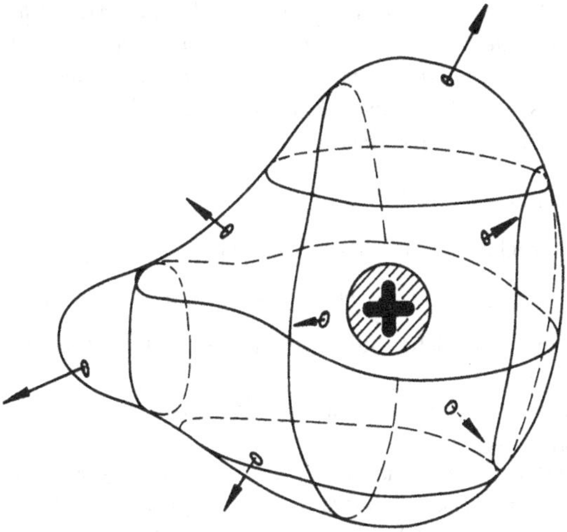

Abb. 5.8. Im Äußeren einer geladenen Kugel können nicht alle geschlossenen Flächen zusammengezogen werden; der Fluß durch diese Fläche ist $\neq 0$ trotz $\operatorname{div}\boldsymbol{E} = 0$ auf dieser Fläche

Analog dazu erfüllt das elektrische Feld $\boldsymbol{E}$ einer ruhenden Ladung q außerhalb der Ladung $\operatorname{div}\boldsymbol{E} = 0$; den Fluß von $\boldsymbol{E}$ durch eine Fläche B, die die Ladung umschließt, ist aber $4\pi q$.

Die Ergebnisse von Folgerung 12 lassen sich verallgemeinern für offene Mengen $A \subset \mathbb{E}^3$ ($\operatorname{rot}\boldsymbol{w} = 0$ auf A), wenn jede geschlossene Kurve innerhalb von A auf einen Punkt stetig »zusammengezogen« werden kann. Analog dazu gilt Folgerung 13 in Mengen A ($\operatorname{div}\boldsymbol{w} = 0$ auf A), wenn jede geschlossene Fläche innerhalb von A auf einen Punkt stetig zusammenziehbar ist.

5.4 Integration auf $\mathbb{C}$ (Funktionentheorie)

Bisher wurde der Fall komplexer Vektorräume und Funktionen durch viele allgemeine Sätze und Beweise mitgeschleppt, ohne daß auf Besonderheiten ausdrücklich aufmerksam gemacht wurde. Die übliche Repräsentation von $\mathbb{C}$ durch $\mathbb{R}^2$ $x, y \leftrightarrow z = x + iy$ ist an einer Stelle unzulänglich: Die lineare Struktur von $\mathbb{C}$ ist nämlich »reicher« als die von $\mathbb{R}^2$ (um die

Multiplikation mit komplexen Koeffizienten). Also müssen lineare Funktionen $\mathbb{R}^2 \to \mathbb{R}^2$, um auch als lineare Funktionen $\mathbb{C}^1 \to \mathbb{C}^1$ interpretiert werden zu können, eine Zusatzbedingung erfüllen. Deren Übertragung auf die lineare Näherung f' einer differenzierbaren Funktion f ist die Bedingung, daß Kurvenintegrale über f wegunabhängig sind. Daraus ergeben sich weitreichende Konsequenzen, die die Theorie differenzierbarer Funktionen $\mathbb{C} \to \mathbb{C}$ („Funktionentheorie") zu einer höchst eleganten und in sich geschlossenen Theorie machen, die auskommt ohne all das »Basteln« und »Stückeln« wie in der Theorie reeller Funktionen.

5.4.1 Linearität auf $\mathbb{C}$ und $\mathbb{R}^2$

1. In natürlicher Weise entsprechen sich $\mathbb{C}$ und $\mathbb{R}^2$:

$$z = x + iy \leftrightarrow (x,y),\ f(z) = u(z) + iv(z) \leftrightarrow \tilde{f}(x,y) = (u(x,y);\, v(x,y)).$$

$\mathbb{R}^2$ hat eine natürliche 2-dimensionale $\mathbb{R}$-Vektorraumstruktur; eine Basis ist $\tilde{e}_{(1)} = (1;0);\ \tilde{e}_{(2)} = (0;1)$.

$\mathbb{C}$ hat eine natürliche 1-dimensionale $\mathbb{C}$-Vektorraumstruktur; eine Basis ist $e_{(1)} = 1$.

Eine lineare Transformation $\tilde{f}: \mathbb{R}^2 \to \mathbb{R}^2$ ist festgelegt durch ihre Werte auf einer Basis, also durch $\tilde{f}(\tilde{e}_{(1)}), \tilde{f}(\tilde{e}_{(2)})$, das sind 4 reelle Koordinaten f_l^k. Eine lineare Funktion $f: \mathbb{C} \to \mathbb{C}$ ist festgelegt durch $f(e_{(1)})$, das ist eine komplexe Koordinate, das entspricht 2 reellen Zahlen. Dieser Verlust an 2 »Freiheitsgraden« ergibt sich algebraisch durch die Forderung der Homogenität auch für komplexe Koeffizienten:

$$\tilde{f}(\alpha \cdot x) = \alpha \cdot \tilde{f}(x) \qquad \forall \alpha \in \mathbb{R}$$
$$f(\alpha \cdot z) = \alpha \cdot f(z) \qquad \forall \alpha \in \mathbb{C}, \text{ insbesondere } f(iz) = if(z).$$

Eine Funktion $f: \mathbb{C} \to \mathbb{C}$, die für alle $z, \hat{z} \in \mathbb{C}, \alpha \in \mathbb{R}$ erfüllt

$$f(z + \hat{z}) = f(z) + f(\hat{z}),\ f(\alpha z) = \alpha f(z) \quad \text{und} \quad f(iz) = if(z)$$

ist linear, d. h.: $\forall \alpha \in \mathbb{C}: f(\alpha z) = \alpha f(z)$, denn mit $\alpha = \beta + i\gamma$ ($\beta, \gamma \in \mathbb{R}$) ist $f(\beta z + \gamma iz) = \beta f(z) + \gamma f(iz) = (\beta + i\gamma) f(z)$.

Die der reell-linearen Funktion $\tilde{f}: \mathbb{R}^2 \to \mathbb{R}^2$ entsprechende Funktion $f: \mathbb{C} \to \mathbb{C}$ ist also genau dann komplex-linear, wenn $f(iz) = if(z)$ ist; in Komponenten ausgeschrieben lautet diese Bedingung:

$$z = x^1 + ix^2 \leftrightarrow \begin{bmatrix} x^1 \\ x^2 \end{bmatrix},\ iz = -x^2 + ix^1 \leftrightarrow \begin{bmatrix} -x^2 \\ x^1 \end{bmatrix},$$

$$f(z) \leftrightarrow \begin{bmatrix} f^1(x^1; x^2) \\ f^2(x^1; x^2) \end{bmatrix} = \begin{bmatrix} f_1^1 x^1 + f_2^1 x^2 \\ f_1^2 x^1 + f_2^2 x^2 \end{bmatrix}$$

(f_2^1 ist die 1. Koordinate von $\tilde{f}(\tilde{e}_{(2)})$ usw.)

$$f(iz) \leftrightarrow \begin{bmatrix} f^1(-x^2;x^1) \\ f^2(-x^2;x^1) \end{bmatrix} = \begin{bmatrix} -f_1^1x^2 + f_2^1x^1 \\ -f_1^2x^2 + f_2^2x^1 \end{bmatrix},$$

$$if(z) \leftrightarrow \begin{bmatrix} -f^2(x^1;x^2) \\ f^1(x^1;x^2) \end{bmatrix} = \begin{bmatrix} -f_1^2x^1 - f_2^2x^2 \\ f_1^1x^1 + f_2^1x^2 \end{bmatrix}.$$

Also: $\forall z \in \mathbb{C}: f(iz) = if(z) \Leftrightarrow (*)\, f_1^1 = f_2^2$ und $f_2^1 = -f_1^2$.

2. Die Transformation $\tilde{f}$ hat also ein Koordinatenschema (Matrix) der Form $\left[\begin{smallmatrix} a & -b \\ b & a \end{smallmatrix}\right]$ das ergibt eine Streckung um den Faktor $\sqrt{a^2 + b^2}$ und eine Drehung um einen Winkel φ mit $\tan\varphi = \frac{b}{a}$.

Das ist die allgemeine Form einer winkeltreuen linearen Transformation (vgl. 4.4.4.3; 3.3.4.3), da Spiegelungen an Geraden einen Winkel in sein Negatives überführen (Änderung der Orientierung) und (volumentreue) Verzerrungen natürlich »fast alle« Winkel abändern.

Die Winkeltreue von f kann man auch direkt nachrechnen: Für $w,z \in \mathbb{C}$ sei $\varphi := \sphericalangle(w;z) = \operatorname{arc} w - \operatorname{arc} z = \operatorname{arc}\frac{w}{z}$; dann ist $\frac{w}{z} =: re^{i\varphi}$, also $\operatorname{arc} f(w) = \operatorname{arc} f(re^{i\varphi}z) = \operatorname{arc}(re^{i\varphi}f(z)) = \operatorname{arc} re^{i\varphi} + \operatorname{arc} f(z) = \varphi + \operatorname{arc} f(z)$, also $\sphericalangle(f(w);f(z)) = \varphi$.

Satz: Eine reell lineare Abbildung $\mathbb{R}^2 \to \mathbb{R}^2$ ist genau dann als eine komplex-lineare Abbildung $\mathbb{C} \to \mathbb{C}$ deutbar, wenn sie winkeltreu („konform“) oder konstant gleich 0 ist.

3. *Warnung:* Folgende wichtige Funktionen $\mathbb{C} \to \mathbb{C}$ sind reell-linear, aber nicht komplex-linear:

$z \mapsto \bar{z}$, $z \mapsto \operatorname{Re}(z)$, $z \mapsto \operatorname{Im}(z)$.
$z \mapsto \bar{z}$ ist sozusagen »halblinear« („semilinear“)

$$\begin{array}{lrl} & z_1 + z_2 \mapsto \overline{z_1 + z_2} & = \bar{z}_1 + \bar{z}_2 \\ \alpha \in \mathbb{R} & \alpha z \mapsto \overline{\alpha z} & = \alpha \bar{z} \\ \text{aber} & iz \mapsto \overline{iz} & = -i\bar{z} \end{array}$$

Wir haben: $\sphericalangle(z_1, z_2) = -\sphericalangle(\bar{z}_1, \bar{z}_2)$.

5.4.2 Differenzierbarkeit im Komplexen

1. Differenzierbarkeit heißt Existenz einer linearen Näherung. Ist $\tilde{f}: \mathbb{R}^2 \to \mathbb{R}^2$ differenzierbar, so ist die „entsprechende“ Funktion $f = u + iv: \mathbb{C} \to \mathbb{C}$ genau dann in a differenzierbar, wenn die reell-lineare Funktion $\tilde{f}'(a): \mathbb{R}^2 \to \mathbb{R}^2$ einer komplex-linearen Funktion $f'(a)$

$$h \mapsto f'(a) \cdot h$$

entspricht, d. h. wenn die Koordinaten (die Partiellen Ableitungen) der Bedingung (*) aus 5.4.1 genügen:

(*) $\partial_x u = \partial_y v$ und $\partial_y u = -\partial_x v$ (Cauchy-Riemannsche Gleichungen).

2. Die geometrische Veranschaulichung ist entsprechend: Das »Koordinatennetz« aus den Geraden $\{x = \text{const}\}$ und $\{y = \text{const}\}$ geht

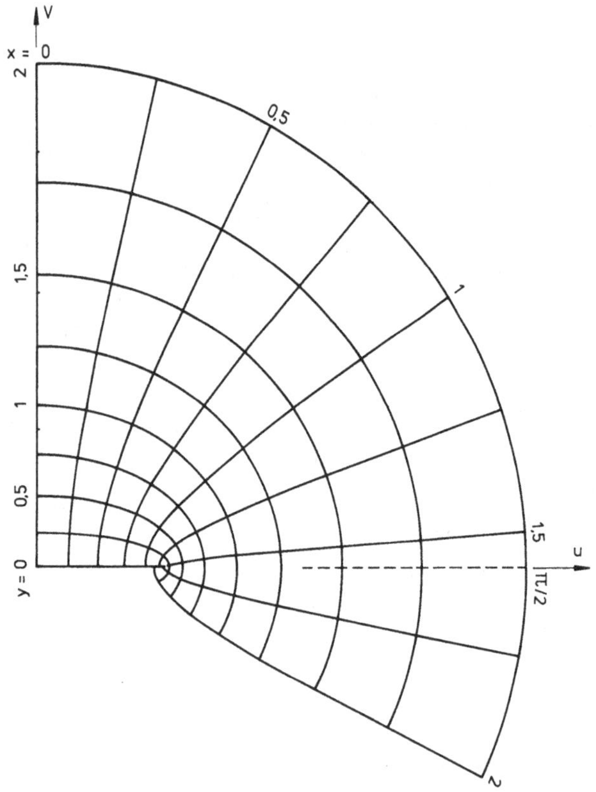

Abb. 5.9. Als Beispiel einer konformen Abbildung $\mathbb{C} \to \mathbb{C}: z \mapsto w = \sin z = (e^{iz} - e^{-iz})/2i$ bzw. $(x; y) \mapsto (v; w) = (\sin x(e^y + e^{-y})/2; \cos x(e^y - e^{-y})/2)$. Dargestellt ist das Bild des Koordinatennetzes $\{x = m/4\}$ bzw. $\{y = n/4\}$ für $m, n = 0, \ldots, 8$. Die reelle Achse $\{y = 0\}$ wird auf die Strecke $\{u \in [-1, +1]; v = 0\}$ abgebildet und dabei wie ein »Zollstock« („Gliedmaßstab") bei $x = \frac{\pi}{2} + 2g\pi (g \in \mathbb{Z})$ gefaltet, so daß aus einem Winkel von π einer von 2π wird; an dieser Stelle mit $f' = 0$ ist also die Winkeltreue verletzt

unter einem komplex differenzierbaren f in ein Netz aus zwei Kurvenscharen über. Die Winkeltreue der linearen Näherung besagt, daß in jedem Punkt die beiden durch ihn laufenden Kurven dieser Scharen zueinander senkrechte und gleichlange Tangentenvektoren haben (Länge $|f'|$). Nur an Stellen mit $|f'| = 0$ kann die Winkeltreue versetzt sein [vgl. Abb. 5.9].

3. Diese Beziehungen kann man auch im dynamischen Konzept der Ableitung direkt nachrechnen; sie erscheinen dort aber als ziemlich zufälliges Resultat. Man betrachtet dazu bei gegebenem $z \in \mathbb{C}$ die beiden Folgen $z_n := z + 1/n$ und $\tilde{z}_n := z + i/n$ und erhält (*) als Konsequenz aus der Forderung

$$\lim_{n\to\infty} [f(z_n) - f(z)]/(z_n - z) = \dot{f}(z) = \lim_{n\to\infty} [f(\tilde{z}_n) - f(z)]/(\tilde{z}_n - z):$$

$$\frac{f(z_n) - f(z)}{z_n - z} = \frac{u(x_n, y) - u(x, y)}{x_n - x} + i\frac{v(x_n, y) - v(x, y)}{x_n - x} \to \partial_x u + i\partial_x v$$

$$\frac{f(\tilde{z}_n) - f(z)}{\tilde{z}_n - z} = \frac{u(x, \tilde{y}_n) - u(x, y)}{i(\tilde{y}_n - y)} + i\frac{v(x, \tilde{y}_n) - v(x, y)}{i(\tilde{y}_n - y)} \to -i\partial_y u + \partial_y v$$

4. *Satz* (Cauchyscher Integralsatz)

Folgende Eigenschaften einer Funktion $f: \mathbb{C} \to \mathbb{C}$ sind gleichwertig (f heißt dann „*holomorph*" oder – wegen (vi), vgl. 4.3.3.3 – „*analytisch*")

(i) f ist differenzierbar auf $\mathbb{C}$.

(ii) $f = u + iv$ erfüllt (*) $\partial_x u = \partial_y v; \partial_y u = -\partial_x v$.

(iii) Alle Kurvenintegrale*) über f sind wegunabhängig: $\int_C f\,dz = \int_{\tilde{C}} f\,dz$, wenn die Kurven C, $\tilde{C}$ denselben Anfangs- und denselben Endpunkt haben.

(iv) f besitzt eine Stammfunktion F, d. h. $\dot{F}(z) = f(z)$ auf $\mathbb{C}$.

(v) f ist beliebig oft differenzierbar.

(vi) f ist in jedem Punkt $a \in \mathbb{C}$ in eine Taylorreihe entwickelbar:

$$f = \sum_{k=0}^{\infty} \frac{f^{(k)}(a)}{k!}(z - a)^k.$$

---

*) Komplexe Integrale werden definiert durch Rückführung auf Kurvenintegrale über reelle Vektorfelder $\boldsymbol{w}, \tilde{\boldsymbol{w}}$ auf dem $\mathbb{R}^2$:

$\int f\,dz = \int (u + iv)(dx + i\,dy) = \int (u\,dx - v\,dy) + i\int (v\,dx + u\,dy)$

Mit $\boldsymbol{w} := (u; -v)$ und $\tilde{\boldsymbol{w}} := (v; u)$ ist dies $\int f\,dz = \int (\boldsymbol{w}|d\boldsymbol{s}) + i\int (\tilde{\boldsymbol{w}}|d\boldsymbol{s})$. Vgl. 5.4.3.12.

5. *Folgerung* (zu (i) ⇔ (vi)): Sind von einer auf $\mathbb{C}$ differenzierbaren Funktion in einem Punkt a alle Ableitungen $f^{(k)}(a)$ $(k = 0,1,\ldots)$ bekannt, oder ist f in einer beliebig kleinen Kreisscheibe $\{|z - a| \leqslant \delta\}$ mit $\delta > 0$ gegeben, so ist dadurch $f(z)$ *für alle* $z \in \mathbb{C}$ *eindeutig festgelegt.* Man entwickle in die Taylorreihe um a. Der Beweis wird mit demjenigen für (vi) in 5.4.3.10 nachgeliefert.

6. *Zum Beweis von Satz 4*

(i) ⇔ (ii) wurde in 1 begründet.

(ii) ⇔ (iii) ⇔ (iv) ergibt sich aus dem Satz von Stokes 5.3.4.8 und der Folgerung 5.3.4.12. Für die Integrale

$$\int_C f\,dz = \int_C (u\,dx - v\,dy) + i\int_C (v\,dx + u\,dy)$$

ist die Wegunabhängigkeit (rot = 0) mit den Bedingungen (*) gleichwertig. Die „Potentiale" der beiden Integrale sind Real- und Imaginärteil der gewünschten Stammfunktion F (grad $F \leftrightarrow F'$).

(v) Existiert $\dot{f}$, so hat $\dot{f}$ eine Stammfunktion, nämlich f, ist also wegen der Gleichwertigkeit von (i) und (iv) differenzierbar, also existiert $\ddot{f}$ usw.

(vi) wird unten in 5.4.3 begründet.

7. *Hinweis:*

Ist A eine offene Teilmenge von $\mathbb{C}$, in der jede geschlossene Kurve auf einen Punkt stetig zusammenziehbar ist, so gilt der Satz 4 für A statt $\mathbb{C}$ entsprechend; die Taylorreihe konvergiert dann in der größten Kreisscheibe um a, die noch ganz in A liegt. Vgl. aber 5.4.3.1.

8. *Warnung* (vgl. 5.4.1.3)

Einige einfache stetige Funktionen sind nicht differenzierbar, insbesondere der Übergang zum konjugiert Komplexen $k: z \mapsto \bar{z}$ nicht. Daher ist für differenzierbares f weder $f \circ k: z \mapsto f(\bar{z})$ noch $k \circ f: z \mapsto \overline{f(z)}$ differenzierbar. Aber $k \circ f \circ k: z \mapsto \overline{f(\bar{z})}$ ist differenzierbar (diese Abbildung ist wieder winkeltreu, denn jetzt wird sowohl in der z-Ebene durch $z \mapsto \bar{z}$ als auch in der $f(z)$-Ebene durch $f \mapsto \bar{f}$ eine Spiegelung mit $\varphi \mapsto -\varphi$ durchgeführt).

Begründung:

$$f(z) \leftrightarrow u(x,y) + iv(x,y) \qquad \frac{\partial u}{\partial x} = \frac{\partial v}{\partial y}, \; \frac{\partial u}{\partial y} = -\frac{\partial v}{\partial x} \leftrightarrow (*)$$

$$f(\bar{z}) \leftrightarrow u(x,-y) + iv(x,-y) \quad \frac{\partial u}{\partial x} = -\frac{\partial v}{\partial(-y)}, \; \frac{\partial u}{\partial(-y)} = +\frac{\partial v}{\partial x} \not\leftrightarrow (*)$$

$$\overline{f(\bar{z})} \leftrightarrow u(x,-y) - iv(x,-y) \quad \frac{\partial u}{\partial x} = \frac{\partial(-v)}{\partial(-y)} = \frac{\partial v}{\partial y},$$

$$\frac{\partial u}{\partial(-y)} = -\frac{\partial(-v)}{\partial x} \leftrightarrow (*) \qquad \blacksquare$$

Satz: Eine komplex differenzierbare Funktion $f: \mathbb{C} \to \mathbb{C}$ hat genau dann für alle reellen z reelle Funktionswerte $f(z)$, wenn $f(z) = \overline{f(\bar{z})}$ ist.

Beweis: An den obigen Darstellungen von $f(z)$ und $\overline{f(\bar{z})}$ kann man ablesen: $f(z) \in \mathbb{R}$ für alle $z \in \mathbb{R} \Leftrightarrow v(x,0) = 0$ für alle $x \in \mathbb{R} \Leftrightarrow f(z) = \overline{f(\bar{z})}$ für alle *reellen* z. Da $g(z) := f(z) - \overline{f(\bar{z})}$ differenzierbar ist und nach Voraussetzung $\equiv 0$ auf der reellen Achse sein soll, müssen alle Ableitungen bei $z = 0$ verschwinden: $g^{(k)}(0) = 0$. Nach Folgerung 5 ist also $g(z) \equiv 0$ auf ganz $\mathbb{C}$. (Wer jetzt meint: Wenn alle Ableitungen in die reelle Richtung verschwinden, müssen die in die imaginäre Richtung noch nicht verschwinden, hat den Unterschied zwischen reell differenzierbar und komplex differenzierbar nicht verstanden. Wenn $\dot{g}(0)$ existiert, ist sein Wert schon durch Annäherung an 0 aus einer Richtung zu erhalten: $\dot{g}(0) = \lim_{n \to \infty} n(g(\frac{1}{n}) - g(0))$.)

9. *Kommentar*

Der auffälligste Unterschied zwischen reeller und komplexer Analysis ist der, daß im Komplexen die Eigenschaften: Existenz einer Stammfunktion, differenzierbar, beliebig oft differenzierbar, in eine Taylorreihe entwickelbar, zusammenfallen. Differenzierbare Funktionen sind »starr« festgelegt durch ihre Werte schon auf kleinen Teilmengen von $\mathbb{C}$. Im Reellen sind die stetigen Funktionen eine »kleine« Teilmenge der Funktionen mit Stammfunktion, im Komplexen ist es umgekehrt.

5.4.3 Konsequenzen aus dem Satz von Cauchy

1. Bei Funktionen, die nur auf Teilmengen von $\mathbb{C}$ differenzierbar sind, ergeben sich Probleme wie die in 5.3.4.16 angesprochenen, vgl. aber 5.4.2.7. Etwa: $z \mapsto 1/(z-a)$ auf $\mathbb{C} \setminus \{a\}$, C sei eine geschlossene Kurve, die a einmal im positivem Sinne umläuft, und K_r sei der Kreis $\{|z-a| = r\}$ mit positivem Umlaufsinn. Durch stetige Deformation innerhalb des Differenzierbarkeitsgebietes können wir C in K_r überführen, nicht aber auf einen Punkt zusammenziehen. Die Auswertung auf K_r ergibt:

2. $$\oint_C \frac{\mathrm{d}z}{z-a} = \oint_{K_r} \frac{\mathrm{d}z}{z-a} = \int_0^{2\pi} i\,\mathrm{d}\varphi = 2\pi i$$

(denn auf K_r ist $z - a =: re^{i\varphi}$, $\dfrac{\mathrm{d}z}{\mathrm{d}\varphi} = i \cdot r \cdot e^{i\varphi} = i(z-a)$).

Die Suche nach einer Stammfunktion zu $1/z$, also nach $\log z = \int_1^z \frac{dz'}{z'}$ führt auf eine »unendlich vieldeutige Funktion« (also überhaupt keine „Funktion"); je nachdem, wie oft wir auf dem Weg von 1 nach z die 0 umlaufen, erhalten wir Werte, die sich um ganzzahlige Vielfache von $2\pi i$ unterscheiden (vgl. 2.3.2.9).

3. Solche Mehrdeutigkeit tritt aber nicht immer auf, wenn $f'(a)$ nicht existiert:

$$\text{Für } n > 1 \text{ ist } \oint_C \frac{dz}{(z-a)^n} = \oint_{K_r} \frac{dz}{(z-a)^n} = i r^{-n+1} \int_0^{2\pi} e^{-i(n-1)\varphi} d\varphi$$

$$= -\frac{r^{-n+1}}{n-1} \cdot e^{-i(n-1)\varphi}\Big|_0^{2\pi} = 0\,.$$

4. Nun zu einigen Anwendungen von Satz 5.4.2.4:

Ist f differenzierbar zumindest in einem Gebiet, das den von den Kurven C und K_r umschlossenen Bereich enthält, dann haben wir zunächst (Abschätzung mit 5.1.3.5 und 4.2.5.2) für $h \in]0; r]$:

$$\left| \oint_{K_h} \frac{f(z) - f(a)}{z-a} dz \right| \leqslant \max_{|z-a| \leqslant r} |f'(\hat{z})| \cdot 2\pi h = 0(h)\,.$$

Die Wegunabhängigkeit dieses Integrals für Deformationen, die nicht $z = a$ treffen, bedeutet, daß diese Integrale für alle $K_h (h \in]0; r])$ denselben Wert haben, dieser konstante Wert kann dann aber nur 0 sein, sonst konvergiert er nicht gegen 0 für $h \to 0$. Wir erhalten:

5. *Satz* (Cauchy's Integralformel)

$$\oint_C \frac{f(z)}{z-a} dz = f(a) \cdot \oint_{K_r} \frac{dz}{z-a} = 2\pi i \cdot f(a)\,.$$

6. *Folgerung* (Mittelwertprinzip)

$$\text{Auf } K_r \text{ ist: } f(a) = \frac{1}{2\pi i} \oint_{K_r} \frac{f(z)}{z-a} dz = \frac{1}{2\pi} \int_0^{2\pi} f(a + r \cdot e^{i\varphi}) d\varphi$$

$f(a)$ ist also der Mittelwert von $f(z)$ auf einem Kreis K_r mit dem Mittelpunkt a.

insbesondere (wegen 5.1.3.5):

$$|f(a)| \leqslant M := \max_{|z-a| = r} |f(z)|\,.$$

7. *Folgerung* (Verallgemeinerte Integralformel).

Durch Differenzieren von 5 nach a folgt über $\frac{\mathrm{d}}{\mathrm{d}a}(z-a)^{-k} = k(z-a)^{-k-1}$:

$$\frac{1}{2\pi i}\oint_C \frac{f(z)\mathrm{d}z}{(z-a)^{n+1}} = \frac{1}{n!} f^{(n)}(a).$$

Das sind übrigens gerade die Koeffizienten in der »formalen Taylorreihe« $\sum \frac{f^{(n)}(a)}{n!}(z-a)^n$ (zunächst noch ohne Konvergenzbeweis und Restgliedabschätzung).

8. (I) Diese formale Taylorreihe konvergiert für alle $|z-a| < r$; das folgt aus der Abschätzung in 7 nach dem in 6 benutzten Argument:

$$\frac{|f^{(k)}(a)|}{k!} \leqslant \frac{1}{2\pi}\cdot\frac{M}{r^{k+1}}\cdot 2\pi r = \frac{M}{r^k} \text{ für alle } k \in \mathbb{N} \text{ mit } M := \max_{|z-a|=r} |f(z)|$$

und dem Majorantenkriterium 4.3.4.8 mit der geometrischen Reihe

$$M\cdot\sum\left(\frac{x}{r}\right)^k = \frac{M}{1-x/r} \quad \text{für alle } x := |z-a| < r.$$

(II) Das Restglied R_n geht für alle $|z-a| < r/2$ gegen 0; in einer Kreisscheibe um a konvergiert also die Taylorreihe gegen $f(z)$.

Beweis: Zunächst gibt 4.2.7.9:

$$|R_n(a;h)| \leqslant \frac{|h|^n}{n!} \sup_{0\leqslant\vartheta\leqslant 1} |f^{(n)}(a+\vartheta h)|.$$

Da der Kreis um $a+\vartheta h$ mit Radius $r-|h|$ für alle $\vartheta \in [0;1]$ innerhalb K_r verläuft, ist

$$\frac{1}{n!}|f^{(n)}(a+\vartheta h)| \leqslant \frac{1}{(r-|h|)^n}\max_{|z|\leqslant r}|f(z)|$$

Zumindest für $|h| < r/2$, also $\frac{|h|}{r-|h|} < 1$, geht $R_n \to 0$.

9. *Folgerungen*

Ist f differenzierbar auf $\mathbb{C}$ und ist f *beschränkt*, d.h. $\sup_{z\in\mathbb{C}}|f(z)| = M < \infty$, so ist f *konstant*. (An jeder beliebigen Stelle $a \in \mathbb{C}$ gilt $|f'(a)| \leqslant M/r$ für beliebig große r; das ist nur für $f'(a) = 0$ möglich, aus $f' \equiv 0$ folgt aber $f = \text{const.}$)

(Hauptsatz der Algebra) Ist f Polynom ohne Nullstelle, dann ist $1/f$ beschränkt durch $[\min_{z\in\mathbb{C}}|f(z)|]^{-1}$ und differenzierbar; also ist $1/f$, daher auch f, konstant.

Ist f differenzierbar auf $\mathbb{C}$ und ist $\dot{f}$ beschränkt, so ist f *Funktion 1. Grades*. (Man zeige: $\ddot{f} = 0$.)

10. *Folgerung*

Wir können jetzt 5.4.2.4 (vi)/5 begründen:

Stimmen zwei differenzierbare Funktionen $f,g: A \to \mathbb{C}$ (A offene zusammenhängende Teilmenge von $\mathbb{C}$) in einem Punkt $a \in A$ in allen Ableitungen überein, dann stimmen f und g auf ganz A überein. Diese Bedingung ist insbesondere erfüllt, wenn f und g auf einer Kreisscheibe $\{|z - a| \leqslant \delta\}$ mit $\delta > 0$ oder auf einer Geraden durch a übereinstimmen (dann kann man nämlich alle Ableitungen in a eindeutig ermitteln).

Beweis (durch Widerspruch):

Sei B das Innere des Gebietes, auf dem $f = g$ ist. B ist nicht leer, da die gemeinsame Taylorreihe gemäß 8 in einer kleinen Scheibe um $z = a$ sowohl f als auch g darstellt. Sei b auf dem Rand von B, aber im Inneren von A; alle Ableitungen $f^{(k)}, g^{(k)}$ sind stetig auf A und stimmen auf B überein, also auch noch in b; daher stimmen auch noch die Taylorentwicklungen von f und g um b überein; wegen 8 kann dann also auch b nicht auf dem *Rand* von $\{f = g\}$ liegen.

11. *Folgerung:* Sei f auf $B \subset \mathbb{C}$ definiert und dort differenzierbar. Sei $a \in B$ und r der Radius des größten Kreises um a, dessen Inneres in B enthalten ist, $r := \sup\{q \in \mathbb{R}_0^+ \mid |z - a| < q \Rightarrow z \in B\}$. Dann hat die Taylorreihe $\sum \frac{f^{(k)}(a)}{k!}(z - a)^k$ einen Konvergenzradius $\rho \geqslant r$ und konvergiert für für alle $|z - a| \leqslant r$ gegen f.

(Die Größe des Konvergenzradius folgt aus 8; die Übereinstimmung mit f aus 10; denn Taylorreihen sind gemäß 4.3.4.22 differenzierbar.)

Bemerkung: Diese Aussage gilt nicht im Reellen; selbst wenn man „differenzierbar" durch „analytisch" ersetzt.

Gegenbeispiel:

$f: x \mapsto \frac{1}{1 + x^2}$ ist für alle $x \in \mathbb{R}$ in eine Taylorreihe entwickelbar, aber die Reihe um $x = 0$ konvergiert nur für $|x| < 1$. Man sieht sofort den Grund, wenn man auf $\mathbb{C}$ übergeht: f hat zwei Polstellen bei $z = \pm i$, also kann die Taylorreihe für $|z| > 1$ nicht konvergieren.

12. *Bemerkung:* Neben Kurvenintegralen kann man auch Integrale über Bereiche $B \subset \mathbb{C}$ definieren, etwa als

$$\int_B f \mathrm{d}\mu = \int_B (u + iv)\mathrm{d}x \cdot i\mathrm{d}y = -\int_B v\mathrm{d}x\mathrm{d}y + i\int u\mathrm{d}x\mathrm{d}y.$$

In diesem Sinne kann man sprechen von komplexen Funktionen, die über einen Bereich B *„integrierbar"* (»summierbar«) sind (etwa alle stetigen Funktionen $f: \mathbb{C} \to \mathbb{C}$ sind dies). Eine Theorie solcher Integrale ist überflüssig, da gegenüber der Integration auf $\mathbb{R}^2$ (bzw. $\mathbb{E}_2$) kein neuer Gesichtspunkt auftritt. Insbesondere ergibt sich kein Zusammenhang mit der komplexen Linearität bzw. Differenzierbarkeit, wie er durch Satz 5.4.2.4 für die Kurvenintegrale hergestellt wird.

6. Gewöhnliche Differentialgleichungen

Grundprobleme: Existenz der Lösung des Anfangswertproblems bei expliziten Differentialgleichungen; Struktur der Lösungsmenge bei linearen Differentialgleichungen.

Viele Beispiele zu Differentialgleichungen 1. Ordnung und linearen Differentialgleichungen mit konstanten Koeffizienten.

6.0.1 Motivation

1. Wir haben bereits mit den (reellen) Zahlen mathematische Entsprechungen von *physikalischen Meßergebnissen* bzw. mit (reellen reellwertigen) Funktionen mathematische Entsprechungen von *physikalischen Größen* (und ihre Abhängigkeit voneinander) gefunden. Integrale und Ableitungen ermöglichen die Beschreibung von physikalisch meßbaren Größen und ihren Änderungen durch mathematisch einfach behandelbare Punktfunktionen („Dichten in Abhängigkeit von Orts- und Zeitpunkten"). Jetzt soll das mathematische Hauptfilfsmittel zur Beschreibung *physikalischer Gesetze* vorgeführt werden.

Grob gesprochen ist ein physikalischer Vorgang dadurch gekennzeichnet, daß eine (oder mehrere) physikalische Größe(n) die *Änderung einer anderen Größe* (oder mehrerer) auf eine regelmäßige Art und Weise bewirken. Das mathematische Schema, in dem die Beschreibung eines solchen Vorgangs erfolgt, ist eine Gleichung (oder ein System von Gleichungen), die eine *Ableitung der gesuchten Funktion* mit den Werten der vorgegebenen Größen und ggf. der gesuchten Funktion selbst verknüpft. (Differenziert wird meistens nach der Zeit, manchmal nach den Ortskoordinaten, je nachdem ob eine zeitliche oder räumliche Änderung bewirkt wird; häufig treten auch höhere Ableitungen auf.)

2. Bei einer Beschreibung komplizierter Verhältnisse würde man die vielen physikalischen Größen und ihre Wechselbeziehungen durch ein ungeheuer großes System von miteinander gekoppelten Gleichungen angeben müssen, in denen Ableitungen nach Ort und Zeit und ggf. internen Zustandsparametern auftreten. Um der Lösbarkeit willen muß man die Verhältnisse idealisieren; das geschieht

- durch das Vernachlässigen der Rückwirkung der Änderung einer Größe auf die diese Änderung bewirkenden Einflüsse (*Entkoppeln*),
- durch *Linearisieren* von komplizierten Abhängigkeitsverhältnissen,
- durch Betrachtung von sehr einfachen und hoch*symmetrischen* Verhältnissen (dann wird die Zahl der betrachteten Größen und die Zahl der unabhängigen Variablen – Ort und Zeit usw. – möglichst klein).

Glücklicherweise sind die derartig zurechtgestutzten, jetzt in geschlossener Form lösbaren oder wenigstens numerisch behandelbaren Gleichungen immer noch in der Lage, viele interessante Vorgänge recht präzise zu beschreiben. Diese Vereinfachungsverfahren werden später in einigen Fällen exemplarisch betrachtet; hier zunächst einige recht simple, aber typische

3. *Beispiele:*

(i) Die Abkühlung eines Gegenstandes der Temperatur $T(t)$ in einer Umgebung der Temperatur T_0 geschieht nach folgendem Gesetz:

Der Wärmeabfluß (=: Wärmekapazität mal Temperaturverlust = $-C \cdot \mathrm{d}T/\mathrm{d}t$) ist abhängig vom Wärmeunterschied zur Umgebung $(T - T_0)$, wobei Proportionalität: $\frac{\mathrm{d}T}{\mathrm{d}t} = -\frac{f}{C}(T - T_0)$ (Wärmeleitfähigkeit f) angenommen wird. Vernachlässigt wird hier die Änderung der Umgebungstemperatur T_0 durch den Wärmezufluß aus dem Körper (Entkopplung) sowie die Änderung des Zustandes des Körpers und damit auch der Wärmekapazität bei sich ändernder Temperatur (Linearisierung).

(ii) Die auf einen Massenpunkt (Masse m) wirkende Kraft $\boldsymbol{F}$ verursacht eine Änderung des Impulses $\boldsymbol{p} = m \cdot \boldsymbol{v} = m\dot{\boldsymbol{s}}$; daher kann man das Problem beschreiben durch:

(a) das System von Gleichungen $\dot{\boldsymbol{p}} = \boldsymbol{F}(t,\boldsymbol{s},\boldsymbol{p})$; $\dot{\boldsymbol{s}} = \frac{1}{m}\boldsymbol{p}$ oder durch

(b) die Gleichung $\ddot{\boldsymbol{s}} = \frac{1}{m}\boldsymbol{F}(t,\boldsymbol{s},m\dot{\boldsymbol{s}})$.

Zu (b) kann $(b')\, \dot{\boldsymbol{s}} = \frac{1}{m}\boldsymbol{p}$ hinzugefügt werden; es dient dann als Definition von $\boldsymbol{p}$.

Die in der „Mechanik der Massenpunkte“ benutzten Idealisierungen werden offenkundig, wenn man sich konkrete Beispiele ansieht; ein drastisches ist der Fall, daß die Erde als *Punkt* behandelt wird im Gravitationsfeld der als *ruhend* angenommenen Sonne.

$$\ddot{\boldsymbol{s}} = -\gamma \cdot \frac{M}{r^2} \cdot \frac{1}{r}\boldsymbol{s} \quad (M \text{ Sonnenmasse}, \gamma \text{ Gravitationskonstante})$$

$-\frac{1}{r}\boldsymbol{s}$ ist der Einheitsvektor am Ort der Erde, der in Richtung auf die Sonne zeigt.

$\boldsymbol{s} = (x^1, x^2, x^3)$, $r = \|\boldsymbol{s}\| = \sqrt{(x^1)^2 + (x^2)^2 + (x^3)^2}$.

Jede Lösung $\boldsymbol{s}(t)$ erfüllt übrigens die Beziehung

$$\frac{m}{2}\left((\dot{\boldsymbol{s}}|\dot{\boldsymbol{s}}) - 2\gamma\frac{M}{r}\right) = \text{const.},$$

die besagt, daß die Summe von kinetischer und potentieller Energie konstant ist.

(Achtung, die Beziehung ist nicht einfach eine Bestimmungsgleichung für $\dot{\boldsymbol{s}}$, da die Konstante auf der rechten Seite zunächst unbestimmt ist; man kann sie ermitteln, wenn man den Anfangszustand, also $\boldsymbol{s}(0)$ und $\dot{\boldsymbol{s}}(0)$ kennt.)

Zum Beweis differenziere man diese Beziehung unter Berücksichtigung von:

$$\frac{\mathrm{d}}{\mathrm{d}t}\left(\frac{1}{r}\right) = -\frac{1}{r^2}\cdot\sum_{k=1}^{3}\partial_k r\,\frac{\mathrm{d}x^k}{\mathrm{d}t} = -\frac{1}{r^2}\sum_{k=1}^{3}\frac{x^k}{r}\cdot\frac{\mathrm{d}x^k}{\mathrm{d}t} = -\frac{1}{r^2}\cdot\frac{1}{r}(\boldsymbol{s}|\dot{\boldsymbol{s}})$$

und von $(\dot{\boldsymbol{s}}|\dot{\boldsymbol{s}})^{\cdot} = (\ddot{\boldsymbol{s}}|\dot{\boldsymbol{s}}) + (\dot{\boldsymbol{s}}|\ddot{\boldsymbol{s}}) = 2(\ddot{\boldsymbol{s}}|\dot{\boldsymbol{s}})$.

(iii) Die Gleichung für Bewegungen elastischer Medien („Wellengleichung") kann man sich auf folgende Art plausibel machen [Abb. 6.1; Eindimensionales Medium „schwingende Saite"; transversale Wellen]: Teilchen im jeweiligen x-Abstand Δx mit Masse m können in u-Richtung (senkrecht zur x-Richtung) ausgelenkt werden. Die Kräfte zwischen benachbarten Teilchen bewirken dann das „elastische" Verhalten des Körpers. Wir berücksichtigen nur Kraftkomponenten in u-Richtung; wirkt das i-te Teilchen auf das $(i-1)$te mit der Kraft $\boldsymbol{F}_i$, so wirkt das $(i-1)$te Teilchen auf das i-te mit der Kraft $-\boldsymbol{F}_i$. Wir setzen an, daß $\boldsymbol{F}_i$ proportional zur Differenz der Auslenkungen dieser beiden Teilchen ist, also proportional zum Anstieg $\frac{\Delta u}{\Delta x}$ der Verbindungslinie beider Teilchen:

$$\boldsymbol{F}_i = \frac{E}{\Delta x}(u_i - u_{i-1}) \text{ (mit der Elastizitätskonstanten } E\text{)}.$$

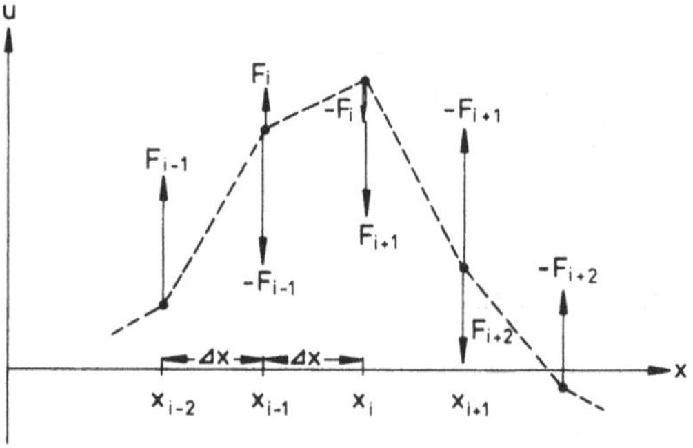

Abb. 6.1. Ein eindimensionales elastisch gekoppeltes Punktgitter als diskretes Modell für ein Medium, in dem sich Wellen ausbreiten können (Transversalwellen)

Wir haben also:

$$m \cdot \ddot{u}_i = -\boldsymbol{F}_i + \boldsymbol{F}_{i+1}.$$

Geht man zu dem Grenzfall des kontinuierlichen Mediums über: $\Delta x \to 0$; $\frac{m}{\Delta x}$ (die Masse pro Länge = Dichte) $\to \rho$, so erhält man:

$$\boldsymbol{F}_i \to E\partial_x u_i, (\boldsymbol{F}_{i+1} - \boldsymbol{F}_i)/\Delta x \to \partial_x F = E\partial_x\partial_x u, \text{ also}$$

$$\rho\frac{\partial^2 u}{\partial t^2} = E\frac{\partial^2 u}{\partial x^2}.$$

Betrachtet man die elastische Bindung in einem dreidimensionalen Medium, erhält man:

$$\rho\frac{\partial^2 u}{\partial t^2} = E\left(\frac{\partial^2 u}{\partial x^2} + \frac{\partial^2 u}{\partial y^2} + \frac{\partial^2 u}{\partial z^2}\right).$$

(iv) Auf das mathematische Pendel (Massenpunkt m am gewichtslosen Faden der festen Länge l aufgehängt, vgl. Abb. 6.2) im Erdanziehungsfeld wirkt eine Kraft vom Betrag $g \cdot m$ senkrecht nach unten. Die Bewegung wird also durch eine Kraft des Betrages $g \cdot m \cdot \sin\varphi$ verursacht; der »Rest« vom Betrage $g \cdot m \cdot \cos\varphi$ in Richtung des Fadens wird von diesem »aufgefangen«.

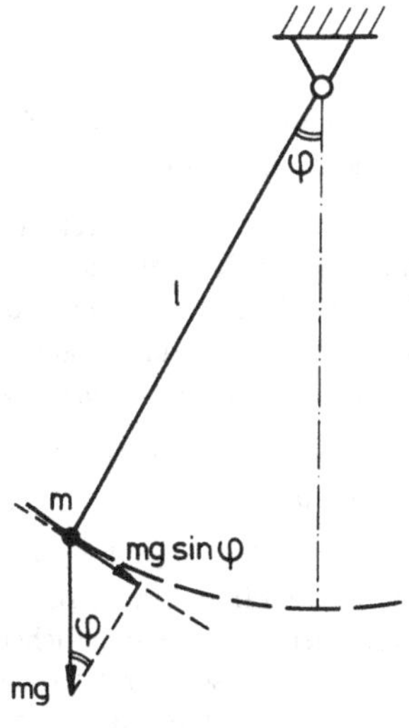

Abb. 6.2. Das mathematische Pendel

Der Weg ist $l \cdot \varphi$ (φ im Bogenmaß natürlich)

$$ml \cdot \ddot{\varphi} = -mg \cdot \sin\varphi,$$

Für kleinere Winkel φ setzt man näherungsweise:

$\sin\varphi \approx \varphi$ also: $l\ddot{\varphi} + g\varphi = 0$.

Berücksichtigung der Dämpfung durch Reibung erfolgt durch die (in der Realität nur recht ungenau erfüllte) Proportionalität zur Geschwindigkeit $k \cdot \dot{\varphi}$, man erhält dann die linearisierte „Schwingungsgleichung"

$$l\ddot{\varphi} + k\dot{\varphi} + g\varphi = 0.$$

Zur Genauigkeit der Näherung $\sin\varphi \approx \varphi$, vgl. 4.3.5.12. Es ist klar, daß für Maximalwerte von φ nahe $\frac{\pi}{2}$ diese Näherung zu ungenauen (und nach vielen Schwingungsperioden zu grob falschen) Ergebnissen führt; Vorgänge bei über $\pi/2$, bei denen der Faden einknicken kann, da er nur gegen Zug, nicht gegen Druck stabil ist oder bei denen eine einsinnige Rotation anstatt einer Schwingung vollführt wird, unterscheiden sich qualitativ von den Lösungen dieser »linearisierten Gleichung«.

6.0.2 Klassifikation

DGl ist Abkürzung für Differentialgleichung, AW (AWP) für Anfangswert(problem).

Man unterscheidet:

1. *Einzel-DGl:* Eine Gleichung mit einer gesuchten Funktion und deren Ableitung(en); Beispiel (i) aus 6.0.1.3.

2. *DGls-System:* Ein System von Gleichungen (mit im allgemeinen mehreren gesuchten Funktionen); Beispiel (ii a) mit insgesamt 6 Gleichungen für die s^k, p^k ($k = 1,2,3$). Tritt in jeder Gleichung nur jeweils eine gesuchte Funktion mit ihren Ableitungen auf, ist das System *entkoppelt.* (Es handelt sich dann um mehrere Einzel-DGlen.)

3. Eine *Gewöhnliche DGl* enthält nur gesuchte Funktion(en) mit einer unabhängigen Variablen; Beispiele (i, ii).

4. Eine *Partielle DGl* enthält Ableitungen der gesuchten Funktion(en) nach mehreren unabhängigen Veränderlichen; Beispiel (iii). (Ist die gesuchte Funktion zwar von mehreren Veränderlichen abhängig, treten aber nur Ableitungen nach einer dieser Veränderlichen auf, kann man die übrigen als Parameter ansehen und hat eine Schar gewöhnlicher DGlen, die von Parametern abhängig ist.)

5. Die *Ordnung* einer DGl ist die höchste Ordnung der auftretenden Ableitungen; die Ordnung ist eine natürliche Zahl $\geqslant 1$; Beispiel (i): 1. Ordnung, Beispiele (ii b), (iii): 2. Ordnung. (Bei Systemen ist der Begriff Ordnung problematisch, vgl. Beispiel (ii): Das System (b,b') hat eine DGl 1. und eine 2. Ordnung, das äquivalente System (a) enthält zwei DGlen 1. Ordnung; bei Einzel-DGlen kann man die Ordnung durch Differenzieren formal erhöhen, erhält dann aber zusätzliche Lösungen, die gegenüber denen der ursprünglichen DGl einen weiteren freien Parameter enthalten.

Hätte man eine DGl 0. Ordnung, träten also keine Ableitungen auf, spricht man nicht von einer DGl, sondern von einer Funktionalgleichung; DGlen der Ordnung ∞ sind möglich, werden aber hier nicht betrachtet.

6. Eine gewöhnliche Einzel-DGl n-ter Ordnung ist also gegeben durch eine Funktion mit $n+2$ Variablen:

$$F(t,x_0,x_1,\ldots,x_n)$$

und die Forderung an eine *Lösung* $u(t)$, die Gleichung

$$F(t,u(t)\dot{u}(t),\ddot{u}(t),\ldots,u^{(n)}(t))=0$$

für alle t (aus dem betrachteten Bereich) zu erfüllen.

7. Ist die Gleichung $F(\ldots)=0$ nach x_n aufgelöst:

$$x_n = f(t,x_0,\ldots,x_{n-1})$$

bzw. $u^{(n)}(t) = f(t,u(t),\dot{u}(t),\ldots,u^{(n-1)}(t)),$

so heißt die DGl *explizit.*

8. *Warnung:* Unterscheiden Sie bitte:

$F(t,x_0,\ldots,x_n)$ ist ein Ausdruck in $n+2$ unabhängigen Variablen;

$F(t,u(t),\ldots,u^{(n)}(t))$ ist ein Ausdruck, der von *einer* unabhängigen Variablen t abhängt;

$F(t,u(t),\ldots,u^{(n)}(t))=0$ soll nicht als eine Bestimmungsgleichung für »Nullstellen« t aufgefaßt werden, sondern als eine Bestimmungsgleichung für eine Funktion $u(t)$, die die Gleichung für *alle* t erfüllen soll.

9. Ist der Ausdruck F von 1. Grade in den x_i, hat also die Form

$$F(t,x_0,x_1,\ldots,x_n) \equiv \sum_{k=0}^{n} f_k(t)\cdot x_k - g(t),$$

so heißt die DGl *linear*; ist hierin $g(t) \equiv 0$ für alle betrachteten t, so heißt die DGl *linear homogen**).

Das Vorzeichen „–" bei $g(t)$ ist für die physikalische Deutung als *Störfunktion* in der Gleichung $\Sigma_k f_k(t) u^{(k)}(t) = g(t)$ natürlich. Man beachte, daß es bei nichtlinearen DGlen sinnlos ist, von einem Störglied oder von Homogenität zu sprechen.

Sind die Koeffizienten f_k konstant (g mag weiterhin beliebig von t abhängen), so spricht man von einer *linearen DGl mit konstanten Koeffizienten.*

10. *Achtung:* Nicht nur die Lösungen der einfachsten Klasse von DGlen: $\dot{u} = f(t)$, die „Stammfunktionen" werden häufig als Integrale bezeichnet, sondern auch die Lösungen aller DGlen. Schließlich heißen auch alle Beziehungen „Integrale", die die unbekannte Funktion und Ableitungen von ihr bis zu einer Ordnung, die kleiner ist als die Ordnung der DGl, enthalten; Beispiel: das „Energieintegral" in 6.0.1.3(ii). In diesem Buch schließen wir uns diesem Sprachgebrauch nicht an, um die Begriffs- und Bezeichnungskonfusion bei „Integral" möglichst klein zu halten.

Die Gesamtheit aller Lösungen einer DGl heißt oft *„allgemeine Lösung"* (was logisch-grammatisch falsch ist, da es sich nicht um eine Lösung, sondern um eine Menge von Lösungen handelt). Eine Lösung einer DGl heißt dann *spezielle* oder *partikuläre Lösung.*

11. *Ankündigung.* In diesem Kapitel werden wir uns auf *gewöhnliche* DGlen beschränken und dabei zwei Klassen gründlicher betrachten:

Explizite DGlen 1. Ordnung als der mathematisch einfachste Typ. An diesen soll die Struktur der Menge der Lösungen einer DGl zunächst geometrisch-anschaulich gedeutet werden. Die Ergebnisse werden dann durch einige Existenz- und Eindeutigkeitssätze abgesichert. Exemplarisch für viele Beweise und für die Grundkonzepte vieler numerischer Verfahren werden diese Sätze bewiesen und ihre Verallgemeinerungen auf andere Klassen von DGlen formuliert.

Lineare DGlen (hauptsächlich 2. Ordnung) als der für physikalische Anwendungen wichtigste Typ. Einige Sätze über die Menge der Lösungen zeigen die Analogie zu den Lösungsmengen von linearen Gleichungen bzw. Systemen in der linearen Algebra. Für explizit lösbare Spezialfälle wird die allgemeine Lösung gewonnen und untersucht, durch welche Bedingungen eindeutig eine spezielle Lösung gekennzeichnet werden kann.

---

*) Leider wird häufig eine Klasse von DGlen, die nichts mit obiger zu tun hat, als *homogene* DGl bezeichnet, vgl. 6.1.2.4.

6.1 Gewöhnliche Explizite DGlen 1. Ordnung

6.1.1 Richtungsfeld und Integralkurven

Die geometrische Deutung der Graphen der Lösungen als »Stromlinien«
Wer im Hinblick auf Anwendungen nur an den Lösungen linearer DGlen interessiert ist, kann diesen Abschnitt zunächst überschlagen. Wenn er dann verstehen will, was das Besondere an linearen DGlen ist bzw. was sie mit der allgemeinen DGlen gemeinsam haben, warum die Lösungsmenge eine bestimmte „Größe" und eine Stetigkeitsstruktur hat, sollte die Lektüre nachholen.

1. Einerseits lassen die expliziten DGlen 1. Ordnung bereits in wesentlichen Punkten das Verhalten der Lösungen allgemeinerer DGlen erkennen, andererseits sind sie noch durch einfache graphische Darstellungen anschaulich faßbar. Dem ersten dieser beiden Aspekte werden wir in 6.1.3 nachgehen. Der zweite beruht ganz schlicht darauf, daß der Term, der die DGl charakterisiert (6.0.2.6/7)

$$F(t;x_0,\dots,x_n) \quad \text{bzw.} \quad f(t;x_0,\dots,x_{n-1})$$

nur in diesem speziellen Fall $f(t;x)$ als Funktion *zweier* Variabler auf einem Blatt Papier einfach darstellbar ist. Wie bei den Vektoren haben wir hier einen typischen Fall mathematischer Veranschaulichung: An einem, tatsächlich konkret durch »Bilder« erfaßbaren Fall werden Eigenschaften aufgezeigt, die bei Verallgemeinerung (auf eine höhere Zahl von „Dimensionen") erhalten bleiben.

2. Beginnen wir mit Beispielen; vgl. Abb. 6.3.
Die DGl lautet jeweils $\dot{u}(t) = f(t;u(t))$, wobei wir als $f(t;x)$ wählen:

(i) $-t \cdot x$ (ii) $\sqrt{|t-x|}$ (iii) $-2t \cdot x^2$ (iv) $3 \cdot \sqrt[3]{x^2}$ (v) $\dfrac{t}{x}$

(vi) $\dfrac{1}{3\sqrt[3]{t^2}} = \dfrac{1}{3}|t|^{-2/3}$.

Wir zeichnen die Funktion f jeweils in ein t,x-Diagramm ein, indem wir an jeden*) Punkt (t,x) den Wert der Funktion f heranschreiben. Das geschieht zweckmäßigerweise (nicht notwendigerweise) dadurch, daß wir alle Punkte mit gleichem Wert von f verbinden und die so erhaltenen Kurven – die man *Isoklinen* nennt – mit diesem Wert bezeichnen.

---

*) Nein, natürlich nicht an alle, aber an so viele, daß wir eine Vorstellung über den Verlauf haben.

(i)

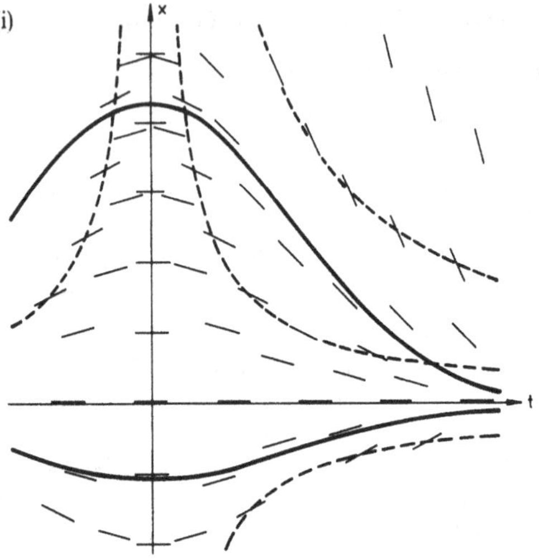

Abb. 6.3 (Legende siehe Seite 122)

(ii)

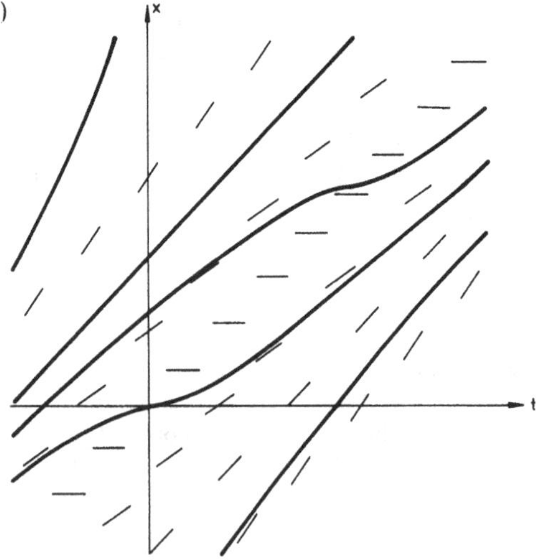

Abb. 6.3 (Legende siehe Seite 122)

(iii)

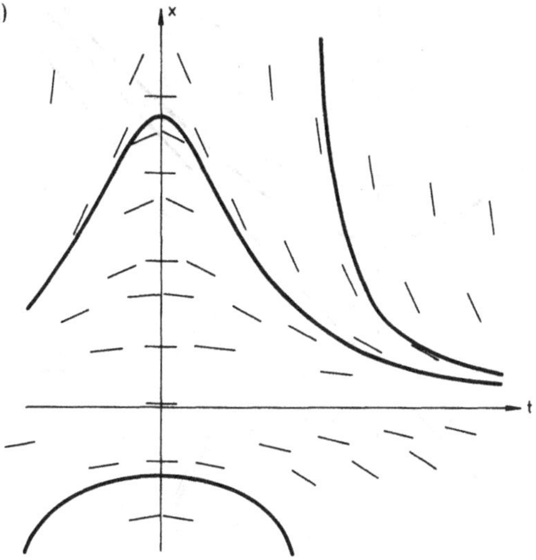

(iv)

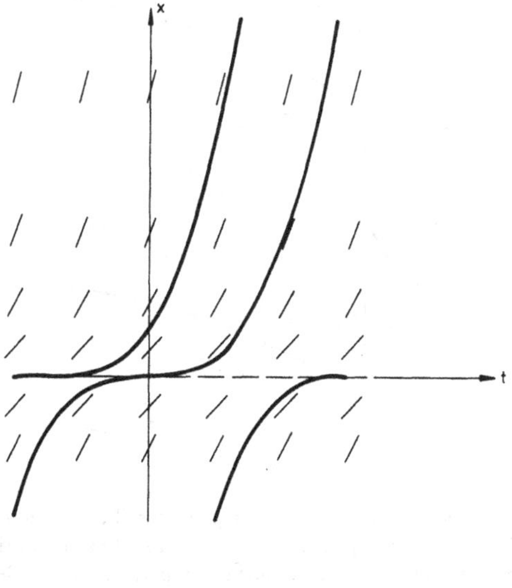

(v)

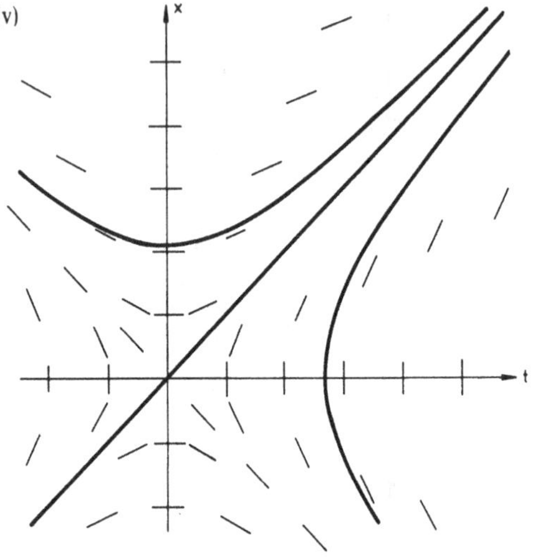

(vi)

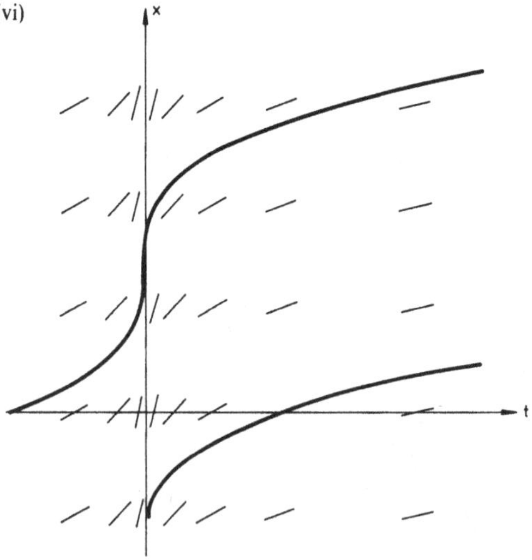

Abb. 6.3. Die Richtungsfelder und einige Integralkurven (im Bereich $t, x \in [-0{,}5; 2{,}5]$) zu den Beispielen (i) bis (vi). In Bild (i) sind gestrichelt einige Isoklinen eingezeichnet; die Isoklinen von (ii, iv, v, vi) sind Geraden

Wir haben hier nicht die übliche graphische Darstellung wie bei einer Funktion von *einer* Variablen durch einen Graphen im $t, f(t)$-Diagramm; wollte man dies tun, müßte man im Raume eine $f(t,x)$-Achse zusätzlich errichten, der Funktionsgraph wäre dann eine »gebirgige« Fläche über der x,t-Ebene und unsere Isoklinen wären die »Höhenlinien«. Die Lösungen der DGl $u(t)$ sind hingegen Funktionen einer Variablen, können also als Graphen in unser Diagramm eingezeichnet werden, wenn wir unsere x-Variablenachse als $u(t)$-Funktionsachse uminterpretieren.

3. Die DGl $\dot{u}(t) = f(t;u(t))$ besagt »geometrisch«, daß der Graph einer Lösung $x = u(t)$, wenn er durch einen Punkt (t,x) unseres Diagramms geht, dort den Anstieg $f(t,x)$ hat. Daher fahren wir in der Konstruktion unseres Bildes fort wie folgt:

An hinreichend viele Punkte (t,x) wird ein Geradenstückchen mit dem Anstieg $f(t;x)$ gezeichnet (im Gegensatz zu einem Vektorfeld kommt es bei diesem *Richtungsfeld* nicht auf die Länge dieser Stückchen an); insbesondere sind diese Geradenstückchen für die Punkte auf einer „Isoklinen" alle parallel. Dann werden Linien eingezeichnet, die in jedem ihrer Punkte diese Geradenstückchen tangieren; diese *Integralkurven* sind dann Graphen von Funktionen $x = u(t)$ mit $\dot{u}(t) = f(t;u(t))$, also Lösungen der DGl.

Achtung: Wir haben jetzt in einem Bild auf zwei prinzipiell verschiedene Weisen Funktionen graphisch dargestellt (vgl. 1.3.5.6); die Funktion $f(t,x)$ durch Anschreiben der Werte an die Punkte (bzw. die „Iso-Linien", hier „Isoklinen", das bedeutet „Kurven gleichen Anstiegs"), die Funktionen $u(t)$ durch ihren Graphen $\{(t,x) \in \mathbb{R}^2 | x = u(t)\}$, die „Integralkurven".

Bei diesen Richtungsfeld-Integralkurven-Bildern [Abb. 6.3] ergeben sich einige Beobachtungen und Fragen, die einer näheren Betrachtung wert sind.

4. In allen diesen Fällen gibt es viele Integralkurven, d. h. Lösungen $u(t)$. Diese Vieldeutigkeit kennen wir schon von der DGl: $\dot{u}(t) = f(t)$, d. h. der Ermittlung der Stammfunktionen. Auch wissen wir von den physikalischen Vorgängen, daß wir bestimmte *Anfangswerte* frei wählen können (Beispiel 6.0.1.3 (i): Die Anfangstemperatur $T(t_0)$). Daher stellt man üblicherweise, um eine einzelne Lösung festzulegen, das

Anfangswertproblem AWP: Gesucht wird diejenige Lösung der DGl, die zu einem gewissen Zeitpunkt t_0 den vorgeschriebenen Wert $u(t_0) = x_0$ annimmt.

5. Es sieht so aus, daß durch jeden Punkt, in dem f definiert und stetig ist, (mindestens) eine Integralkurve gezogen werden kann.

6. Es ist aber nicht auf den ersten Blick erkennbar, ob nicht einige Integralkurven zusammenlaufen: Dann würde durch einen Punkt mehr als eine Integralkurve gehen. Bei den Beispielen (i, iii, iv) ist offenbar jeweils die t-Achse eine Integralkurve, und die anderen Integralkurven nähern sich in einer Richtung dieser Kurve an; es ist also die Frage, ob sie für endliche Werte von t den Wert $u = 0$ annehmen oder sich nur asymptotisch nähern.

Im einfachsten Falle $\dot{u} = f(t)$, also wenn f von x unabhängig ist, sind die Lösungen die Stammfunktionen von $f(t)$; diese sind eindeutig, wenn man für ein t_0 den Wert $u(t_0)$ festlegt (das war über den Schrankensatz in 4.2.5.7 gezeigt worden); die Integralkurven behalten immer den gleichen Abstand in u-Richtung (da sich die Stammfunktionen um Konstanten unterscheiden). Die Verzweigungen von Integralkurven, wie sie anscheinend (und wie gezeigt wird auch tatsächlich) im Falle (iv) auftreten, hängen mit der »Stärke der Abhängigkeit« des Richtungsfeldes f von x ab; tatsächlich hat $\partial_x f(t;x)$ im Falle (iv) einen Pol für $x = 0$.

7. Offenbar enden die Integralkurven in keinem Punkt im Innern des Bereiches, in dem f stetig ist, aber es mag sein, daß sie nicht für jeden Wert von t existieren, d. h. für beschränkte t-Werte aus der $t - x$-Ebene »herauslaufen«. (Das liegt im Beispiel (iii) vor.)

8. Im Fall (v) hat f eine Polstelle für $x = 0, t \neq 0$; man kann das Richtungsfeld auf die t-Achse stetig fortsetzen: die Richtung ist dann parallel zur x-Achse, der Anstieg also ∞, d. h. eine Integralkurve, die einen Punkt auf der t-Achse erhält, gehört zu keiner differenzierbaren Funktion, kann also keine Lösung der DGl sein. Als Kurven, tangential zu diesem Richtungsfeld, kann man sie allerdings fortsetzen, sogar durch die t-Achse hindurch (es sind Hyperbeläste), die aber wegen des zweifachen Schneidens von $\{t = \text{const}\}$-Linien keine Funktionsgraphen sind.

9. Die Richtungsfelder zu (iv) und (vi) gehen auseinander hervor durch Spiegeln an der $\{x = t\}$-Geraden (Vertauschen von x- und t-Achse); dabei geht die Integralkurve $u(t) \equiv 0$ aus (iv) in die x-Achse über, ist also kein Funktionsgraph. Die anderen Integralkurven, die in (vi) die x-Achse schneiden, haben dort auch den Anstieg unendlich, gehören also zwar zu stetigen, aber nicht differenzierbaren Funktionen, die daher keine eigentlichen Lösungen der DGl für $t = 0$ darstellen. Oft ist es aber zweckmäßig, solche Funktionen als »Lösungen« mit zuzulassen:

$$\frac{1}{3}\int_{t_0}^{t} \tilde{t}^{-2/3} d\tilde{t} = \sqrt[3]{t} - \sqrt[3]{t_0}, \text{ genauer: } \operatorname{sgn}(t) \cdot |t|^{1/3} - \operatorname{sgn}(t_0) \cdot |t_0|^{1/3}$$

existiert als Integral auch über $\tilde{t} = 0$ hinweg, ist aber wegen der Polstelle des Integranden dort keine Stammfunktion.

10. Isoklinen können auch gleichzeitig Integralkurven sein; das ist genau dann der Fall, wenn sie Geraden mit Anstieg m sind und $f(t;x) = m$ auf ihnen gilt, etwa in Beispiel (v) die Strahlen $\{x = \pm t; t \neq 0\}$.

11. *Bemerkung* (für Leser, die Kap. 4.2 gelesen haben): In der graphischen Darstellung im Richtungsfeld wird die Beziehung der Differentialgleichung zur Definition der Ableitung als „lineare Näherung" deutlich.

Die Punkte längs des Graphen $x = u(t)$ durch (t_0, x_0) erfüllen:

$$h \mapsto \begin{cases} t = t_0 + h \\ x = x_0 + u'(t_0, x_0) \cdot h + o(h). \end{cases}$$

Die Punkte längs des »Geradenstückchens« durch den Punkt (t_0, x_0) mit Anstieg f erhält man als

$$h \mapsto \begin{cases} t = t_0 + h \\ x = x_0 + f(t_0, x_0) \cdot h. \end{cases}$$

Ist die DGl $\dot{u}(t_0) = f(t_0, x_0)$ erfüllt, ist dies die Tangente an $x = u(t)$.

12. *Hinweis:* Auch das Umkehrproblem wird oft betrachtet: Gegeben eine Kurvenschar (*) $u(t) = \varphi(t; C)$ mit Scharparameter C; Frage: gibt es eine DGl, deren Lösungen diese Kurven als Graphen haben? Die Theorie dieses Problems ist recht schwierig und für Anwendungen nicht sehr bedeutend. Man kommt in vielen einfachen Fällen aber ohne weiteres zum Ziel: (1) man versuche (*) nach C aufzulösen: $C = C(t; u)$; (2) man differenziere (*): $\dot{u} = \frac{\partial \varphi}{\partial t}(t; C) = \frac{\partial \varphi}{\partial t}(t; C(t; u))$, das hat die gewünschte Gestalt $\dot{u} = f(t; u)$. Überlegen Sie sich einige notwendige geometrische Bedingungen an die Kurvenschar u und probieren Sie es für ein paar einfache Fälle!

Beispiele: (i) Die Schar der Parabeln:

$$x = c \cdot t^2 + c, \; c = x/(t^2 + 1), \; \dot{x} = 2ct = 2xt/(t^2 + 1).$$

(ii) Die Kreise, die die t-Achse in (0;0) tangieren:

$$(x-c)^2+t^2=c^2,\ c=(t^2+x^2)/2x,\ \dot{x}=\frac{-t}{x-c}=\frac{2tx}{t^2-x^2}.$$

An den Geraden $x = \pm t$ wird der Anstieg ∞, die Integralkurven – die Kreise – sind dort keine Lösungen der DGl; die Graphen der Lösungen sind Halbkreise ohne Endpunkte.

Die »triviale« Lösung $x(t) \equiv 0$ der so erhaltenen DGl war in der vorgegebenen Kurvenschar nicht enthalten (sie ist sozusagen der Grenzfall für $c \to \infty$).

13. *Ankündigung* der weiteren Behandlung dieser Themen:

In 6.1.2 werden wir die Lösungen unserer Beispiele exakt angeben können und dort die hier nur aus dem Augenschein ermittelten Eigenschaften bestätigen. In 6.1.3 schließlich werden die Existenz- und Eindeutigkeitsfragen grundlegend untersucht werden; es soll hier noch erläutert werden, warum auch für Physiker diese Probleme wichtig sein können:

Der »naive« Standpunkt ist ja: in der Natur selbst geschieht natürlich etwas, und es geschieht gesetzmäßig. Eine DGl, die einen physikalischen Vorgang beschreibt, besitzt also für alle sinnvollen Ausgangswerte eine Lösung, und diese ist dann auch eindeutig. Bis in das vergangene Jahrhundert hinein wurde dieses Argument herangezogen, sogar um mathematisch zu begründen, daß bestimmte DGl-Probleme Lösungen besäßen. Inzwischen ist aber auch physikalisch dieser Standpunkt („Determinismus") als sehr angreifbar erkannt worden, z. B. bei Problemen, in denen Instabilitäten auftreten oder die Gesetze statistischer Natur sind. Aber selbst wenn man für den zu beschreibenden Vorgang einen eindeutigen Ablauf voraussetzt, muß man damit rechnen, daß die von einer Theorie vorgeschlagene DGl ihn nicht völlig korrekt beschreibt. Daher ist der Nachweis der eindeutigen Lösbarkeit der zur Beschreibung eines physikalischen Vorganges benutzten DGl ein wichtiges Kriterium für ihre Brauchbarkeit. Weiterhin ist für die Physik nicht nur das Auffinden von möglichst exakten allgemeinen Gesetzen, sondern auch das explizite Voraussagen von Einzelvorgängen von Interesse; hierzu müssen die Grundgleichungen des Problems meist kräftig »zurechtgestutzt« werden (vgl. 6.0.1), bis sie lösbar werden; auch hierdurch können Verletzungen von Existenz und Eindeutigkeit auftreten.

6.1.2 Trennung der Veränderlichen

Das wichtigste Verfahren zur Gewinnung expliziter Lösungen der DGl $\dot{u} = f(t;u)$ *zum AWP* $u(t_0) = x_0$ *(für spezielle Gestalt des Ausdrucks* $f(t;x)$*).*

1. $f(t;x) = g(t) \quad g(t)$ stetig

Dieser Spezialfall von DGlen ist schon bekannt: Das Aufsuchen von Stammfunktionen zu einer gegebenen Funktion $g(t)$:

$$\dot{u}(t) = g(t) \qquad u(t) - x_0 = \int_{t_0}^{t} g(s)\,\mathrm{d}s\,.$$

2. Es gelingt noch bei weiteren Klassen von DGlen die Lösung auf das Ermitteln von Stammfunktionen zurückzuführen:

$f(t;x) = h(x) \quad h(x)$ stetig, $\neq 0$

Wegen der Substitutionsregel $\int f(u(s)) \cdot \dot{u}(s)\mathrm{d}s = \int f(u)\mathrm{d}u$ erhalten wir für

$$\dot{u}(t) = h(u(t)): \quad \int_{t_0}^{t} \frac{\dot{u}(s)\mathrm{d}s}{h(u(s))} = \int_{x_0}^{u} \frac{\mathrm{d}\tilde{u}}{h(\tilde{u})} = \int_{t_0}^{t} \mathrm{d}s = t - t_0\,.$$

3. Der allgemeinste Typ von DGl, auf die diese Prozedur direkt anwendbar ist, wird gegeben durch die Bedingung, daß alle Glieder in solcher Gleichung entweder nur direkt von t abhängen oder nur von $u(t)$ abhängen und mit $\dot{u}$ multipliziert sind. Das ist gleichwertig mit folgendem Fall:

DGl mit trennbaren Veränderlichen (eine sehr unglückliche Redeweise, da t Variable, u hingegen Funktion ist!)

$f(t;x) = g(t) \cdot h(x) \quad g(t)$ und $h(x)$ stetig, $h(x) \neq 0$

Dann erhalten wir: $\displaystyle\int_{x_0}^{u} \frac{\mathrm{d}\tilde{u}}{h(\tilde{u})} = \int_{t_0}^{t} g(s)\mathrm{d}s\,.$

Ob sich nun die Lösung $u(t)$ explizit angeben läßt, hängt erstens davon ab, ob die Integrationen in geschlossener Form durchführbar sind und zweitens ob der für das Integral über $\tilde{u}$ erhaltene Ausdruck nach u auflösbar ist. In der Theorie der DGlen werden diese Probleme aber nicht weiter betrachtet, da sie schon in der Integralrechnung behandelt, wenn auch nicht allgemein gelöst wurden.

4. In einer Vielzahl weiterer Fälle gelingt es, durch (manchmal einfache, oft aber äußerst raffinierte) Substitutionen die vorgelegte DGl in obige Typen umzuformen. Damit ist gemeint: Statt der DGl (*)

$\dot{u} = f(t;u(t))$ betrachtet man eine DGl (**) $\dot{v}(t) = g(t) \cdot h(v(t))$, die so beschaffen ist, daß über eine Umrechnungsregel $u(t) = \varphi(t;v(t))$ jede Lösung von (*) aus einer von (**) erhalten werden kann*). Beispiele:

(i) $f(t;x) = g(\frac{x}{t})$ (*Ähnlichkeits-DGl*, auch „homogene" DGl genannt)

Setzt man $v(t) \cdot t := u(t)$, so wird aus $\dot{u}(t) = g\left(\frac{u(t)}{t}\right)$ die DGl:

$\dot{v}(t) = \frac{t \cdot \dot{u}(t) - u(t)}{t^2} = [g(v(t)) - v(t)] \cdot \frac{1}{t}$, also läßt sich v aus $\int_{v_0}^{v} \frac{d\tilde{v}}{g(\tilde{v}) - \tilde{v}} = \int_{t_0}^{t} \frac{dt}{t} = \log\left(\frac{t}{t_0}\right)$ mit $v_0 := \frac{x_0}{t_0}$ berechnen und wir erhalten das gewünschte $u(t)$ als $t \cdot v(t)$ für $t \in \mathbb{R}^+$ oder für $t \in \mathbb{R}^-$.

(ii) $f(t;x) = g(at + bx + c) \quad a,b,c \in \mathbb{R}$

Setzt man $v(t) := at + bu(t) + c$, so ist $\dot{v}(t) = a + b\dot{u}(t) = a + b \cdot g(v(t))$ (da $\dot{u}(t) = g(at + bu + c)$ war)

also: $\int_{v_0}^{v} \frac{d\tilde{v}}{a + b \cdot g(\tilde{v})} = t - t_0$ mit $v_0 := at_0 + bx_0 + c$,

$$u(t) = \frac{v(t) - at - c}{b}.$$

(iii) $f(t;x) = g(t) \cdot x + h(t)$ *lineare DGl* (siehe 6.2.1.4)

5. Mit diesen Methoden können wir die (sehr einfachen) Beispiele von 6.1.1.2 lösen:

(i) $\dot{u} = -t \cdot u \curvearrowright \int_{x_0}^{u} \frac{d\tilde{u}}{\tilde{u}} = \int_{t_0}^{t} -s\,ds \curvearrowright \log \frac{u}{x_0} = -\frac{t^2 - t_0^2}{2} \curvearrowright$

$u = x_0 e^{-\frac{1}{2}(t^2 - t_0^2)}$.

(ii) $\dot{u} = \sqrt{|t - u|}$, $v := t - u$, $\dot{v} = 1 - \sqrt{|v|}$. Dann ist entweder $|v| \equiv 1$ oder $\int_{v_0}^{v} \frac{d\tilde{v}}{1 - \sqrt{|\tilde{v}|}} = t - t_0$ mit $v_0 := t_0 - x_0$; also für t als Funktion von v erhalten wir:

$$t(v) = -2\,\text{sgn}\,v\left[\log\left|1 - \sqrt{|v|}\right| + \sqrt{|v|}\right] + \text{const} \quad (v \neq \pm 1)$$

$$\frac{dt}{dv} = \frac{1}{1 - \sqrt{|v|}} \qquad (v \neq \pm 1)$$

Auf den Bereichen $]-\infty; -1[$, $]-1;1[$ und $]1;\infty[$ ist $t(v)$ monoton und stetig, die Wertemenge ist jedesmal ganz $\mathbb{R}$, also gibt es für jeden

*) Hier wird also die gesuchte *Funktion u* durch ein v ersetzt. Es gibt andere Fälle von Substitutionen, bei denen die *Variable t* durch ein s ersetzt wird.

Wert von „const." drei Umkehrfunktionen $v(t)$, die sich allerdings nicht als elementare Funktionen anschreiben lassen. Für beliebige t_0, x_0 sind die Lösungen $u(t) = t - v(t)$ für alle Werte von t definiert und nähern sich für $x_0 > t_0 - 1$ asymptotisch für $t \to -\infty$ der Geraden $u = t + 1$, für $x_0 < t_0 + 1$ für $t \to +\infty$ der Geraden $u = t - 1$.

(iii) $\dot{u} = -2u^2 t \curvearrowright \int_{x_0}^{u} \frac{d\tilde{u}}{\tilde{u}^2} = -2\int_{t_0}^{t} s\,ds \quad \text{oder} \quad u \equiv 0$.

$$\curvearrowright \frac{1}{x_0} - \frac{1}{u} = -t^2 + t_0^2:$$

$$u(t) = \frac{1}{t^2 - t_0^2 + \frac{1}{x_0}}$$

bzw. für $x_0 = 0: u \equiv 0$.

Da der Ausdruck $\frac{1}{t^2 - t_0^2 + 1/x_0}$ für $t_0^2 = 1/x_0$ bzw. $t_0^2 > 1/x_0$ eine bzw. zwei Polstellen hat, beschreibt er dann zwei bzw. drei Integralkurven, die nicht zusammenhängen und in Richtung einer Asymptote parallel zur x-Achse aus der $t - x$-Ebene »herauslaufen«.

Die Definitionsmengen für die Lösungen sind daher:

$]-\infty; -\sqrt{t_0^2 - 1/x_0}[$ für $t_0 < 0,\ x_0 \geqslant 1/t_0^2$

$]+\sqrt{t_0^2 - 1/x_0}; \infty[$ für $t_0 > 0,\ x_0 \geqslant 1/t_0^2$

$]-\sqrt{t_0^2 - 1/x_0}; \sqrt{t_0^2 - 1/x_0}[$ für $x_0 < 0$

$]-\infty; +\infty[$ für $0 \leqslant x_0 < 1/t_0^2$

(iv) $\dot{u} = 3|u|^{2/3} \qquad \frac{1}{3}\int_{x_0}^{u} \frac{d\tilde{u}}{|\tilde{u}|^{2/3}} = \int_{t_0}^{t} ds \quad \text{oder} \quad u \equiv 0 \curvearrowright$

$$u(t) = (t - t_0 + \sqrt[3]{x_0})^3 .$$

Die Integralkurven münden tatsächlich alle in die t-Achse ein (bei $t_N = t_0 - \sqrt[3]{x_0}$); es gibt also durch jeden Punkt mehrere Integralkurven: die AW-Aufgabe ist nicht eindeutig lösbar; eine Integralkurve, die in die t-Achse einläuft, kann dort »bleiben, solange sie will« und dann zu positiven Werten von x »abbiegen«. Für $x_0 \neq 0$ ist allerdings das Stück Integralkurve bis zur t-Achse festgelegt („*lokale* Eindeutigkeit"). Z. B. ist dieses u eine Lösung:

$$u(t) = \begin{cases} (t+3)^3 & t \leqslant -3 \\ 0 & -3 < t < 1 \\ (t-1)^3 & 1 \leqslant t \end{cases}$$

(v) $\dot{u} = \frac{t}{u} \curvearrowright \int_{x_0}^{u} \tilde{u}\,\mathrm{d}\tilde{u} = \int_{t_0}^{t} s\,\mathrm{d}s \curvearrowright u^2 - x_0^2 = t^2 - t_0^2$;

$$u = \operatorname{sgn}(x_0) \cdot \sqrt{t^2 - t_0^2 + x_0^2} \quad (x_0 \neq 0).$$

Für $|x_0| > |t_0|$ ist $u(x)$ für alle $t \in \mathbb{R}$ definiert.

Für $|x_0| < |t_0|$ ergibt dieser Ausdruck zwei Lösungen in den Bereichen $t \in]\sqrt{t_0^2 - x_0^2}, \infty[$ sowie $t \in]-\infty, -\sqrt{t_0^2 - x_0^2}[$; die Graphen lassen sich als Integralkurven stetig über den Punkt $(0; \sqrt{t_0^2 - x_0^2})$ fortsetzen; vgl. Bemerkung 6.1.1.8.

Für $|x_0| = |t_0|$ erhalten wir als Integralkurven die vier Strahlen $x = \pm t$ $(t \neq 0)$, die sich durch den zunächst ausgeschlossenen Punkt (0;0) zu zwei Geraden verbinden lassen.

Im Unterschied zu den Hyperbelästen bei $|x_0| < |t_0|$ sind diese Geraden Graphen stetiger und differenzierbarer Funktionen, sie sind aber in (0;0) keine Integralkurven, da dort das Richtungsfeld nicht existiert und auch nicht stetig dorthin fortgesetzt werden kann.

$$\text{(vi)}\ \dot{u} = \frac{1}{3}|t|^{-2/3} \curvearrowright u - u_0 = \int_{t_0}^{t} \frac{\mathrm{d}s}{3|s|^{2/3}}$$
$$= \sqrt[3]{t} - \sqrt[3]{t_0} = \operatorname{sgn}(t)|t|^{1/3} - \operatorname{sgn}(t_0)|t_0|^{1/3}.$$

Wegen der Unstetigkeit von $f(t,x)$ für $t = 0$ sind die Lösungen nur jeweils auf $\mathbb{R}^+$ bzw. $\mathbb{R}^-$ zu nehmen. Je zwei solcher Lösungen lassen sich stetig, aber nicht differenzierbar (»Anstieg ist ∞«) über $t = 0$ hinweg verbinden; vgl. Bemerkung 6.1.1.9.

6. Beachten Sie bitte: *Jede Lösung ist durch Einsetzen zu prüfen. Weiterhin ist festzustellen, ob für alle AW Lösungen existieren.* Während des Lösungsvorganges werden im allgemeinen Schritte durchgeführt, die »hart am Rande der Legalität« sind; z. B. wird bei (i) durch u dividiert, so daß $u = 0$ auszuschließen wäre, anschließend wird ein Kehrwert gebildet, so daß im Endausdruck $u \equiv 0$ völlig regulär scheint. Erst durch Einsetzen in die Ausgangs-DGl ist festzustellen, daß tatsächlich $u \equiv 0$ nicht ausgeschlossen werden muß. In (i) z. B. kann man Lösungen verlieren, wenn man $\int \frac{\mathrm{d}u}{u} = \log u$ setzt, statt entweder $\log|u|$ + const oder $\log(u/x_0)$, also negative u unberücksichtigt läßt; etwa $-\mathrm{e}^{-t^2/2}$ käme nicht mehr vor; eine andere »Gelegenheit«, bei der oft Lösungen verloren werden, ist, wenn man e^{t-t_0} statt $A \cdot \mathrm{e}^t$ schreibt, da für alle $t_0 \in \mathbb{R}$ nur die $A \in \mathbb{R}^+$ bzw. für alle $t_0 \in \mathbb{C}$ nur die $A \in \mathbb{C} \setminus \{0\}$ erhalten werden.

Es ist durchaus vernünftig, den Lösungsprozeß nur als Plausibilitätsbetrachtung durchzuführen, z. B. alle Integrationsgrenzen fortzulassen usw. und die mathematische Strenge dann bei dem Prüfen walten zu lassen (vgl. 1.4.7).

6.1.3 Existenz- und Eindeutigkeitssätze

Der ausführlichste Beweis in diesem Buch.
In diesem Abschnitt wird der Schrankensatz 4.2.5; 5.1.3.5 benutzt.

Gewöhnliche reelle DGlen 1. Ordnung

1. Die Beispiele von 6.1.1/2 lassen ganz bestimmte Gesetzmäßigkeiten der Menge der Lösungen einer DGl erkennen; da aber auch immer wieder Ausnahmen von diesen Regeln auftreten, müssen Bedingungen gesucht werden, unter denen eine »Regularität« gesichert ist. Die Aussagen der folgenden Sätze 2, 3 sind nach den Betrachtungen von 6.1.1 durchaus plausibel. Ihr Beweis wird aber trotzdem vollständig durchgeführt, da er für sich in mehrfacher Hinsicht interessant ist: Er ist „konstruktiv", liefert also ein Verfahren, wie man – gegebenenfalls numerisch oder (in Spezialfällen) analytisch – eine Lösung tatsächlich gewinnen kann; indem er das tut, zeigt er den Zusammenhang zwischen den Kriterien für die Eindeutigkeit und Abschätzungen für den (erforderlichen) Rechenaufwand und die Genauigkeit von Lösungen. Die Beweisidee ist einfach und natürlich, die Durchführung erinnert noch einmal an das Wesen der Grundbegriffe der DGls-Theorie; daher ist nicht überraschend, daß sich ohne weiteres nach diesem Beweisschema eine Fülle weiterer Sätze beweisen läßt: Verallgemeinerungen auf Klassen von DGlen, für die diese Existenzsätze gar nicht mehr so plausibel sind (in 19, 21); Aussagen zur Stabilität, die besonders für Anwendungen in Numerik und Physik wesentlich sind (in 11, 12).

Das Beweisprinzip ist dasselbe wie beim Newton-Verfahren bzw. beim Satz über Umkehrfunktionen in 4.2.8; Leser, die 4.2 gelesen haben, sollten einmal Schritt für Schritt vergleichen.

2. *Satz (Globale Existenz und Eindeutigkeit für reelle Einzel-DGlen 1. Ordnung)*

(a): Sei $f(t;x)$ stetig für alle t und $x \in \mathbb{R}$.

(b): Es gebe eine Konstante $K \in \mathbb{R}^+$, so daß für alle $t, x_1, x_2 \in \mathbb{R}$ $(x_1 \neq x_2)$ gilt:

$$\frac{|f(t;x_2) - f(t;x_1)|}{|x_2 - x_1|} \leqslant K \text{ (Lipschitz-Bedingung)}.$$

Dann gibt es zu jedem AW $u(t_0) = x_0$ genau eine für alle $t \in \mathbb{R}$ definierte Lösung $u(t)$ der DGl

(*) $\dot{u}(t) = f(t; u(t))$ mit $u(t_0) = x_0$.

Bemerkung (Lipschitz-Stetigkeit)

Die Voraussetzung (b) wird im Beweis in drei Schritten (B 1, C 1, D) benutzt werden, daher einige Erläuterungen zu diesem Begriff.

Eine Funktion $f: \mathbb{R} \to \mathbb{R}$ heißt „Lipschitz-stetig", wenn es ein $K \in \mathbb{R}^+$ gibt, so daß für alle $x, \tilde{x}$ $(x \neq \tilde{x})$ gilt:

$$\left| \frac{f(\tilde{x}) - f(x)}{\tilde{x} - x} \right| \leqslant K .$$

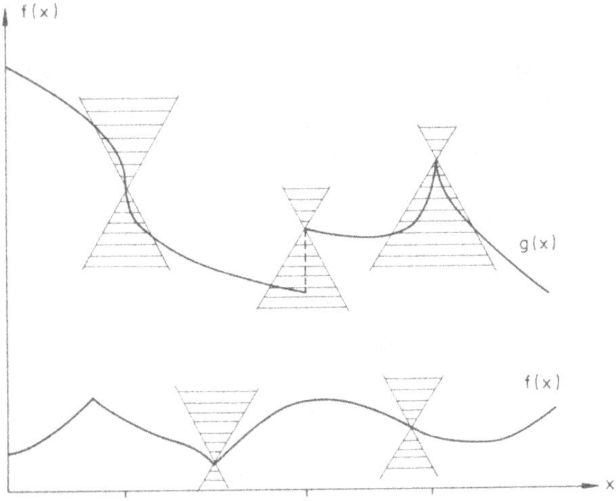

Abb. 6.4. Lipschitz-Stetigkeit. Die Funktion f erfüllt eine Lipschitz-Bedingung trotz zweier Knickstellen; es gibt einen Winkelbereich um die x-Richtung (zwischen den Geraden mit dem Anstieg $\pm K$), den der Graph von f nicht verläßt, egal in welchem Punkt des Graphen man diesen Winkelbereich auch anträgt. Funktion g hingegen hat drei Stellen a, b, c, an denen für kein K eine Lipschitz-Bedingung erfüllbar ist, obwohl g bei a und c stetig ist und bei a sogar einen »glatten« Graphen hat (aber der »Anstieg wird ∞«)

Anders gesagt: Die Differenzenquotienten sind beschränkt. Am Graphen von f veranschaulicht ist dies in Abb. 6.4. Im »black-box«-Bild: Bei einer Abweichung Δ der Eingangsgröße von $x = a$ weicht die Ausgangsgröße f von $f(a)$ um höchstens das K-fache von Δ ab, *unabhängig* von der Größe der Abweichung Δ und der Lage des Arbeitspunktes a. Für eine Funktion $f\colon \mathbb{V} \to \mathbb{W}$ (Lineare Räume mit Norm $\|.\|$) lautet die entsprechende Bedingung $\|f(\tilde{x}) - f(x)\| \leqslant K\,\|\tilde{x} - x\|$. In dieser Fassung tritt sie in 3.4.1.2 auf.

Eigenschaften:

(1) Ist f Lipschitz-stetig, so ist f stetig

$$x_n \to x \Leftrightarrow |x_n - x| \to 0 \Rightarrow K\,|x_n - x| \to 0\,.$$

Wegen $K\,|x_n - x| \geqslant |f(x_n) - f(x)| \geqslant 0$ folgt dann auch $f(x_n) \to f(x)$.)

(2) Ist f differenzierbar auf $\mathbb{R}$ und ist f' beschränkt, so ist f Lipschitz-stetig mit einer Konstanten $K = \sup|f'|$.

(Der Schrankensatz sagt nämlich

$$|f(\tilde{x}) - f(x)| \leqslant \sup_{\tilde{x} \leqslant t \leqslant x} |f'(t)|\,|\tilde{x} - x| \leqslant \sup_{t \in \mathbb{R}} |f'(t)|\,|\tilde{x} - x|.)$$

(3) Ist f stetig differenzierbar auf einem Intervall $X = [a;b]$, so ist f auf X Lipschitz-stetig mit $K = \max\limits_{t \in X} |f'(t)|$.

(Ist f' stetig, so nimmt $|f'|$ gemäß 2.2.5.20 auf dem kompakten Bereich X ein Maximum an.)

Achtung: (3) gilt nicht mehr, wenn man offene oder unbeschränkte X zuläßt.

Gegenbeispiele: $X = \mathbb{R}, f(x) = x^2$, $\left|\dfrac{f(n+1) - f(n)}{n+1-n}\right| = 2n + 1 \to \infty$ für $n \to \infty$

$$X =]0;1], f(x) = \frac{1}{x}, \quad \left|\frac{f(\frac{1}{n+1}) - f(\frac{1}{n})}{\frac{1}{n+1} - \frac{1}{n}}\right| = n(n+1) \to \infty \text{ für } \frac{1}{n} \to 0$$

(3) gilt nicht, wenn f' existiert, aber nicht beschränkt ist (z. B. ist die Funktion F in 5.2.1.4 auf $[-1;1]$ differenzierbar, aber nicht Lipschitz-stetig), denn da f' Grenzwert von Differenzenquotienten ist, können diese nicht beschränkt sein, wenn f' unbeschränkt ist.

(4) Gilt $f_n(x) \to f(x)$ für alle x und sind die f_n Lipschitz-stetig mit gemeinsamer Konstanten K, so ist auch f Lipschitz-stetig mit Konstante K.

(Für alle $l, x, \tilde{x}$ gibt es ein n, so daß $|f(x) - f_n(x)| < 10^{-l}$ und $|f(\tilde{x}) - f_n(\tilde{x})| < 10^{-l}$ ist. Also: $|f(x) - f(\tilde{x})| \leqslant |f(x) - f_n(x)| + |f_n(x) - f_n(\tilde{x})| + |f_n(\tilde{x}) - f(\tilde{x})| < K \cdot |x - \tilde{x}| + 2 \cdot 10^{-l}$. Da dies für beliebige l gilt muß $|f(x) - f(\tilde{x})| \leqslant K \cdot |x - \tilde{x}|$ sein.)

Beweis des Satzes 2:

Beweisgang: Wir verwenden ein Iterationsverfahren, das uns eine Folge von Funktionen $\{u_n\}$ konstruiert, deren Grenzwert die gesuchte Lösung ist, die „sukzessive Approximation": Eine »Näherungslösung« $u_k(t)\,(k \in \mathbb{N})$, die den AW erfüllt, wird in die rechte Seite der Gleichung (*) für u eingesetzt und dann eine Funktion $u_{k+1}(t)$ berechnet, die, in die linke Seite für u eingesetzt, (*) erfüllt. (Wäre $u_{k+1}(t) \equiv u_k(t)$, hätte man die Lösung gefunden!)

A. Durch die *Rekursionsvorschrift*

$$(**)\ \dot{u}_{k+1}(t) = f(t; u_k(t)) \text{ mit } u_{k+1}(t_0) = x_0$$

wird eine Folge $\{u_n\}$ definiert.

B. Diese Folge $\{u_n(t)\}$ konvergiert in der Nähe des Anfangswertes t_0 gegen eine Funktion $u(t)$.

C. $u(t)$ ist tatsächlich Lösung von (*),

D. $u(t)$ ist sogar die einzige Lösung von (*) mit $u(t_0) = x_0$.

E. Durch »Aneinanderstückeln« solcher Lösungen ergibt sich eine Lösung $u(t)$ von (*) für alle $t \in \mathbb{R}$.

Die *Beweisschritte* im einzelnen:

A1. Als Ausgangslösung wählen wir einfacherweise diejenige Konstante, die den AW erfüllt: $u_0(t) \equiv x_0$.

A2. Löst man die Rekursionsvorschrift (**) nach u_{k+1} auf, erhält man: $u_{k+1}(t) - x_0 = \int\limits_{t_0}^{t} f(s; u_k(s))\,ds$. Da $\dot{u}_k$ existiert (ist gleich $f(t, u_{k-1})$), also u_k stetig ist und aufgrund Voraussetzung (a) existiert das Integral auf der rechten Seite und ergibt, nach t differenziert (Hauptsatz 5.2.1.1), tatsächlich $\dot{u}_{k+1}(t) = f(t; u_k(t))$.

A3. Für $k = 0$ folgt aus dem Schrankensatz 5.1.3.5:

$$|u_1(t) - x_0| \leqslant \max_s \{|f(s, x_0)| \cdot |t - t_0|;\ s \in [t_0; t] \text{ bzw. } [t; t_0]\}.$$

B. In den nächsten beiden Schritten wird gezeigt, daß im Bereich $T := \left\{ |t - t_0| \leqslant \dfrac{1}{10 \cdot K} \right\}$ dieses Verfahren konvergiert.

B1. Die Abstände $\max\limits_{s \in T} |u_{k+1}(s) - u_k(s)|$ gehen mindestens so schnell wie 10^{-k} gegen Null, denn:

$$\forall\, t \in T: \left| u_{k+1}(t) - u_k(t) \right| = \left| \int\limits_{t_0}^{t} [f(s; u_k(s)) - f(s; u_{k-1}(s))]\,ds \right|$$

$$\leq \max_{s\in T} |f(s;u_k(s)) - f(s;u_{k-1}(s))| \, |t - t_0|$$

$$\leq K \cdot \max_{s\in T} |u_k(s) - u_{k-1}(s)| \cdot \frac{1}{10 \cdot K}.$$

(Abschätzungen von Integralen sowie Voraussetzung (b)).

Benutzen wir diese Beziehung n-mal für k von 1 bis n, so erhalten wir

$$\max_{s\in T} |u_{n+1}(s) - u_n(s)| \leq \max_{s\in T} |u_n(s) - u_{n-1}(s)| \cdot \frac{1}{10}$$

$\leq \cdots \leq \max_{s\in T} |u_1(s) - x_0| \cdot \frac{1}{10^n}$; die Abschätzung von Schritt A3 zeigt, daß der letzte Ausdruck $\leq L \cdot 10^{-n}$ ist, mit $L := \max_{s\in T} |f(s;x_0)| \cdot \frac{1}{10K}$.

B2. Schreibt man die n-te Näherungslösung als:

$$u_n(t) = x_0 + \sum_{k=1}^{n} (u_k(t) - u_{k-1}(t)),$$

so wird das Grenzverhalten für $n \to \infty$ durch die Reihe $\sum_{k=1}^{\infty} (u_k(t) - u_{k-1}(t))$ bestimmt, die aufgrund von B1 gemäß dem Majorantenkriterium 4.3.4.8 $\left(\text{Vergleich mit } L \cdot \sum_{k=0}^{\infty} 10^{-k} = L \cdot 1{,}11..\right)$ in T konvergiert. Wir erhalten also einen Grenzwert $u(t) := \lim_{n\to\infty} u_n(t) \quad (\forall\, t \in T)$.

C. $u(t)$ erfüllt die DGl (*):

C1. Nach Voraussetzung (b) und Schritt B2 erhalten wir im Bereich T:

$$\max_{s\in T} |f(s,u_n(s)) - f(s,u(s))| \leq K \cdot \max_{s\in T} |u_n(s) - u(s)|$$

$$\leq L \cdot \sum_{k=n}^{\infty} 10^{-k} = L \cdot \frac{1}{9} \cdot 10^{-n+1}, \text{ also*)}$$

$$\left| \int_{t_0}^{t} f(s;u_n(s))ds - \int_{t_0}^{t} f(s;u(s))ds \right| \leq \frac{L}{9} \cdot 10^{-n+1} \cdot |t - t_0| \leq \frac{L}{K} \cdot \frac{1}{9 \cdot 10^n}$$

und daher

$$\int_{t_0}^{t} f(s;u(s))ds = \lim_{n\to\infty} \int_{t_0}^{t} f(s;u_n(s))ds = \lim_{n\to\infty} u_{n+1}(t) - x_0 = u(t) - x_0.$$

---

*) Für numerische Zwecke interessant ist hier, daß die Genauigkeit mit jedem Iterationsschritt um eine Dezimalstelle zunimmt. Wegen der Eigenschaft (4) der Lipschitz-stetigen Funktionen ist $u = \lim u_n$ stetig; wegen Voraussetzung (a) ist dann $f(s;u(s))$ stetige Funktion von s; $\int_{t_0}^{t} f(s;u(s))ds$ existiert und seine Ableitung nach t ist $f(t;u(t))$.

C2. Die linke Seite dieser Gleichung läßt sich differenzieren: man erhält $f(t;u(t))$; also ist auch die rechte Seite differenzierbar und es gilt: $f(t;u(t)) = \dot{u}(t)$ sowie $0 = u(t_0) - x_0$.

D. Seien nun $u(t)$ und $\tilde{u}(t)$ beides Lösungen unserer DGl im Bereich T zum selben AW, also: $(\tilde{u} - u)^{\bullet} = f(t;\tilde{u}) - f(t;u)$ und $\tilde{u}(t_0) - u(t_0) = 0$; also:

$$\tilde{u}(t) - u(t) = \int_{t_0}^{t} [f(s;\tilde{u}(s)) - f(s;u(s))]\,ds.$$

Nun ist:

$$\max_{t\in T}|\tilde{u}(t) - u(t)| \leqslant \max_{t\in T}\int_{t_0}^{t}|f(s;\tilde{u}(s)) - f(s;u(s))|\,ds$$
$$\leqslant \max_{t\in T}|f(t;\tilde{u}(t)) - f(t;u(t))| \cdot \max_{t\in T}|t - t_0|$$
$$\leqslant K \cdot \max_{t\in T}|\tilde{u}(t) - u(t)| \cdot \frac{1}{10\cdot K} = \frac{1}{10}\max_{t\in T}|\tilde{u}(t) - u(t)|.$$

Aus $|a| \leqslant \frac{1}{10}|a|$ folgt $a = 0$; hier: $\max|\tilde{u} - u| = 0$, also $\tilde{u} = u$.

E. Nach der Konstruktion von $u(t)$ in T kann man am Rand von T, in $t^+ := t_0 + 1/10 \cdot K$, eine neue AW-Aufgabe stellen mit $x_0^+ := u(t^+)$ und erhält dann eine Lösung von t_0 bis $t^{++} := t_0 + 2/(10\cdot K)$; diese stimmt für alle $t \in [t_0, t^+]$ mit dem »alten« $u(t)$ aus Schritt B überein wegen der Eindeutigkeit gemäß Schritt D, da sie für *ein* t (nämlich t^+) übereinstimmt. Daher erhalten wir durch Zusammensetzen eine stetige Lösung $u(t)$ von t_0 bis t^{++}. Entsprechend kann man durch Fortschreiten um jeweils $1/(10\cdot K)$ eine eindeutige Lösung $u(t)$ von (*) für alle reellen Zahlen t erhalten. ■

3. Die Behauptung des Satzes gilt auch bei folgender Abschwächung von Bedingung (b):

Satz (Abschwächung der Lipschitz-Bedingung)

(a): Sei $f(t;x)$ stetig für alle t und $x \in \mathbb{R}$.

(b'): Es gebe eine für alle $t \in \mathbb{R}$ stetige Funktion $K(t)$, so daß für alle $t, x_1, x_2 \in \mathbb{R}, x_1 \neq x_2$, gilt: $\dfrac{|f(t;x_2) - f(t;x_1)|}{|x_2 - x_1|} \leqslant K(t)$.

Dann gilt die Aussage des Satzes 2.

Beweis:

Sei K_m der Maximalwert von $K(t)$ im Intervall $T_m := [t_0 - m; t_0 + m]$. Dann folgt mit der Beweismethode von Satz 1, daß $u(t)$ für alle $t \in T_m$ eindeutig gewonnen werden kann, da innerhalb von T_m die Bedingung (b) mit $K = K_m$ erfüllt ist. Da aber jede reelle Zahl t in einem T_m liegt, ist $u(t)$ für alle $t \in \mathbb{R}$ definiert. ■

4. *Bemerkung:* Es hätte natürlich gleich Satz 3 – ohne den Umweg über Satz 2 – formuliert und bewiesen werden können. Dann hätten die meisten Größen im Beweis einen Index „m" getragen, der im entscheidenden Beweisschritt B funktionslos gewesen wäre und ihn daher schwerer lesbar gemacht hätte. Der einzige Unterschied zwischen den Prozeduren im Beweis zu den Sätzen 2 bzw. 3 ist die Notwendigkeit, bei 3 mit einer veränderlichen Schrittweite $1/(10 \cdot K_m)$ zu arbeiten (das ist für die Theorie belanglos, mag allerdings bei numerischen Problemen bedeutungsvoll werden). Die Abschwächung (b′) liefert zwar keine wesentlich neue Einsicht, ist aber für den wichtigsten Anwendungsfall, die lineare DGl, von Bedeutung:

5. *Folgerung (Lineare Differentialgleichungen)*

Die lineare DGl: $f_1(t) \cdot \dot{u}(t) + f_0(t) \cdot u(t) = g(t)$ hat für jedes AWP $u(t_0) = x_0$ genau eine Lösung, falls $f_1(t), f_2(t), g(t)$ für alle $t \in \mathbb{R}$ stetig sind und $f_1(t) \neq 0$ für alle $t \in \mathbb{R}$ ist.

Beweis: $f(t;x) = \dfrac{g(t)}{f_1(t)} - \dfrac{f_0(t)}{f_1(t)} \cdot x$ erfüllt die Bedingungen (a), (b′) von Satz 3 mit $K(t) = |f_0(t)/f_1(t)|$. ∎

6. Die Lipschitzbedingung (b) bzw. (b′) mag zunächst kompliziert und plump aussehen. Tatsächlich läßt sie sich durch eine »glatter« aussehende Bedingung ersetzen:

Satz (Lokale Existenz und Eindeutigkeit für reelle Einzel-DGlen 1. Ordnung).

(a): Sei $f(t;x)$ stetig für alle t und $x \in \mathbb{R}$.

(b″): Existiere $\partial_x f(t;x)$ und sei stetig für alle t und $x \in \mathbb{R}$.

Dann gibt es zu jedem AW $u(t_0) = x_0$ ein Intervall $U = [t_0 - a; t_0 + a]$ $(a > 0)$ mit einer eindeutigen Lösung $u(t)$ der DGl mit $u(t_0) = x_0, (t \in U)$.

Ist darüber hinaus für jedes $t \in \mathbb{R}$ die Menge der Ableitungen $\partial_x f$ beschränkt, genauer:

(a): Sei $f(t;x)$ stetig für alle t und $x \in \mathbb{R}$.

(b‴): Es existiert eine stetige Funktion $L(t)$, so daß $|\partial_x f(t;x)| \leqslant L(t)$ für alle x.

Dann existiert eindeutig eine Lösung $u(t)$ der DGl mit $u(t_0) = x_0$ für alle $t \in \mathbb{R}$.

Beweis: Betrachtet man die Intervalle $T := [t_0 - b; t_0 + b]$, $X := [x_0 - b; x_0 + b]$ mit $b > 0$, so folgt aus (b″), daß die Lipschitzbedingung (b) mit $K := \max|\partial_x f|$ für alle $t \in T$ und $x, \tilde{x} \in X$ erfüllt ist (gemäß Eigenschaft (3) der Lipschitz-stetigen Funktionen). Zumindest für alle $|t - t_0| \leqslant a := \min\{b; b/K\}$ liegt der Graph der Lösung $u(t)$ durch den Punkt $(t_0; x_0)$ im »Quadrat« $T \times X$. Ist (b‴) erfüllt, so ist (b′) mit $K(t) := L(t)$ erfüllt (gemäß (2) in der Bemerkung zu 2).

7. *Bemerkung:*

(b″) garantiert nicht die Existenz einer Lösung $u(t)$, die für alle $t \in \mathbb{R}$ existiert; im geometrischen Bild von 6.1.1 gilt zwar, daß die Integralkurven in keinem Punkt der t,u-Ebene enden können, aber sie mögen bei endlichem Wert t_p »nach oben oder unten herauslaufen«, d. h.: $u(t)$ divergiert für $t \to t_p$. Das geschieht im Beispiel 6.1.1.2 (iii), in dem zwar (b″), nicht aber (b‴) oder (b′) erfüllt ist.

Zurückkommend auf die Vorbemerkung zu Satz 6 müssen wir also feststellen, daß (b′), (b) nicht nur schwächere Voraussetzungen als (b‴), (b″) sind, sondern auch der Beweisprozedur angemessener, da die Ableitung in (b‴) über den Schrankensatz erst wieder in den Differenzenquotienten von (b′) umgeformt wird.

8. *Gegenbeispiele:*

(i) $\dot{u} = |u|$ erfüllt (b), aber nicht (b″), da $\dfrac{||x_1| - |x_2||}{|x_1 - x_2|} \leqslant K := 1$, aber $|x|$ nicht differenzierbar bei $x = 0$ ist. Die Lösungen

$$u(t) = \begin{cases} x_0 e^{t - t_0} & \text{für } x_0 > 0 \\ 0 & \text{für } x_0 = 0 \\ x_0 e^{t_0 - t} & \text{für } x_0 < 0 \end{cases}$$

sind allerdings so »glatt«, wie man sich nur wünschen kann.

$$\text{(ii)}\quad \dot{u}(t) = f(t) := \begin{cases} 2t \cos\dfrac{1}{t^2} + \dfrac{2}{t}\sin\dfrac{1}{t^2} & t \neq 0 \\ 0 & t = 0 \end{cases}$$

erfüllt nicht die Bedingung (a) (f ist sogar unbeschränkt nahe $t = 0$), hat aber für jeden AW eine eindeutige Lösung:

$$u(t) = \left.\begin{cases} t^2 \cos\dfrac{1}{t^2} & t \neq 0 \\ 0 & t = 0 \end{cases}\right\} + \begin{cases} -t_0^2 \cos\dfrac{1}{t_0^2} + x_0 & t_0 \neq 0 \\ x_0 & t_0 = 0 \end{cases}$$

(iii) Beispiel (ii) aus 6.1.1.2 verletzt für jedes t bei $x = t$ die Bedingung (b′), da $\dfrac{\sqrt{|t - x|} - \sqrt{|t - \tilde{x}|}}{|x - \tilde{x}|} \to \infty$ geht für $t = x, \tilde{x} \to x$; die DGl hat aber für jedes AWP eindeutige Lösungen.

Also sind (a, b′) hinreichende, aber nicht notwendige Bedingungen. Beispiel (i) zeigt, daß die Bedingung (b′) gegenüber der Bedingung (b″) den Vorzug hat, auch die in physikalischen Anwendungen häufig benutzten stetigen Funktionen mit »Knickstellen« zu beherrschen. Es ist aber zuzugeben, daß sich im allgemeinen (b″) viel einfacher prüfen läßt als (b′), da Ableitungsregeln der elementaren Funktionen viel einfacher sind als das Arbeiten mit Ungleichungen und Beträgen.

9. *Beispiel:* Das Iterationsverfahren von 2, explizit durchgeführt an Beispiel (i) aus 6.1.1.2:

$\dot{u}(t) = -t \cdot u(t)$ mit AW: $t_0 = 0, x_0 = 1$.

Die Bedingung (b′) ist erfüllt wegen $\dfrac{|-t \cdot x_2 + t \cdot x_1|}{|x_2 - x_1|} = |t|$.

Beschränken wir uns auf Werte $|t| \leqslant 1$, so können wir $K = 1$ wählen und erhalten ein Iterationsverfahren, das im Bereich $T := [-0{,}1; +0{,}1]$ gemäß Satz 2, Beweisschritt B, konvergiert.

$$u_0 = 1$$

$$u_1 - 1 = -\int_0^t s \cdot 1 \cdot ds \curvearrowright u_1 = 1 - \frac{t^2}{2}$$

...

...(durch Induktion zeigt man:)

...

$$u_n - 1 = -\frac{t^2}{2} + \frac{t^4}{8} - \cdots + (-1)^n \frac{t^{2n}}{2^n n!} \curvearrowright u_n = \sum_{k=0}^{n} (-1)^k \frac{t^{2k}}{2^k k!}$$

$$u(t) = \lim_{n\to\infty} u_n = \sum_{k=0}^{\infty} (-1)^k \frac{t^{2k}}{2^k k!} = e^{-t^2/2}.$$

Diese Reihe konvergiert sogar für alle $t \in \mathbb{R}$, wie die e^x-Reihe, aus der sie für $x = -t^2/2$ hervorgeht; für große Werte von $|t|$ ist die Konvergenzgeschwindigkeit allerdings sehr schlecht. Schon für $t = 1$ wäre die Abschätzung von Beweisschritt B1 in 2 grob falsch: $\max|u_1 - u_0| = \frac{1}{2}$; $\max|u_2 - u_1| = \frac{1}{8}$ ist *nicht* kleiner als $\frac{1}{2}\frac{1}{10}$. Allgemein lassen sich so für $f(t,x)$, die Polynome in t und x sind, Potenzreihen für $u(t)$ finden, auch wenn im allgemeinen nicht wie in diesem Beispiel die Lösung in geschlossener Form angebbar ist.

Stetigkeitseigenschaften der Lösungsmengen

10. Wenn ein AW und/oder die DGl von einem Parameter a abhängt, so hängt die Lösung auch von a ab: ${}_a u(t)$; man sagt, sie hängt *stetig* von a ab („*Stabilität*"), wenn gilt:

$$a \to \alpha \Rightarrow {}_a u(t) \to {}_\alpha u(t)$$

anders geschrieben: $\lim\limits_{a\to\alpha}({}_a u(t)) = {}_{(\lim a)} u(t)$.

Solche Stabilität läßt sich nun mit der Abschätzungstechnik von Schritt B in 2 beweisen. Der Beweis wird »nebenbei« auch eine Abschätzung der Genauigkeit der Lösung $u(t)$ liefern, wenn die Ungenauigkeit von AW und/oder Parametern der DGl vorgegeben ist. Diese Ergebnisse sind für physikalische Anwendungen sehr wichtig:

Praktisch alle DGlen der Physik geben allgemeine Gesetzmäßigkeiten wieder, in denen mehrere Größen als Parameter auftreten (Beispiele in 6.0.1.3: (i) f, C, T_0, (iv) 1). Diese Größen sind ebenso wie die Anfangswerte als Meßgrößen immer nur mit endlicher Genauigkeit bekannt.

11. *Satz (Stabilität der Lösung bezüglich der Anfangswerte)*

Erfülle $f(t;x)$ die Bedingungen von Satz 3:

(a) Sei $f(t;x)$ stetig für alle $t, x \in \mathbb{R}$

(b') Es gebe ein stetiges $K(t)$, so daß für alle $t, x_1, x_2 \in \mathbb{R}$ gilt:

$$\frac{|f(t;x_2) - f(t;x_1)|}{|x_2 - x_1|} \leqslant K(t).$$

Seien weiterhin Anfangswerte betrachtet, die stetig von einer Größe a abhängen: $t_0(a); x_0(a)$.

Bezeichnen wir die Lösung zu

$$\dot{u}(t) = f(t;u(t)) \qquad \text{AW: } u(t_0(a)) = x_0(a)$$

mit ${}_a u$, dann gilt für jedes $t \in \mathbb{R}$:

$$\lim_{a \to \alpha} {}_a u(t) = {}_\alpha u(t),$$

d. h.: der Wert der Lösung an einer beliebigen Stelle t hängt stetig von den Anfangsdaten ab.

12. *Satz (Stabilität der Lösung bezüglich Parametern)*

Erfülle die Funktion $f(t;x;a)$, Bedingungen analog zu denen von Satz 3, nämlich:

(a) $f(t;x;a)$ stetig für alle $t, x, a \in \mathbb{R}$

(b') Es gibt ein stetiges $K(t)$, so daß für alle $t, a, x_1, x_2 \in \mathbb{R}$ gilt:

$$\frac{|f(t;x_2;a) - f(t;x_1;a)|}{|x_2 - x_1|} \leqslant K(t).$$

Bezeichnen wir die Lösung der DGl

$$\dot{u}(t) = f(t;u(t);a) \qquad \text{AW: } u(t_0) = x_0$$

mit ${}_a u$, dann gilt für jedes $t \in \mathbb{R}$:

$$\lim_{a \to \alpha} {}_a u(t) = {}_\alpha u(t),$$

d. h.: der Wert der Lösung an einer beliebigen Stelle t hängt stetig von dem Parameter ab.

Bemerkung:

Entsprechendes gilt für mehrere Parameter und für gleichzeitige Variierung von Anfangsdaten und Parametern. (Die Beweise unten in 13 sind leicht für diese Fälle zu modifizieren.)

Diese Stabilität, oder anders gesagt: diese stetige Abhängigkeit von Anfangsdaten und Parametern ist nicht selbstverständlich, wenn man etwa an die Instabilität der Differentiation (vgl. 4.2.10) denkt. Das Lösen von DGlen ist eine »Verallgemeinerung« des Suchens von Stammfunktionen, d. h. der Umkehrung des Differenzierens; es ist daher vielleicht nicht überraschend, daß es im Gegensatz zu jenem eine »glättende« Wirkung hat. Angesichts der Ungenauigkeit, mit der man in der Physik »leben muß«, ist es daher von großer Bedeutung, daß man die meisten physikalischen Größen durch Lösungen von DGlen beschreibt.

13. *Beweise* (zu Satz 11 und 12)

Satz 11:

$$
\begin{aligned}
{}_a u(t) - {}_\alpha u(t) = x_0(a) - x_0(\alpha) + \int_{t_0(a)}^{t} [f(s;{}_a u(s))\mathrm{d}s - f(s;{}_\alpha u(s))]\,\mathrm{d}s \\
- \int_{t_0(\alpha)}^{t_0(a)} f(s;{}_\alpha u(s))\,\mathrm{d}s\,.
\end{aligned}
$$

Sei T ein Intervall wie im Beweis zu Satz 2 mit der Länge $1/(10 \cdot K)$, in dem die betrachteten Anfangswerte $t_0(a)$ bzw. $t_0(\alpha)$ liegen. (D. h. wir müssen uns auf die Werte von a beschränken, für die $|t_0(a) - t_0(\alpha)| < (10 \cdot K)^{-1}$ ist, wegen $\lim\limits_{a \to \alpha} t_0(a) = t_0(\alpha)$ ist dies möglich.) Dann gilt:

$$
\begin{aligned}
\forall\, t \in T\colon |{}_a u(t) - {}_\alpha u(t)| \leqslant |x_0(a) - x_0(\alpha)| \\
+ \frac{1}{10K} \max_{s\in T} |{}_a u(s) - {}_\alpha u(s)| \cdot K + \max_{s\in T} |f(s;{}_\alpha u(s))| \cdot |t_0(a) - t_0(\alpha)|\,.
\end{aligned}
$$

Eine Lösung $u(t)$ einer DGl ist differenzierbar, also stetig; daher ist $f(t;u(t))$ stetige Funktion von t und die „Maxima" in dieser Ungleichung existieren tatsächlich (vgl. 4.2.4.1(1); 2.2.5.12/20). Betrachtet man diese Ungleichung für ein t, für das $|{}_a u(t) - {}_\alpha u(t)|$ maximal auf T ist, also gleich $\max\limits_{s\in T}|\ldots|$, so folgt:

$$
\begin{aligned}
\left(1 - \frac{K}{10K}\right) \max_{t\in T} |{}_a u(t) - {}_\alpha u(t)| \leqslant |x_0(a) - x_0(\alpha)| \\
+ \max_{s\in T} |f(s;{}_\alpha u(s))| \cdot |t_0(a) - t_0(\alpha)|\,.
\end{aligned}
$$

Für $a \to \alpha$ geht nach Voraussetzung $t_0(a) \to t_0(\alpha)$ und $x_0(a) \to x_0(\alpha)$, also geht die rechte Seite gegen Null, daher auch die linke; das heißt aber ${}_a u(t) \to {}_\alpha u(t)$ für alle $t \in T$.

Satz 12:

Sei A ein Intervall, das alle betrachteten Werte von a und α enthält, und T ein Intervall, das t_0 enthält. Dann ist für alle $t \in T$ und $a \in A$:

$$ {}_a u(t) - {}_\alpha u(t) = \int_{t_0}^{t} [f(s; {}_a u(s); a) - f(s; {}_\alpha u(s); a)]\,\mathrm{d}s $$
$$ + \int_{t_0}^{t} [f(s; {}_\alpha u(s); a) - f(s; {}_\alpha u(s); \alpha)]\,\mathrm{d}s . $$

$$ |{}_a u(t) - {}_\alpha u(t)| \leqslant \frac{1}{10 \cdot K} \cdot \max_{s \in T} |{}_a u(s) - {}_\alpha u(s)| \cdot K $$
$$ + \frac{1}{10 \cdot K} \cdot \max_{a \in A} |f(s; {}_\alpha u(s); a) - f(s; {}_\alpha u(s); \alpha)| . $$

Das zweite Glied auf der rechten Seite geht gegen Null für $a \to \alpha$. Wie oben (für Satz 11) folgt dann ${}_a u(t) \to {}_\alpha u(t)$ für alle $t \in T$.

Durch Fortsetzen wie im Beweisschritt E von 2 erhält man die Behauptungen der Sätze 11, 12 für alle t. ■

14. *Bemerkung (Stabilität)*

Man unterscheidet mehrere Arten von Stabilität; wir wollen hier zwei aufführen:

A) *Stetige Abhängigkeit*

(Die in Satz 11 und 12 bewiesene Art)

Eine Funktionsschar ${}_a u(t)$ mit Parameter a „hängt stetig von a ab", wenn es für jedes t, jedes a und jede Schranke 10^{-k} ein 10^{-m} gibt (die Wahl von m hängt von den vorgegebenen Werten von k, a, t ab), so daß aus $|\tilde{a} - a| < 10^{-m}$ folgt: $|{}_{\tilde{a}} u(t) - {}_a u(t)| < 10^{-k}$. Eine andere Formulierung wurde in 10 gegeben.

(B) *Asymptotische Stabilität* (für $t \to +\infty$)

Eine Funktionsschar ${}_a u(t)$ heißt asymptotisch stabil für α, wenn es einen Bereich $A = [\alpha - 10^{-k}; \alpha + 10^{-k}]$ gibt, so daß für alle $a \in A$ gilt:

$$ \lim_{t \to \infty} |{}_a u(t) - {}_\alpha u(t)| = 0 . $$

Beispiel für asymptotisch stabile, aber unstetige Abhängigkeit:

$$ {}_a u(t) := \begin{cases} \frac{1}{t} \sin\left(t + \frac{1}{a}\right) & a \neq 0 \\ 0 & a = 0 \end{cases} \qquad t \in]0; \infty[$$

Es ist $|_{\tilde a}u(t) - {_a}u(t)| \leqslant 2/t$ für alle $t, a, \tilde a$; aber für $a \to 0$ schwankt bei jedem festen t der Wert von ${_a}u(t)$ zwischen $-1/t$ und $1/t$ ständig hin und her*).

Beispiel für stetige Abhängigkeit, aber asymptotische Instabilität (sehr wichtig für DGlen; vgl. 6.2.2.16).

(i) DGl: $\dot u(t) = u(t)$
$\curvearrowright u(t) = x_0 e^{t-t_0}$ $\left\{\begin{array}{l} \text{für } x_0 > 0\text{: geht } u \to +\infty \text{ für } t \to \infty \\ \text{für } x_0 < 0\text{: geht } u \to -\infty \text{ für } t \to \infty \\ \text{für } x_0 = 0\text{: } u \equiv 0 \end{array}\right.$

(ii) DGl: $\dot u(t) = a \cdot u(t)$
AW: $t_0 = 0, x_0 = 1$ $\left\{\begin{array}{ll} \text{für } a > 0 \text{ geht } u \to +\infty & \text{für } t \to \infty \\ \text{für } a < 0 \text{ geht } u \to 0 & \text{für } t \to \infty \\ \text{für } a = 0 \text{ ist } u \equiv u_0 . & \end{array}\right.$

Also können beliebig kleine Änderungen des Anfangswertes x_0 bzw. des Parameters a in der Nähe von 0 das asymptotische Verhalten völlig ändern.

15. Schließlich noch eine Aussage über die Differenzierbarkeit von Lösungen:

Satz

Sei $f(t;x)$ k-mal stetig differenzierbar ($k \geqslant 1$), (also sind alle partiellen Ableitungen $\frac{\partial^p}{\partial t^p}\left(\frac{\partial^q}{\partial x^q} f\right)$ mit $p + q \leqslant k$ stetig), dann ist jede Lösung $u(t)$ der DGl

(*) $\dot u(t) = f(t; u(t))$

$(k + 1)$-mal stetig differenzierbar in jedem Gebiet, in dem $u(t)$ existiert.

Zum *Beweis:*

Jede Lösung $u(t)$ einer DGl ist differenzierbar, f ist es nach Voraussetzung; also können wir $f(t, u(t))$ nach t differenzieren. Laut DGl ist dies aber auch die Ableitung von $\dot u$:

$$\ddot u(t) = \frac{d}{dt} f(t; u(t)) = \frac{\partial f}{\partial t}(t; u(t)) + \frac{\partial f}{\partial x}(t; u(t)) \cdot \dot u(t) .$$

Da $\dot u$ gleich dem *stetigen* $f(t; u)$ ist und $\partial_t f$ und $\partial_x f$ stetig sind nach Voraussetzung, ist die rechte Seite, daher auch $\ddot u$ stetig. So fährt man fort, die DGl zu differenzieren, bis man $u^{(k+1)}(t)$ durch Ableitungen von

*) Übrigens ist diese Funktionsschar für $a \neq 0$ die Lösungsmenge der nichtexpliziten DGl $(t\dot u + u)^2 = 1 - (tu)^2$; löst man dies nach $\dot u$ auf, sieht man, was alles an Voraussetzungen für Satz 12 fehlt.

f und u bis zur k-ten Ordnung ausgedrückt hat (Vollständige Induktion!). ■

Bemerkung:

Entsprechendes gilt für die differenzierbare Abhängigkeit von Anfangswerten und Parametern.

Allgemeine Gewöhnliche DGlen

16. Der Beweis von Satz 2 enthält nur Schritte, die sich auch für allgemeinere Wertemengen von $u(t)$ als den reellen Zahlen $\mathbb{R}$, nämlich für $\mathbb{C}$ sowie für n-dimensionale Vektorräume über $\mathbb{R}|\mathbb{C}$, durchführen lassen. Deshalb ist der Satz leicht zu verallgemeinern. Allerdings benötigt man wegen des – im Falle $\mathbb{R}$ noch ziemlich trivialen – Schrittes A jeweils stärkere Voraussetzungen.

17. *Satz (Existenz und Eindeutigkeit für komplexe DGlen)*

(b_c'') Sei $f(t;x)$ stetig differenzierbar für alle $t, x \in \mathbb{C}$. Dann gibt es zu der DGl mit AW

$$(*)\ \dot{u}(t) = f(t;u(t)) \qquad u(t_0) = x_0$$

eine Umgebung $U = \{|t_0 - t| < a\}$ $(a > 0)$, in der genau eine Lösung $u(t)$ existiert.

Gilt zusätzlich noch

(b_c'''): Es gibt eine stetige reellwertige Funktion $K(t)$ $(t \in \mathbb{C})$, so daß für alle $t, x \in \mathbb{C}$ gilt:

$$|\partial_x f(t;x)| < K(t),$$

dann existiert die Lösung $u(t)$ für alle $t \in \mathbb{C}$.

Beweis:

Wie bei den Sätzen 6, 3 und 2. Nur für Schritt A mußte die Voraussetzung (b') zu (b_c'') bzw. (b_c''') verschärft werden, da bei komplexen Funktionen für die Existenz von Stammfunktionen die Stetigkeit nicht ausreicht, sondern die Analytizität ($\Leftrightarrow$ stetige Differenzierbarkeit) erforderlich ist. Das Fortsetzen in Schritt E erfolgt jetzt natürlich nicht über Intervalle, sondern Kreisscheibchen mit Radius $\frac{1}{10 \cdot K}$. ■

18. *Bemerkung:*

Während (b''') für sehr viele reelle Funktionen erfüllt ist (z. B.: $\sin x, \frac{x}{x^2+1}, \ldots$), ist ($b_c'''$) im Komplexen nur erfüllt, wenn f als Funktion von x vom 1. Grade ist (vgl. 5.4.3.9). Dieser fast trivial aussehende Fall gestattet aber, die wichtigen linearen DGlen zu behandeln:

Folgerung (Lineare DGlen im Komplexen)

Seien $f(t)$ und $g(t)$ stetig differenzierbar für alle $t \in \mathbb{C}$, dann hat die lineare DGl

$$\dot{u}(t) + f(t)u(t) = g(t)$$

zu jedem AWP $u(t_0) = x_0$ genau eine Lösung $u(t)$; diese ist für alle $t \in \mathbb{C}$ definiert. (Denn $f(t;x) = -f(t) \cdot x + g(t)$ ist in x von 1. Grade.)

19. *Satz (Existenz und Eindeutigkeit für Systeme von DGlen 1. Ordnung)*

Sei $\boldsymbol{f}(t;\boldsymbol{x})$ definiert für alle $t \in \mathbb{R}$ und $\boldsymbol{x} \in \mathbb{R}^n$ und habe Werte in $\mathbb{R}^n$. Für $\boldsymbol{a} = (a_1, a_2, \ldots, a_n)$ und $\boldsymbol{b} \in \mathbb{R}^n$ sei $\|\boldsymbol{a} - \boldsymbol{b}\| := \max\limits_{1 \leqslant k \leqslant n} |a_k - b_k|$.

(a) Sei $f(t;\boldsymbol{x})$ stetig für alle $t \in \mathbb{R}, \boldsymbol{x} \in \mathbb{R}^n$.

(b) Existiere ein stetiges $K(t)$, so daß für alle $t \in \mathbb{R}, \boldsymbol{x}_1 \neq \boldsymbol{x}_2 \in \mathbb{R}^n$ gilt:

$$\frac{\|\boldsymbol{f}(t;\boldsymbol{x}_2) - \boldsymbol{f}(t;\boldsymbol{x}_1)\|}{\|\boldsymbol{x}_2 - \boldsymbol{x}_1\|} \leqslant K(t).$$

Dann hat das System von DGlen

$$\begin{aligned}
\dot{u}_1(t) &= f_1(t; u_1(t), \ldots u_n(t)) \\
\dot{u}_2(t) &= f_2(t; u_1(t), \ldots u_n(t)) \\
\ldots \quad & \ldots \\
\ldots \quad & \ldots \qquad\qquad \text{kurz: } \dot{\boldsymbol{u}}(t) = \boldsymbol{f}(t; \boldsymbol{u}(t)) \\
\ldots \quad & \ldots \\
\dot{u}_n(t) &= f_n(t; u_1(t), \ldots u_n(t))
\end{aligned}$$

zu jedem System von Anfangswerten $t_0 \in \mathbb{R}, \boldsymbol{x}_0 \in \mathbb{R}^n$:

$$u_1(t_0) = x_{01}, \ldots u_n(t_0) = x_{0n} \qquad \text{kurz: } \boldsymbol{u}(t_0) = \boldsymbol{x}_0$$

genau eine Lösung $\boldsymbol{u}(t), t \in \mathbb{R}$.

Beweis: Ersetzt man $|a - b|$ auf $\mathbb{R}$ durch den „Abstand" $\|\boldsymbol{a} - \boldsymbol{b}\|$ auf $\mathbb{R}^n$, gilt der Beweis zu Satz 2 bzw. 3 unverändert; unter $\int_a^b \boldsymbol{f}(s)\mathrm{d}s$ verstehe man dasjenige n-Tupel aus $\mathbb{R}^n$, dessen k-te Koordinate gerade die Zahl $\int_a^b f_k(s)\mathrm{d}s$ ist. ■

Hinweise (für Leser von 2.2.4): Statt dieses Abstandes $\|.\|$ (das ist $\|.\|_\infty$ aus 2.2.4.5) kann man auch andere Abstände auf $\mathbb{R}^n$ verwenden, wie $\|.\|_2$ oder $\|.\|_1$.

(Für Leser von 3.4): Allgemein funktioniert dieses Verfahren in allen Banachräumen (mit einer Norm $\|.\|$), also kann man damit auch Systeme mit ∞ vielen gesuchten Funktionen $u_i(t)$ behandeln.

20. *Folgerung*

Ein lineares DGls-System

$$\sum_{l=1}^{n} a_{kl}(t)\dot{u}_l(t) + \sum_{l=1}^{n} b_{kl}(t)u_l(t) = c_k(t) \qquad (1 \leqslant k \leqslant n)$$

erfüllt die Voraussetzungen des Satzes 5, wenn die Funktionen $a_{kl}(t)$, $b_{kl}(t)$, $c_l(t)$ stetig sind und die lineare Transformation $\boldsymbol{A}(t)$ mit den Koordinaten („Matrix") $a_{kl}(t)$ für alle $t \in \mathbb{R}$ eine Inverse $\boldsymbol{A}^{-1}(t)$ besitzt, d. h., daß $\det(a_{kl}(t)) \neq 0$ für alle t ist.

21. *Satz (Existenz und Eindeutigkeit für Einzel-DGlen n-ter Ordnung)*

(a) Sei $f(t; x_0, x_1, \dots x_{n-1})$ stetig für alle $t, x_0, \dots x_{n-1} \in \mathbb{R}$.

(b') Existiere ein stetiges $K(t)$, so daß für alle $t, x_0, x_1, \dots x_{n-1}, \tilde{x}_0, \tilde{x}_1, \dots \tilde{x}_{n-1} \in \mathbb{R}$ gilt:

$$|f(t; x_0, x_1, \dots x_{n-1}) - f(t; \tilde{x}_0, \dots \tilde{x}_{n-1})|$$
$$\leqslant K(t) \cdot (|x_0 - \tilde{x}_0| + |x_1 - \tilde{x}_1| + \cdots + |x_n - \tilde{x}_n|),$$

dann gibt es zu jedem AW $t_0, x_{00}, x_{10}, x_{20}, \dots x_{(n-1)0}$ genau eine Lösung $u(t)$ der DGl

$$u^{(n)}(t) = f(t; u(t), \dot{u}(t), \dots u^{(n-1)}(t))$$
$$\text{mit} \quad u^{(k)}(t_0) = x_{k0} \quad (0 \leqslant k \leqslant n-1).$$

Beweis:

Hierzu formen wir die DGl in ein System von DGlen 1. Ordnung um; auf dieses läßt sich dann Satz 19 anwenden.

Sei $p_k(t) := u^{(k)}(t)$ $(0 \leqslant k \leqslant n-1)$, so schreibt sich die DGl nämlich:

$$\dot{p}_{n-1} = f(t; p_0(t); p_1(t), \dots p_{n-1}(t))$$
$$\dot{p}_{n-2}(t) = p_{n-1}$$
$$\vdots$$
$$\dot{p}_1(t) = p_2$$
$$\dot{p}_0(t) = p_1 . \qquad \blacksquare$$

22. *Folgerung*

Die lineare DGl $\sum_{k=0}^{n} f_k(t) \cdot u^{(k)}(t) = g(t)$ erfüllt die Voraussetzungen des Satzes 21, wenn alle $f_k(t)$ und $g(t)$ stetig sind und $f_n(t) \neq 0$ für alle t ist.

23. *Bemerkung:*

Satz 19 und 21 sowie die beiden Folgerungen 20 und 22 sind auf komplexe t, x_k übertragbar, wenn man entsprechend Satz 17 die Stetigkeitsforderungen an f durch die nach stetiger Differenzierbarkeit ersetzt.

24. *Bemerkung:* Bei Einzel-DGlen von höherer als 1. Ordnung ist das Anfangswertproblem nicht das einzige natürliche Problem (vgl. Beispiele in 6.2.3).

25. *Bemerkung:*

Es bleibt noch übrig, zu fragen, was sich ergibt, wenn man die *Variable t* nicht aus $\mathbb{R}$ oder $\mathbb{C}$, sondern aus einem Vektorraum $\mathbb{R}^n$ nimmt. Dann sind die Koordinaten von u' partielle Ableitungen, und man erhält eine partielle DGl $\partial_k u = f_k(\boldsymbol{t}, u)$. Die Rechenschritte bleiben auch dann alle gültig, aber die Existenz der Stammfunktion $\int_{\boldsymbol{t}_0}^{\boldsymbol{t}} \boldsymbol{f}(\boldsymbol{s}; u_k(\boldsymbol{s}))\mathrm{d}\boldsymbol{s}$ in Schritt 1, d. h. die Wegunabhängigkeit des Linienintegrals von $\boldsymbol{t}_0$ bis $\boldsymbol{t}$ ist nur unter stark einschränkenden Forderungen an $\boldsymbol{f}$ zu garantieren. Der einfachste Typ solcher DGlen $\partial_k u = f_k(\boldsymbol{t})$ (mit $k = 1,2$ bzw. $k = 1,2,3$) wurde in Kap. 5.3.4.12 behandelt. Dort ergab sich als Bedingung für die Lösbarkeit $\operatorname{rot} \boldsymbol{f} = 0$; dann war $\boldsymbol{f}$ als $\partial_k u$ bzw. $\operatorname{grad} u$ einer skalaren Funktion u darstellbar.

DGlen mit einem »Vektor« von unabhängigen Variablen, d. h. mehreren Variablen $t_1, \dots t_m$ müssen mit anderen Methoden behandelt werden; tatsächlich haben auch sehr einfache lineare partielle DGlen oft keine Lösung zum Anfangswertproblem, vgl. Kap. 8.

Bemerkung:

Weitere Verallgemeinerungen sind möglich: Oft betrachtet man nur ein Teilgebiet von $\mathbb{R}$ als Bereich für t (Vorsicht bei Teilbereichen von $\mathbb{C}$; dann kann der Fortsetzungsprozeß aus Beweis zu Satz 2 auf verschiedenen Wegen verschiedene Ergebnisse bringen und so zu Mehrdeutigkeiten führen). Die entsprechenden Sätze sind offensichtlich.

26. *Bemerkung:*

Die Verallgemeinerungen dieses Abschnitts ab 16 sind nur möglich, weil wir den Schrankensatz 4.2.5.2 und nicht den Mittelwertsatz in der traditionellen Form 4.2.5.4:

$$\forall x_1 \neq x_2 \, \exists x_m : \dot{f}(x_m) = \frac{f(x_1) - f(x_2)}{x_1 - x_2}$$

benutzen, da letzterer nur in $\mathbb{R}$, nicht aber in $\mathbb{C}$ oder $\mathbb{V}^n$ gilt.

Beispiel: $f(z) = \dot{f}(z) = e^z$; $\frac{f(2\pi i) - f(0)}{2\pi i - 0} = 0$, aber es existiert kein z_m mit $e^{z_m} = 0$. Eine Division durch $x_1 - x_2 \in \mathbb{V}^n$ ist überhaupt nicht definiert.

6.2 Lineare Differentialgleichungen

Analog zur Behandlung linearer algebraischer Gleichungen (3.3.1) wird die Menge der Lösungen als linearer oder affiner Teilraum des Linearen Raumes der Funktionen betrachtet; in wichtigen Spezialfällen werden die Lösungen in geeigneter Basis explizit dargestellt, dazu viele Beispiele.

6.2.0 Vorschau

1. Die für die Anwendungen wichtigste Klasse von DGlen sind die linearen DGlen, besonders die Einzel-DGl 2. Ordnung und die Systeme 1. Ordnung. Durch welche Art von Näherungen und Idealisierungen sie entstehen, ist schon an den Beispielen zu Abschnitt 6.0.1 deutlich geworden; daß sie viele physikalische Situationen hervorragend genau beschreiben, ist angesichts der vielen kleinen »Schummeleien« (höflicher gesagt: „Linearisierungen") jedenfalls bemerkenswert.

Ihre »Einfachheit« im Vergleich zu allgemeineren Typen ist auch – aber nicht in erster Linie – durch einfachere numerische Lösbarkeit begründet. Tatsächlich sind im Existenzbeweis in Abschnitt 6.1.3.2 die angegebenen Schritte für lineare DGlen zwar meistens mit etwas geringerem Rechenaufwand verbunden (die allgemeine Funktionsberechnung $f(t; u_k(t))$ ist durch Multiplikation $f(t) \cdot u_k(t)$ ersetzt), aber prinzipiell vereinfacht sich nichts.

Viel wesentlicher ist die übersichtliche Struktur der *Lösungsmenge.* Wie schon von linearen Gleichungssystemen (3.3.1) her bekannt, hat sie »Vektorraumcharakter«. In 6.2.1 wird dieses als „Superpositionsgesetz" formuliert.

Für die – glücklicherweise – besonders häufig auftretenden linearen DGlen mit *konstanten Koeffizienten* läßt sich die Superpositionsregel mittels einfacher Ansätze zu einem bequemen Verfahren zur Gewinnung der allgemeinen Lösung ausbauen (6.2.2).

Die Festlegung der das jeweilige Problem beschreibenden speziellen Lösung geschieht – im Gegensatz zu den DGlen 1. Ordnung – oft nicht über die Vorgabe von Anfangswerten; andere Möglichkeiten werden in 6.2.3 angesprochen.

Schließlich wird noch ein Verfahren angedeutet, mit dem weite Klassen von linearen DGlen mit nichtkonstanten Koeffizienten behandelt werden: die Gewinnung von Lösungen in Gestalt von *Potenzreihen* (6.2.4).

2. *Beispiele* für die Aufstellung von linearen DGlen.
(Lösungen werden in 6.2.2 nachgeliefert.)

(i) Der elektromagnetische Serienschwingkreis [vgl. Abb. 6.5].

Ein Widerstand*) (R), eine Kapazität (C) und eine Induktivität (L) sind mit einer Spannungsquelle (U) in Reihe geschaltet (bei Schalterstellung: S auf i), können aber auch kurzgeschlossen werden (S auf h). In R, C, L, fließt der Strom mit gleicher Stärke J, er erzeugt dabei Spannungsabfälle $R \cdot J, Q/C$ (mit $\dot{Q} = J$), $L \cdot \dot{J}$, deren Summe gleich $U(t)$ (S auf i) bzw. 0 (S auf h) ist.

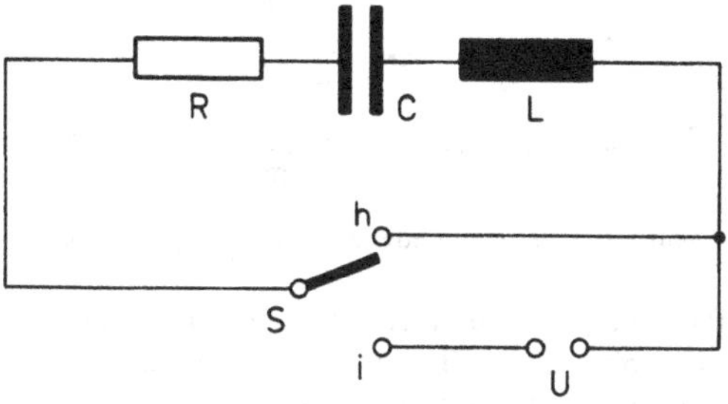

Abb. 6.5. Der Serienschwingkreis; zwei Schalterstellungen: h („homogen") für freie durch R gedämpfte Schwingungen, i („inhomogen") für durch U erzwungene Schwingungen

Also ergibt sich als »Bilanz« für $\dot{U}$:

$$L\ddot{J} + R\dot{J} + \frac{1}{C}J = \dot{U}(t) \qquad (\text{bzw.} = 0 \text{ bei } S \text{ auf } h).$$

(ii) Gekoppelte Pendel [vgl. Abb. 6.6].

Zwei gleiche ungedämpfte mathematische Pendel (vgl. Beispiel 6.0.1.3(iv)) werden über eine Feder gekoppelt, so daß neben der Gravitation noch eine Kraft vom Betrag $D \cdot l \cdot |\varphi_2 - \varphi_1|$ zwischen beiden Pendeln wirkt:

---

*) Objekte (die man »anfassen« kann) und ihre Kenngrößen (also Zahlen $\in \mathbb{R}$) mit demselben Wort bzw. demselben Buchstaben („Widerstand" R) zu bezeichnen, ist alter Physikerbrauch, eine Schlamperei, die völlig harmlos ist.

$$ml\ddot{\varphi}_1 + mg\varphi_1 = Dl(\varphi_2 - \varphi_1)$$
$$ml\ddot{\varphi}_2 + mg\varphi_2 = Dl(\varphi_1 - \varphi_2).$$

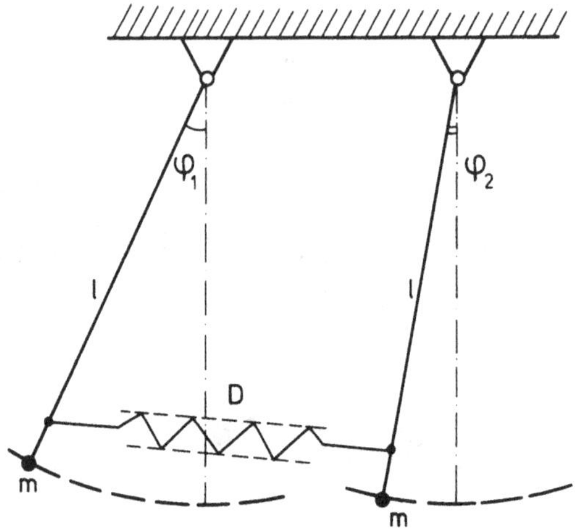

Abb. 6.6. Über eine Feder elastisch gekoppelte Pendel

(iii) Ein Balken erleidet durch ein Biegemoment M eine Krümmung*) $k = M/(E \cdot J)$, wobei E die Elastizität des Materials und J den Querschnitt charakterisiert; beide Größen wollen wir als längs des Balkens konstant voraussetzen: $E, J \in \mathbb{R}^+$. Also gilt für die Auslenkung $w(x)$

$$k(x) = \frac{\ddot{w}(x)}{(1 + [\dot{w}(x)]^2)^{3/2}} = \frac{M}{E \cdot J},$$

wobei M je nach der Situation von x und von w abhängt. Die Annahme, daß k proportional zu M ist, ist nur für kleine Krümmungen einiger-

*)Die Krümmung k eines Graphen $w(x)$ an der Stelle x_0 ist bestimmt durch:
(i) $\operatorname{sgn} k = \operatorname{sgn} \ddot{w}(x_0)$
(ii) $1/|k|$ ist der „Krümmungsradius“ R, der Radius des Kreises $y(x)$, der den Graphen von $w(x)$ in 2. Ordnung tangiert: Im Berührpunkt ist $y = w$, $\dot{y} = \dot{w}$, $\ddot{y} = \ddot{w}$. Man kann den Radius R durch $\dot{y}$ und $\ddot{y}$, also durch $\dot{w}$ und $\ddot{w}$ ausdrücken:

$$y - y_0 = \sqrt{R^2 - (x - x_0)^2}\,; \quad 1 + \dot{y}^2 = \frac{R^2}{(y - y_0)^2},$$

$$\ddot{y} = \frac{R^2}{(y - y_0)^3}, \quad |k| = \frac{1}{R} = \frac{|\ddot{y}|}{(1 + \dot{y}^2)^{3/2}}.$$

maßen erfüllt („elastische Linearisierung"); selbst diese Vereinfachung reicht bei nichtkonstantem M nicht für die Lösbarkeit durch elementare Funktionen aus. Man linearisiert daher vollends und erhält für $(\dot{w})^2 \ll 1$ („geometrische Linearisierung"):

$$\ddot{w}(x) = \frac{1}{EJ} \cdot M .$$

Wir wollen zwei Fälle näher betrachten:

(iii a) [Vgl. Abb. 6.7.]

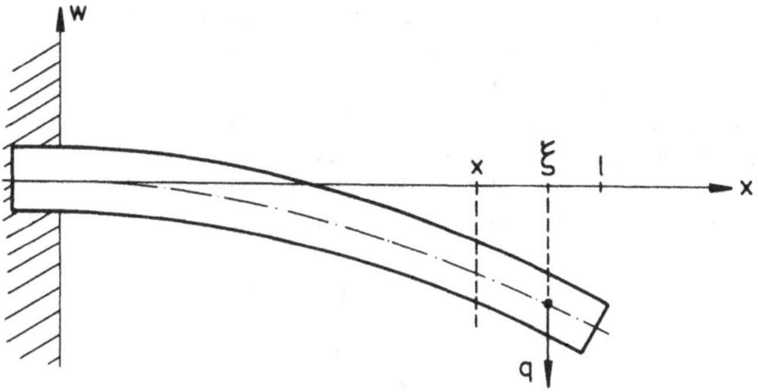

Abb. 6.7

Biegt sich der Balken unter seinem eigenen Gewicht durch, so ist das Biegemoment, mit dem ein Stück des Stabes der Länge $\Delta\xi$ bei ξ den Stab bei x verbiegt, nach dem Hebelgesetz: $-q(\xi - x)\Delta\xi$ (q ist gleich Masse pro Länge mal Erdbeschleunigung). Das gesamte Biegemoment bei x ist $\int_x^l -q(\xi - x)\mathrm{d}\xi = M(x)$ also $\dot{M}(x) = \int_x^l q\,\mathrm{d}\xi, \ddot{M}(x) = -q$:

$$(E \cdot J \cdot \ddot{w})^{\cdot\cdot} = -q .$$

(Diese Gleichung gilt auch, wenn E, J und q von x abhängig, nicht wie hier angenommen, konstant sind.)

Für die Befestigung der Stabenden bei $x = 0$ und $x = l$ gibt es eine Reihe von Möglichkeiten*) wie etwa [Abb. 6.8]:

Fest eingespanntes Ende: $w = 0; \dot{w} = 0$

Gelenkig gelagertes Ende: $w = 0; M = 0$ also $\ddot{w} = 0$

*) Die Werte $w = 0$ bzw. $\dot{w} = 0$ erhält man nur bei geeigneter Koordinatenwahl (Lage der x-Achse). Es ergeben sich durch die Befestigung jeweils zwei

Freies Ende: $M = 0$ also $\ddot{w} = 0$; $\dot{M}(l) = \int_l^l q \, d\xi = 0$ also $\dddot{w} = 0$.

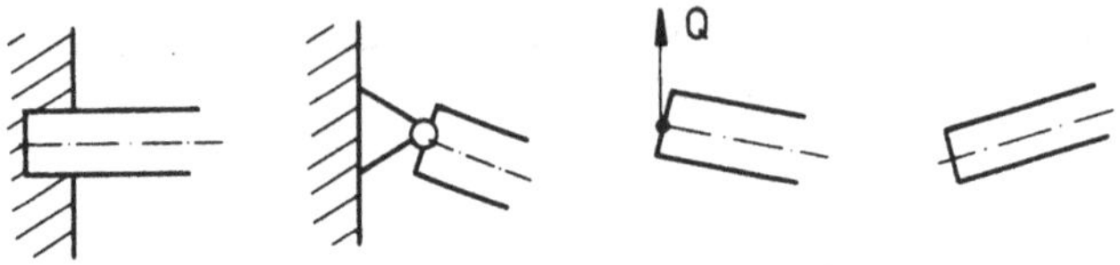

Abb. 6.8. Vier der möglichen Randbedingungen für ein Balkenende: fest eingespannt, gelenkig gelagert, frei mit oder ohne Querkraft Q

Eine Querkraft Q wirkt auf das Ende ($x = l$) und bewirkt nach dem Hebelgesetz ein Moment $M(x) = Q(l - x)$, daher $M(l) = 0$ also $\ddot{w} = 0$; $\dot{M}(l) = -Q$ also $\dddot{w} = -Q/(EJ)$.

(iii b) [Vgl. Abb. 6.9.] Wirkt eine Kraft P am Ende des Balkens in einer Richtung parallel zur Achse des unbelasteten Balkens, und wird die Gewichtskraft des Balkens vernachlässigt (im Unterschied zu (iii a)), so ergibt das Hebelgesetz ein Biegemoment $M_P(x) = [w(l) - w(x)] \cdot P$.

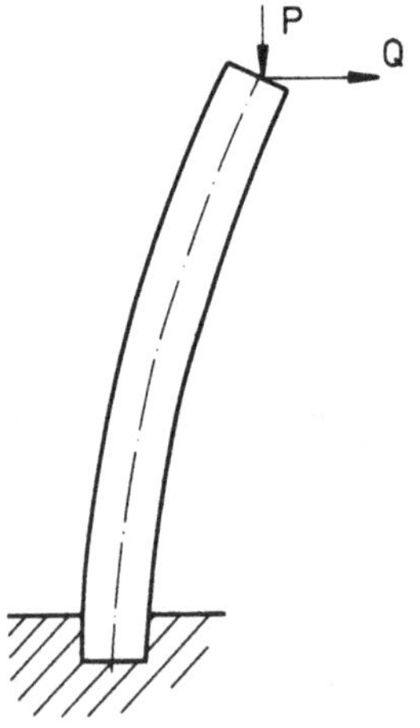

Abb. 6.9. Ein senkrecht aufgestellter Balken, der sich unter einer Kraft $\vec{P} + \vec{Q}$ neigt

Bedingungen an die 4 Größen $w, \dot{w}, \ddot{w}, \dddot{w}$. Etwa bei gelenkiger Lagerung übt das Lager eine Querkraft $EJ\dddot{w}$ aus, die ebenso wie die Richtung $\dot{w}$ von der Belastung längs des Balkens abhängt; also sind $\dddot{w}$ und $\dot{w}$ nicht bestimmt, bevor man nicht die Lösung $w(x)$ ermittelt hat.

Eine Querkraft Q ergibt, wie wir oben schon sahen, $M_Q(x) = Q \cdot (l - x)$, insgesamt: $EJ \cdot \ddot{w} = M(x) = P[w(l) - w(x)] + Q \cdot (l - x)$ oder:

$$(EJ\ddot{w})^{\cdot\cdot} + P\ddot{w} = 0 .$$

6.2.1 Lösungsmengen der linearen DGlen

1. Die Sätze werden für lineare Einzel-DGlen 2. Ordnung formuliert; Verallgemeinerungen auf n-te Ordnung bzw. Systeme von DGlen sind jeweils offenkundig. (Führen Sie diese Verallgemeinerungen selber durch!) Betrachtet wird also die DGl mit „Störglied" $g(t)$

$$(*) \quad f_2(t)\ddot{u}(t) + f_1(t)\dot{u}(t) + f_0(t)u(t) = g(t)$$

bzw. die dazugehörige homogene ohne Störglied

$$(*h) \quad f_2(t)\ddot{u}(t) + f_1(t)\dot{u}(t) + f_0(t)u(t) = 0 ,$$

wobei f_2, f_1, f_0, g als stetige Funktionen von t und $f_2(t) \neq 0$ für alle t vorausgesetzt werden. Die Variablenangabe „(t)" wird im allgemeinen sowohl bei den gegebenen wie auch bei den gesuchten Funktionen fortgelassen. Wir lassen wahlweise reelle oder komplexe Werte für t zu (geschrieben: $t \in \mathbb{R}|\mathbb{C}$).

2. *Satz (Superpositionsgesetze)*

(a) Sind u_1 und u_2 Lösungen von (*), so ist $u_2 - u_1$ Lösung von (*h).
(b) Ist u_1 Lösung von (*) und u_h Lösung von (*h), so ist $u_1 + u_h$ Lösung von (*).
(c) Ist u_h Lösung von (*h) und ist $\alpha \in \mathbb{R}|\mathbb{C}$, so ist $\alpha \cdot u_h$ Lösung von (*h).
(d) Seien u_h und u_k Lösungen von (*h), so ist $u_h + u_k$ Lösung von (*h).
(e) Sei u_1 Lösung von (*), $\alpha \in \mathbb{R}|\mathbb{C}$, so ist $\alpha \cdot u_1$ Lösung von $f_2\ddot{u} + f_1\dot{u} + f_0 u = \alpha \cdot g(t)$.
(f) Sei u_1 Lösung von $f_2\ddot{u} + f_1\dot{u} + f_0 u = g_1(t)$ und u_2 Lösung von $f_2\ddot{u} + f_1\dot{u} + f_0 u = g_2(t)$, so ist $u_1 + u_2$ Lösung von $f_2\ddot{u} + f_1\dot{u} + f_0 u = g_1 + g_2$.

Beweis:

Diese Ergebnisse sind einfache Folgerungen aus der Linearität der Differentiation, d. h. daraus, daß $f \cdot (u_1 + u_2)^{\cdot} = f\dot{u}_1 + f\dot{u}_2$ usw. gilt. ■

Zusammen mit dem Existenz- und Eindeutigkeitssatz 6.1.3.22 ergibt sich aus Satz 2 (zu den Begriffen vgl. 3.1.1.2/5 (iv)):

3. *Satz*

Die Lösungen von (*h) bilden einen Vektorteilraum der Dimension 2 des Raumes der reellen Funktionen $\mathscr{F}(\mathbb{R} \to \mathbb{R})$.

Die Lösungen von (*) bilden einen affinen Teilraum parallel zu dem Teilraum der Lösungen von (*h).

Beweis: Zu zeigen ist nur noch, daß der Vektorraum der Lösungen von (*h) zweidimensional ist, mit anderen Worten: eine Basis u_{h0}, u_{h1} besitzt.

Seien u_{h0}, u_{h1} die Lösungen von (*h)
zu den AW: $u_{h0}(t_0) = 1 \qquad u_{h1}(t_0) = 0$
$\dot{u}_{h0}(t_0) = 0 \qquad \dot{u}_{h1}(t_0) = 1$,

dann läßt sich eine Lösung von (*h) mit den AW:

$u_h(t_0) = x_0, \dot{u}_h(t_0) = x'_0$ $(x_0, x'_0 \in \mathbb{R}|\mathbb{C})$ schreiben als

$$u_h(t) = x_0 \cdot u_{h0}(t) + x'_0 \cdot u_{h1}(t).$$

Da jede Lösung eindeutig durch ihre AW bei irgendeinem t_0 festgelegt ist (6.1.3.21), erhält man tatsächlich jede Lösung von (*h) als Linearkombination von u_{h0} und u_{h1}.

Bemerkung:

Bei einer Einzel-DGl n-ter Ordnung bzw. einem System von n DGlen 1. Ordnung ergibt sich entsprechend ein n-dimensionaler Vektorteilraum.

Folgerungen:

(1) Zwei Lösungen $u_h(t)$, $u_k(t)$ bilden eine Basis der Lösungsmenge von (*h), wenn sie linear unabhängig sind, also $\alpha u_h + \beta u_k \equiv 0$ nur für $\alpha = 0 = \beta$ ist.

(2) Dies ist genau dann der Fall, wenn für irgendein t_0 ihre AW linear unabhängig sind, also wenn

$$\begin{vmatrix} u_h(t_0) & u_k(t_0) \\ \dot{u}_h(t_0) & \dot{u}_k(t_0) \end{vmatrix} \neq 0 \qquad \text{(„\textit{Wronski-Determinante}“)}$$

Beweis: Ist $|\ldots| \neq 0$, dann hat das Gleichungssystem für α, β:

$$u_h(t_0) \cdot \alpha + u_k(t_0) \cdot \beta = 0$$
$$\dot{u}_h(t_0) \cdot \alpha + \dot{u}_k(t_0) \cdot \beta = 0$$

nur die Lösung $\alpha = 0 = \beta$. Ist $|...| = 0$, gibt es eine Lösung, so daß α und β nicht beide $=0$ sind. Sei etwa $\beta \neq 0$. Dann ist $-(\alpha/\beta) \cdot u_h(t)$ eine Lösung von (*h), die bei t_0 dieselben AW hat wie u_k, also gemäß Satz 6.1.3.21 für alle t mit $u_k(t)$ übereinstimmt:

$\alpha u_h + \beta u_k = 0$, d. h.: u_h und u_k sind linear abhängig.

(3) Die Wronski-Determinante von Lösungen von (*h) ist gleich 0 für alle $t_0 \in \mathbb{R}$ oder für kein $t_0 \in \mathbb{R}$, je nachdem ob die Lösungen abhängig sind oder nicht.

4. Kann man die homogene DGl (*h) lösen, läßt sich auch eine Lösung der vollen DGl (*) ermitteln aufgrund von folgendem

Satz („Variation der Konstanten")

(a) Die homogene lineare DGl 1. Ordnung

$$f_1(t) \cdot \dot{u} + f_0(t) \cdot u = 0$$

hat die Lösung zum AW $u(t_0) = x_0$

$$u(t) = x_0 e^{-F(t)} \quad \text{mit } F(t) := \int_{t_0}^{t} \frac{f_0(s)}{f_1(s)} ds,$$

denn („Trennung der Veränderlichen")

$$\int_{t_0}^{t} \frac{\dot{u} ds}{u} = -\int_{t_0}^{t} \frac{f_0}{f_1} ds \curvearrowright \log \frac{u(t)}{x_0} = -\int_{t_0}^{t} \frac{f_0(s)}{f_1(s)} ds = -F(t).$$

(b) Macht man für die Lösung der linearen DGl 1. Ordnung

$$f_1(t) \cdot \dot{u} + f_0(t) \cdot u = g(t)$$

den Produktansatz $u(t) = z(t) \cdot e^{-F(t)}$ ($F(t)$ wie unter (a), also $\dot{F}(t) = f_0(t)/f_1(t)$), so ergibt sich:

$$\left.\begin{aligned} f_0 u &= z \cdot f_0 e^{-F} \\ f_1 \dot{u} &= z \cdot f_1 e^{-F}\left(-\frac{f_0(t)}{f_1(t)}\right) + \dot{z} \cdot f_1 \cdot e^{-F} \end{aligned}\right] +$$
$$g = \qquad\qquad + \dot{z} \cdot f_1 \cdot e^{-F}$$

$$\curvearrowright z(t) = \int_{t_0}^{t} \frac{g(s)}{f_1(s)} \cdot e^{F(s)} ds + \text{const} \curvearrowright$$

$$u(t) = e^{-F(t)}\left(x_0 + \int_{t_0}^{t} \frac{g(s)}{f_1(s)} e^{F(s)} ds\right).$$

(c) Sei $u_h(t)$ eine Lösung der linearen homogenen DGl 2. Ordnung (*h), so ergibt der Produktansatz $u = z \cdot u_h$ für die allgemeine Lösung von (*)

$$\left.\begin{array}{l} f_0 u = z \cdot f_0 u_h \\ f_1 \dot u = z \cdot f_1 \cdot \dot u_h + \dot z \cdot f_1 \cdot u_h \\ f_2 \ddot u = z \cdot f_2 \cdot \ddot u_h + 2\dot z \cdot f_2 \cdot \dot u_h + \ddot z \cdot f_2 \cdot u_h \end{array}\right] +$$
$$g = z \cdot 0 \quad + \dot z(f_1 \cdot u_h + 2 f_2 \cdot \dot u_h) + \ddot z \cdot f_2 \cdot u_h$$

also die lineare DGl 1. Ordnung für $\dot z$:

$$(f_2 \cdot u_h)(\dot z)^{\dot{}} + (f_1 u_h + 2 f_2 \dot u_h) \cdot \dot z = g\,,$$

die sich gemäß (b) lösen läßt.

(d) Analog zu (c) gestattet die Kenntnis einer Lösung der homogenen linearen DGl n-ter Ordnung die Zurückführung des Problems der Lösung der vollen DGl auf das Lösen einer linearen DGl $(n-1)$-ter Ordnung. ■

5. *Zusatz* (für Leser von 5.4).

Wir wollen hier noch ein Resultat mitteilen über lineare DGlen im Komplexen mit reellen Koeffizienten, das wir für unsere »Übergriffe« ins Komplexe im nächsten Abschnitt 6.2.2 *nicht* benötigen werden: Haben die Koeffizientenfunktionen $f_k(t)$ und $g(t)$ $(k = 0,1,2)$ für alle reellen t reelle Werte (insbesondere sind sie reelle Konstanten) und ist eine Funktion $u(t)$ Lösung der DGl (*), so ist auch $\overline{u(\bar t)}$ Lösung von (*). (Übrigens, ist u nicht konstant, so können $t \mapsto \overline{u(t)}$ oder $t \mapsto u(\bar t)$ schon deshalb keine Lösungen sein, weil sie bei differenzierbarem $u(t)$ nicht komplex-differenzierbar sind.) Gilt nämlich $f_2(t) \cdot \ddot u(t) + f_1(t) \cdot \dot u(t) + f_0(t) \cdot u(t) = g(t)$ für alle $t \in \mathbb{C}$, so auch für alle $\bar t \in \mathbb{C}$: $f_2(\bar t) \cdot \ddot u(\bar t) + f_1(\bar t) \cdot \dot u(\bar t) + f_0(\bar t) \cdot u(\bar t) = g(\bar t)$ und das konjugierte davon: $\overline{f_2(\bar t)} \cdot \overline{\ddot u(\bar t)} + \overline{f_1(\bar t)}\overline{\dot u(\bar t)} + \overline{f_0(\bar t)}\overline{u(\bar t)} = \overline{g(\bar t)}$. Das ergibt nach Voraussetzung über f_k und g (vgl. 5.4.2.8)

$$f_2(t)\overset{\bullet\bullet}{\overline{u(\bar t)}} + f_1(t)\overset{\bullet}{\overline{u(\bar t)}} + f_0(t)\overline{u(\bar t)} = g(t)\,.$$

Beispiel: $\ddot u - 2\dot u + 2u = 0$ hat als Lösung $e^{(1+i)t}$, also muß auch $\overline{e^{(1-i)\bar t}}$ Lösung sein, wie sich dann auch durch Einsetzen bestätigen läßt.

6.2.2 Lineare DGlen mit konstanten Koeffizienten

1. Gemäß den Ergebnissen des letzten Abschnittes gilt es, zunächst eine Lösung der homogenen DGl (*h) zu ermitteln. Ausgehend von unserer Kenntnis der Lösung der DGl 1. Ordnung,

$f_1 \cdot \dot{u} + f_0 \cdot u = 0, f_1, f_0 \in \mathbb{R}|\mathbb{C}$ ergibt $u = x_0 e^{-\frac{f_0}{f_1}t}$,

machen wir auch für die DGl (*h)

$$(\text{*h})\ f_2 \ddot{u} + f_1 \dot{u} + f_0 u = 0 \qquad f_2, f_1, f_0 \in \mathbb{R}|\mathbb{C}$$

den Ansatz $u = A \cdot e^{\lambda t}$ und erhalten die Bedingungen:

$$0 = f_2 \cdot A\lambda^2 e^{\lambda t} + f_1 A\lambda e^{\lambda t} + f_0 A e^{\lambda t} = A e^{\lambda t}(f_2 \lambda^2 + f_1 \lambda + f_0).$$

2. Dazu muß also entweder die Lösung trivial sein: $A = 0$, oder die „charakteristische Gleichung" gilt:

$$f_2 \lambda^2 + f_1 \lambda + f_0 = 0.$$

(Andere Formulierung: λ ist Nullstelle des „charakteristischen Polynoms" $p(x) = f_2 x^2 + f_1 x + f_0$).

3. Schreibt man (*h) als System von zwei DGlen 1. Ordnung mit $v := \dot{u}$ und »vektoriell« mit $\boldsymbol{x} = (u, v)$:

$$\left.\begin{array}{l} \dot{u} - v = 0 \\ f_2 \dot{v} + f_0 u + f_1 v = 0 \end{array}\right\} \dot{\boldsymbol{x}} - \boldsymbol{T}(\boldsymbol{x}) = 0 \qquad \boldsymbol{T} = \begin{bmatrix} 0 & 1 \\ -f_0/f_2 & -f_1/f_2 \end{bmatrix},$$

so ergibt der Ansatz $u = A e^{\lambda t}$, $v = B e^{\lambda t}$ bzw. $\boldsymbol{x} = \boldsymbol{a} e^{\lambda t}$, $\boldsymbol{a} = (A, B)$:

$$\left.\begin{array}{l} \lambda A - B = 0 \\ f_0 A + (f_2 \lambda + f_1) B = 0 \end{array}\right\} \lambda \cdot \boldsymbol{a} - \boldsymbol{T}(\boldsymbol{a}) = (\lambda \cdot \mathrm{id} - \boldsymbol{T})(\boldsymbol{a}) = 0,$$

d. h. entweder die triviale Lösung $A = 0 = B$ bzw. $\boldsymbol{a} = 0$ oder aber

$$0 = \begin{vmatrix} \lambda & -1 \\ f_0 & f_2 \lambda + f_1 \end{vmatrix} = f_2 \lambda^2 + f_1 \lambda + f_0,$$

dann erfüllt u für jedes $A \in \mathbb{C}|\mathbb{R}$ und $B = \lambda A$ die Gleichung (*h); es ergibt sich wieder 2. als Bedingung, jetzt als „Eigenwertgleichung" für $\boldsymbol{T}$ (vgl. 3.3.2.3).

4. Bei der Einzel-DGl ist der Amplitudenfaktor A unwesentlich, kann also gleich 1 gesetzt werden; bei dem System hingegen ergibt sich eine Beziehung zwischen A und B, also muß der Ansatz mit zunächst noch nicht festgelegten Amplituden gemacht werden. In der Sprache der Vektorräume: $\boldsymbol{a}$ ist ein Vektor, dessen Länge unwesentlich ist wegen der Homogenität von (*h), aber seine Richtung, d. h. das Verhältnis von A zu B, ist festgelegt. Nur wenn λ Lösung von Gleichung 2 ist, kann der gewählte Ansatz eine nichttriviale Lösung geben.

5. Für die Anwendungen wichtig sind reelle Koeffizienten $f_0, f_1, f_2 \in \mathbb{R}$ (meist sogar $\in \mathbb{R}^+$); wir unterscheiden dann drei Fälle:

Fall (a) („Kriechfall")

$(f_1)^2 > 4 \cdot f_0 \cdot f_2$: Es gibt zwei verschiedene Nullstellen von 2

$$\lambda_{1,2} = -(f_1 \pm \sqrt{f_1^2 - 4f_0 f_2})/2f_2 .$$

$e^{\lambda_1 t}, e^{\lambda_2 t}$ sind, wie man durch Einsetzen bestätigt, Lösungen von (*h), die unabhängig sind, da

$$\begin{vmatrix} e^{\lambda_1 t} & e^{\lambda_2 t} \\ \lambda_1 e^{\lambda_1 t} & \lambda_2 e^{\lambda_2 t} \end{vmatrix} = (\lambda_2 - \lambda_1) e^{(\lambda_1 + \lambda_2)t} \neq 0 \text{ ist} .$$

Daher läßt sich die allgemeine Lösung $u_h(t)$ schreiben als

$$u_h(t) = A \cdot e^{\lambda_1 t} + B e^{\lambda_2 t}, \qquad A, B \in \mathbb{R} | \mathbb{C} .$$

6. *Fall (b) („Schwingungsfall")*

$(f_1)^2 < 4 f_0 f_2$: Es gibt zwei konjugiert komplexe Nullstellen von 2

$$\lambda_{1,2} = -k \pm i\omega \quad \text{mit } k := \frac{f_1}{2f_2}, \quad \omega := \frac{\sqrt{4f_0 f_2 - (f_1)^2}}{2f_2} .$$

Auch hier läßt sich die allgemeine Lösung schreiben als

$$u_h(t) = A e^{\lambda_1 t} + B e^{\lambda_2 t} = e^{-kt}(A e^{i\omega t} + B e^{-i\omega t}) \quad A, B \in \mathbb{C} .$$

Da man aber in den Anwendungen gern für reelle Werte von t alle Einzelausdrücke auch reell haben möchte, formt man um:

$$u_h(t) = e^{-kt}(C \cos \omega t + D \sin \omega t) \quad C, D \in \mathbb{R} | \mathbb{C} .$$

Die beiden Lösungen $e^{-kt} \cos \omega t, e^{-kt} \sin \omega t$ bilden wieder eine Basis wegen

$$\begin{vmatrix} e^{-kt} \cos \omega t & e^{-kt} \sin \omega t \\ (e^{-kt} \cos \omega t)^{\cdot} & (e^{-kt} \sin \omega t)^{\cdot} \end{vmatrix} = e^{-2kt} \cdot \omega \neq 0 .$$

Die Umrechnungsformeln zwischen den beiden Formen sind unwichtig, da die A, B bzw. C, D beliebige Konstante sind (sie finden sich in 4.3.5.2).

7. *Fall (c) („Grenzfall")*

$(f_1)^2 = 4 f_0 f_2$: Es gibt eine reelle Doppelnullstelle von 2.

$$\lambda = -\frac{f_1}{2f_2} = -k. \text{ Also: } f_2 k^2 - f_1 k + f_0 = 0 = 2k f_2 - f_1 .$$

Hier erhalten wir nur eine unabhängige Lösung über den Ansatz $A\mathrm{e}^{-kt}$. Eine zweite Lösung kann mit Hilfe des Satzes 6.2.1.4(c) erhalten werden. Der Ansatz $u = z(t)\cdot \mathrm{e}^{-kt}$ ergibt:

$$0 = z(f_0 - kf_1 + k^2 f_2)\mathrm{e}^{-kt} + \dot{z}(f_1 - 2kf_2)\mathrm{e}^{-kt} + \ddot{z}f_2\mathrm{e}^{-kt} = \ddot{z}f_2\mathrm{e}^{-kt},$$

also muß $z = A + Bt$ sein $(A, B \in \mathbb{R}|\mathbb{C})$ und $u = (A + Bt)\mathrm{e}^{-kt}$.

8. Damit ist die Bestimmung der Lösung von (*h) abgeschlossen. Die Verallgemeinerung auf DGlen n-ter Ordnung ist offensichtlich. Wegen Satz 6.2.1.4 ist jetzt die Ermittlung der Lösung der vollen DGl (*) durch Integrale des Typs $\int g(s)\mathrm{e}^{\lambda s}\mathrm{d}s$ möglich.

In den wichtigsten Fällen von Störgliedern ist aber ein wesentlich einfacherer Weg gangbar.

Satz („Faustregelansatz“)

Gehört das Störglied $g(t)$ zu einer der folgenden Klassen von Funktionen:

(a) Polynom r-ten Grades: $a_r t^r + a_{r-1}t^{r-1} + \cdots + a_1 t + a_0$,

(b) Exponentialfunktion mit „Dämpfung“ $\lambda \in \mathbb{C}$: $A\mathrm{e}^{\lambda t}$,

(c) trigonometrischer Ausdruck mit Frequenz ω: $B\sin\omega t + C\cos\omega t$,

(d) eine Summe mit Gliedern, die zu den Klassen (a), (b), (c) gehören,

(e) eine Summe von Gliedern, die Produkte von Ausdrücken Klassen (a), (b), (c), (d) sind,

dann gibt es normalerweise eine (spezielle) Lösung der DGl: $f_2\ddot{u} + f_1\dot{u} + f_0 u = g(t)$, die derselben Klasse von Funktionen (a) bzw. (b), (c), (d), (e) angehört.

9. *Ausnahmen:*

Ist $f_0 = 0$ oder $f_0 = 0 = f_1$ und ist $g(t)$ Polynom r-ten Grades oder enthält ein solches als Summand: Dann hat man in Wirklichkeit eine DGl 1. Ordnung für $\dot{u}$ oder einen algebraischen Ausdruck für $\ddot{u}$, der sich einfacher lösen läßt. Ein Ansatz mit einem Polynom $(r + 2)$-ten Grades führt aber hier auch zum Ziel.

Ist das Störglied im Fall (b) oder (c) eine Lösung der homogenen DGl (*h) bzw. enthält es im Falle (d), (e) eine Lösung von (*h) als Glied oder Faktor („Resonanzfall“), so führt auch hier ein Ansatz mit einem zusätzlichen Faktor $(At + B)$ oder im Falle einer Doppelnullstelle des charakteristischen Polynoms („Grenzfall“) mit Faktor $(At^2 + Bt + C)$ zum Ziel.

10. Beispiele für den Ansatz im Regelfall:

(i) $g(t) = t^2$; Ansatz: $u(t) = At^2 + Bt + C$

(Achtung! At^2 reicht nicht allein aus!)

(ii) $g(t) = u_0 \cdot \sin(2\pi t)$; Ansatz: $u(t) = A\sin 2\pi t + B\cos 2\pi t$

(Achtung: $A\sin 2\pi t$ reicht nicht aus; die von dem Störglied „*erzwungene*" Schwingung ist im allgemeinen gegenüber seiner »Ursache« $g(t)$ phasenverschoben! Die Frequenz ist aber die von $g(t)$, daher ist ein allgemeinerer Ansatz mit „ωt" statt „$2\pi t$" überflüssig.)

(iii) $g(t) = t^2 \cdot \cos t$ (Fall (e) also)

$$u(t) = (a_2 \cdot t^2 + a_1 t + a_0)\cos t + (b_2 t^2 + b_1 t + b_0)\sin t\,,$$

da sich alle Summen von Produkten von trigonometrischen Ausdrücken (hier Frequenz 1) mit Polynomen (hier Grad 2) so anschreiben lassen.

(iv) $g(t) = A \cdot (e^{-t} + e^{+t})$ Ansatz: $u(t) = C \cdot e^{-t} + D \cdot e^{+t}$.

11. Auf einen Beweis soll schon deshalb verzichtet werden, weil dieser Satz 8 ja nur einen Hinweis auf den Lösungsweg geben soll; nach erfolgreicher Prüfung einer so erhaltenen Lösung ist Bezugnahme auf einen allgemeinen Satz nicht mehr nötig. Es soll aber die Eigenschaft dieser Funktionsklassen (a)–(e) erwähnt werden, die zu dem Ergebnis dieses Satzes führen: Diese Funktionsklassen werden alle durch endlich viele Parameter gekennzeichnet ((a) durch $a_r, \dots, a_0$, (b) durch A, (c) durch B, C usw.); ihre Ableitungen gehören wieder zu derselben Klasse, auch das Addieren sowie das Multiplizieren mit Konstanten erhält die Klasse. In der Sprache der Linearen Räume: diese Funktionsklassen bilden alle endlichdimensionale Vektorräume $\mathbb{V}$, die unter der Differentiation in sich abgebildet werden. Die linke Seite der DGl (*) kann daher als lineare Transformation $T: \mathbb{V} \to \mathbb{V}$ aufgefaßt werden; die Umkehrtransformation T^{-1} existiert nur in den oben in 9 genannten Ausnahmefällen nicht.

12. Jetzt können die Beispiele von 6.2.0 gelöst werden.

(i) Die charakteristische Gleichung 2 lautet: $L\lambda^2 + R\lambda + (1/C) = 0$. Für $R^2 \geqslant 4L/C$ liegt der Kriechfall bzw. der Grenzfall vor, der freie Schwingkreis (Schalter S auf h) kann keine Schwingung ausführen.

Für $4L/C > R^2$ haben wir den Schwingungsfall, die Lösung J_h der homogenen DGl (S auf h) ist:

$$J_h(t) = e^{-kt}(A\cos\omega t + B\sin\omega t)$$

$$k = \frac{R}{2L}, \quad \omega = \sqrt{\frac{1}{LC} - \frac{R^2}{4L^2}}.$$

Im ungedämpften Fall ($R = 0$) ist $k = 0, \omega = 1/\sqrt{LC}$.

Die Werte der Konstanten A, B hängen von den Anfangswerten ab.

Der Superpositionssatz sagt nun aus, daß sich das Verhalten des Schwingungskreises bei angeschlossener äußerer Spannungsquelle additiv aus dem erzwungenen Verlauf $J_0(t)$ und der freien Schwingung J_h zusammensetzt, und weiterhin, daß bei zwei äußeren Spannungen U_{01} und U_{02} deren Wirkungen sich ebenfalls additiv überlagern. Interessant*) ist besonders eine sinusförmige äußere Spannung $U_0 \sin \omega_0 t$, die zu dem Störglied $g(t) = U_0 \omega_0 \cos \omega_0 t$ führt. Wie üblich bei linearen Ausdrücken mit trigonometrischen Funktionen ist der Umweg über das Komplexe zu empfehlen. Wir arbeiten daher mit $g(t) = U_0 \omega_0 e^{i\omega_0 t}$ und machen den Faustregelansatz für

$$J(t) = A e^{i\omega_0 t} \quad \text{mit} \quad A = J_0 e^{-i\varphi_0} \quad (J_0, \varphi_0 \in \mathbb{R})$$

$$\frac{1}{C} J(t) = \frac{1}{C} J_0 e^{i\omega_0 t - i\varphi_0}$$

$$R \cdot \dot{J}(t) = i R J_0 \omega_0 e^{i\omega_0 t - i\varphi_0}$$

$$L \cdot \ddot{J}(t) = -L J_0 \omega_0^2 e^{i\omega_0 t - i\varphi_0}.$$

$$\text{Also: } J_0 \left(-L\omega_0^2 + \frac{1}{C} + i\omega_0 R \right) e^{-i\varphi_0} = U_0 \omega_0 .$$

Da ω_0, U_0 und J_0 reell sind, gilt:

$$\operatorname{arc}\left(-L\omega_0^2 + \frac{1}{C} + i\omega_0 R \right) + \operatorname{arc} e^{-i\varphi_0} = 0$$

$$\text{also } \tan \varphi_0 = \frac{\omega_0 R}{\frac{1}{C} - L\omega_0^2} .$$

$$J_0 = \frac{U_0 \omega_0}{\left| -L\omega_0^2 + \frac{1}{C} + i\omega_0 R \right|} = \frac{U_0 \omega_0}{\sqrt{\left(\frac{1}{C} - L\omega_0^2 \right)^2 + \omega_0^2 R^2}} .$$

Nach »Rückkehr« ins Reelle ist die Lösung $J(t) = J_0 \cdot \cos(\omega_0 t - \varphi_0)$. Das Verhältnis J_0/U_0 der Amplituden von $U(t)$ und $J(t)$ beginnt mit 0 bei $\omega_0 = 0$, erreicht den maximalen Wert $1/R$ bei $\omega_0 = \sqrt{\frac{1}{LC}}$ und fällt wie $\frac{1}{L\omega_0}$ ab für $\omega_0 \to \infty$. Das Verhältnis $J_0/(\omega_0 U_0)$ der Amplituden von erregter zu erregender Schwingung beginnt mit C bei $\omega_0 = 0$, fällt

*) Dieses Beispiel wird in Kap. 7 erneut aufgegriffen werden.

für $R^2 \geqslant 2\frac{L}{C}$ monoton ab bzw. erreicht für $R^2 < 2\frac{L}{C}$ einen maximalen Wert $\frac{1}{R}\left(\frac{1}{LC} - \frac{R^2}{4L^2}\right)^{-1/2}$ bei $\omega_0 = \left(\frac{1}{LC} - \frac{R^2}{2L^2}\right)^{1/2}$ und fällt für $\omega_0 \to \infty$ wie $\frac{1}{L\omega_0^2}$ ab; vgl. Abb. 6.10.

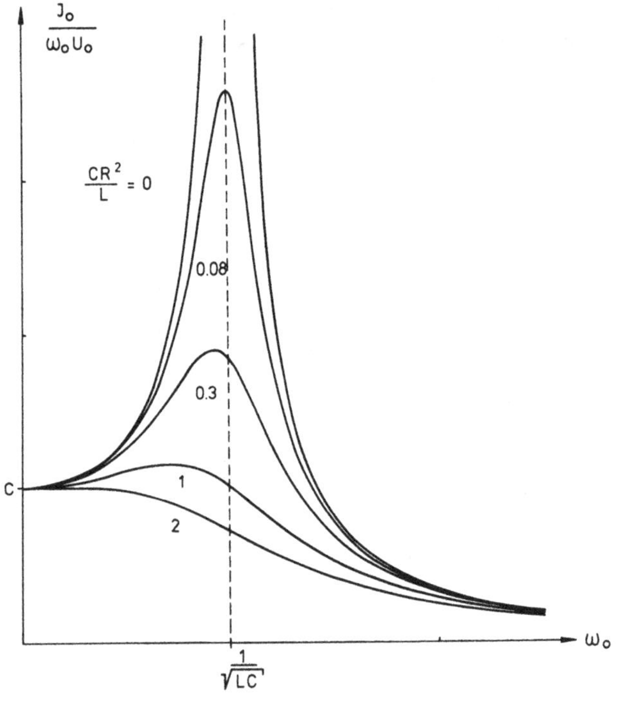

Abb. 6.10. Das Verhältnis der Amplituden der erregten und der erregenden Schwingung als Funktion der Erregerfrequenz (für $CR^2/L = 0$; 0,08; 0,3; 1; 2)

13. Unser Ansatz versagt im ungedämpften Fall $R = 0$ für $\omega_0 = \omega = \frac{1}{\sqrt{LC}}$. Dann liegt der Resonanzfall vor und wir erhalten mit dem Ansatz $J(t) = (At + B)e^{\frac{it}{\sqrt{LC}}}$, daß $A = -i\frac{U_0}{2L}$ und B beliebig $\in \mathbb{C}$ ist. Das ist eine ungedämpfte freie Schwingung (Amplitude $|B|$, Phasenlage $-\mathrm{arc}(B)$) und eine erzwungene Schwingung, deren Amplitude $\frac{U_0}{2L}t$ proportional zur Zeit t anwächst und deren Phase um $\frac{3}{2}\pi$ gegen die Störung $g(t)$, also um π gegen die Erregerspannung verschoben ist:

$$J(t) = -\frac{U_0}{2L}t \cdot \sin\frac{t}{\sqrt{LC}} + D \cdot \sin\left(\frac{t}{\sqrt{LC}} - \varphi_0\right) \quad D, \varphi_0 \text{ bel.} \in \mathbb{R}.$$

14. (ii) Das System
$$\ddot{\varphi}_1 + \left(\frac{g}{l} + \frac{D}{m}\right)\varphi_1 = \frac{D}{m}\varphi_2$$
$$\ddot{\varphi}_2 + \left(\frac{g}{l} + \frac{D}{m}\right)\varphi_2 = \frac{D}{m}\varphi_1$$

läßt sich in ein System von 4 DGlen 1. Ordnung umformen, führt man die Winkelgeschwindigkeit als gesuchte Funktion ein: $\omega_i = \dot{\varphi}_i$.

$$\begin{aligned}
&\dot{\varphi}_1 && && -\omega_1 && = 0\\
&\dot{\varphi}_2 && && -\omega_2 && = 0\\
&\dot{\omega}_1 + \left(\frac{g}{l} + \frac{D}{m}\right)\varphi_1 && -\frac{D}{m}\varphi_2 && && = 0\\
&\dot{\omega}_2 - \frac{D}{m}\varphi_1 && + \left(\frac{g}{l} + \frac{D}{m}\right)\varphi_2 && && = 0
\end{aligned}$$

Der Ansatz $\varphi_1 = C_1 e^{\lambda t}$, $\varphi_2 = C_2 e^{\lambda t}$, $\omega_1 = D_1 e^{\lambda t}$, $\omega_2 = D_2 e^{\lambda t}$ ergibt das lineare homogene Gleichungssystem:

$$\begin{aligned}
&\lambda C_1 && && -D_1 && = 0\\
& && \lambda C_2 && -D_2 && = 0\\
&\left(\frac{g}{l} + \frac{D}{m}\right)C_1 && -\frac{D}{m}C_2 && + \lambda D_1 && = 0\\
&-\frac{D}{m}C_1 && + \left(\frac{g}{l} + \frac{D}{m}\right)C_2 && + \lambda D_2 && = 0
\end{aligned}$$

Damit dieses Gleichungssystem nicht nur die triviale Lösung $C_1 = C_2 = D_1 = D_2 = 0$ hat, muß die Determinante des Systems verschwinden:

$$\lambda^4 + 2\left(\frac{g}{l} + \frac{D}{m}\right)\lambda^2 + \left(\frac{g}{l} + \frac{D}{m}\right)^2 - \left(\frac{D}{m}\right)^2 = 0.$$

Also muß λ einen der nachstehenden 4 Werte annehmen:

$$\lambda_{1,2} = \pm i\sqrt{\frac{g}{l}}, \quad \lambda_{3,4} = \pm i\sqrt{\frac{g}{l} + 2\frac{D}{m}}.$$

Dann sind je drei Gleichungen des Systems unabhängig, also der Wert einer »Unbekannten« (etwa C_1) ist willkürlich vorgebbar, die anderen sind dann festgelegt:

bei $\lambda = \lambda_1$ oder $\lambda_2: C_2 = C_1, D_1 = D_2 = \lambda C_1$
bei $\lambda = \lambda_3$ oder $\lambda_4: C_2 = -C_1, D_1 = -D_2 = \lambda C_1$.

Für jedes λ_i erhalten wir Lösungen der DGl

$$\varphi_1 = C_1 e^{\lambda_i t},\ \varphi_2 = C_2 e^{\lambda_i t},\ \omega_1 = \dot{\varphi}_1 = \lambda_i C_1 e^{\lambda_i t},\ \omega_2 = \dot{\varphi}_2 = \lambda_i C_2 e^{\lambda_i t},$$

die (für $C_1 \neq 0$) für verschiedene λ_i linear unabhängig sind, also eine Basis für die Lösungen der DGl bilden.

Das System läßt sich aber auch in eine Einzel-DGl 4. Ordnung umformen:

Die erste Gleichung des ursprünglichen Systems drückt φ_2 durch φ_1 und $\ddot{\varphi}_1$ aus; differenziert man sie zweimal, erhält man $\ddot{\varphi}_2$ durch $\ddot{\varphi}_1$ und $\ddddot{\varphi}_1$; setzt man dies in die zweite Gleichung ein, erhält man:

$$\ddddot{\varphi}_1 + 2\left(\frac{g}{l} + \frac{D}{m}\right)\ddot{\varphi}_1 + \left[\left(\frac{g}{l} + \frac{D}{m}\right)^2 - \left(\frac{D}{m}\right)^2\right]\varphi_1 = 0.$$

Als charakteristische Gleichung erhalten wir (natürlich!) dieselbe Bedingung für λ wie bei der Schreibweise als System von 4 Gleichungen. Nachdem man diese DGl für φ_1 gelöst hat, kann man natürlich φ_2 aus der ersten Gleichung des ursprünglichen DGl-Systems bestimmen.

Es gibt übrigens noch eine weitere interessante Möglichkeit, nämlich zwei *entkoppelte* DGlen 2. Ordnung, indem man die Summe bzw. die Differenz der beiden Ausgangsgleichungen nimmt:

$$(\varphi_1 + \varphi_2)^{\cdot\cdot} + \left(\frac{g}{l}\right)(\varphi_1 + \varphi_2) = 0$$
$$(\varphi_1 - \varphi_2)^{\cdot\cdot} + \left(\frac{g}{l} + 2\frac{D}{m}\right)(\varphi_1 - \varphi_2) = 0.$$

Auf allen drei Wegen ergibt sich für die Lösungen (in der reellen Formulierung):

$$\varphi_1 + \varphi_2 = A^+ \cos\omega_a t + B^+ \sin\omega_a t = C^+ \cos(\omega_a t - \varphi^+)$$
$$\varphi_1 - \varphi_2 = A^- \cos\omega_b t + B^- \sin\omega_b t = C^- \cos(\omega_b t - \varphi^-)$$
$$\omega_a = \sqrt{\frac{g}{l}},\ \omega_b = \sqrt{\frac{g}{l} + 2\frac{D}{m}},\ A^\pm, B^\pm \in \mathbb{R} \text{ bzw. } C^\pm \in \mathbb{R}_0^+, \varphi^\pm \in [0,2\pi[.$$

Diese beiden Beziehungen sind einfacher als die Ausdrücke für φ_1 bzw. φ_2, die man als Summe bzw. Differenz dieser beiden Gleichungen erhält. Es zeigt sich nämlich hier, daß die Bewegung ungedämpfter gekoppelter Pendel eine lineare Überlagerung zweier ungedämpfter Schwingungen ist:

(i) $\varphi_1 = \varphi_2$; bei parallelem Schwingen bewirkt die Feder keine Kraft, die Frequenz ist die der Einzelpendel ω_a.

(ii) $\varphi_1 = -\varphi_2$; beim Gegeneinanderschwingen ist die Winkelbeschleunigung des 1. Pendels durch die Feder $\frac{D}{m}(\varphi_2 - \varphi_1) = -2\frac{D}{m}\varphi_1$ und durch die Erdanziehung $-\frac{g}{l}\varphi_1$.

Sind die Amplituden C^+ und C^- dieser beiden „Schwingungsmoden" gleich, so ergibt sich eine Schwebung, wie sie in 4.3.5.10 diskutiert wurde. Die Energie »wandert« zwischen den beiden Pendeln mit der Frequenz $(\omega_b - \omega_a)$ hin und her; aber zwischen den beiden Schwingungsmoden (i) und (ii) wird keine Energie ausgetauscht, sie sind »entkoppelt«. Ist $C^+ \neq C^-$, so wandert die zu einer Amplitude $\min\{C^+, C^-\}$ gehörige Energie zwischen den Pendeln hin und her.

15. (iii a) $E \cdot J \cdot \ddot{\ddot{w}} = -q \quad (E, J, q \in \mathbb{R}^+)$.

Die charakteristische Gleichung ist $E \cdot J \cdot \lambda^4 = 0$, $\lambda = 0$ ist 4fache Nullstelle. Lösung der homogenen DGl ist

$$w_h = e^{0 \cdot x}(Ax^3 + Bx^2 + Cx + D) = Ax^3 + Bx^2 + Cx + D$$

(was man natürlich auch sofort hätte durch Integration finden können!).

Eine spezielle Lösung der vollen Gleichung ist $w = -\frac{q}{EJ}\frac{x^4}{4!}$ (hier liegt einer der Ausnahmefälle des Faustregelansatzes, vgl. 9, vor).

$$w(x) = -\frac{q}{24EJ} \cdot x^4 + Ax^3 + Bx^2 + Cx + D.$$

(iii b) $EJ \cdot \ddot{\ddot{w}} + P\ddot{w} = 0 \quad (E, J, P \in \mathbb{R}^+)$.

Das charakteristische Polynom ist $E \cdot J\lambda^4 + P\lambda^2 = 0$.

Also: $\lambda_{1,2} = 0$, $\lambda_{3,4} = \pm i\sqrt{\frac{P}{EJ}}$

$$w(x) = A\cos\sqrt{\frac{P}{EJ}}x + B\sin\sqrt{\frac{P}{EJ}}x + Cx + D.$$

16. *Asymptotische Stabilität*

Im Falle der linearen DGlen mit konstanten Koeffizienten kann man das in der Bemerkung 6.1.3.14 aufgeworfene Problem vollständig lösen:

(a) Hat das charakteristische Polynom einer linearen DGl (Einzel-DGl oder System) mit konstanten Koeffizienten nur Nullstellen λ_i mit negativen Realteilen (alle $k_i = -\mathrm{Re}\,\lambda_i > 0$), dann gilt für je zwei Lösungen $u_1(t), u_2(t)$ zu beliebigen Anfangswerten:

$$\lim_{t \to +\infty} (u_1(t) - u_2(t)) = 0 .$$

Sind alle $k_i \geqslant 0$ und sind die Nullstellen λ_i mit $k_i = 0$ einfache Nullstellen (ungedämpfte Schwingung), so bleibt der Unterschied zwischen zwei Lösungen beschränkt:

Für je zwei u_1, u_2 gibt es ein $K \in \mathbb{R}$, so daß

$$|u_1(t) - u_2(t)| \leqslant K \text{ ist für alle } t \geqslant 0 .$$

Gibt es eine mehrfache Nullstelle λ_i mit $k_i = 0$ oder ein λ_i mit $k_i < 0$ („angefachte Schwingung"), so gibt es Lösungen u_1, u_2 mit $\sup_{t \geqslant 0} |u_1(t) - u_2(t)| = \infty$.

(b) Hängt eine lineare DGl mit konstanten Koeffizienten von einem Parameter α ab und haben die charakteristischen Polynome für alle betrachteten Werte von α nur Nullstellen mit negativem Realteil, dann gilt für je zwei Lösungen ${}_{\alpha}u(t)$, ${}_{\bar{\alpha}}u(t)$

$$\lim_{t \to +\infty} ({}_{\alpha}u(t) - {}_{\bar{\alpha}}u(t)) = 0 .$$

Achtung: Für $t \to -\infty$ gilt, falls alle $k_i > 0$ sind, daß die Differenz von zwei Lösungen divergiert.

17. Wenn man die große Vielfalt der Lösungen von homogenen linearen DGlen mit konstanten Koeffizienten sich vor Augen hält:

Schwingungen und Schwebungen wie in Beispiel (ii), exponentielle Ausgleichsvorgänge wie bei der Abkühlung eines Körpers,

ganzrationale Ausdrücke wie in (iii) oder allgemein bei der Lösung von $u^{(r)} = 0$,

dann wird deutlich, wieviel mit einfachen Mitteln in 5 bis 8 erreicht wurde: entscheidend hierbei sind natürlich die Eigenschaften der komplexen Exponentialfunktion e^{a+ib}.

6.2.3 Anfangs-, Rand- und Eigenwertprobleme

1. Die Menge der Lösungen der linearen DGl

(*) $f_2(t)\ddot{u} + f_1(t)\dot{u} + f_0(t)u = g(t)$

läßt sich gemäß 6.2.1 schreiben als Funktionsschar

$$u(t) = u_p(t) + C u_{h0}(t) + D u_{h1}(t)$$

mit den Parametern C, D, wobei u_p Lösung von (*) und u_{h0}, u_{h1} unabhängige Lösungen der homogenen DGl (*h) sind. Um diejenige Lösung herauszufinden, die dem konkreten physikalischen Problem entspricht, müssen Bedingungen gestellt werden, die die Zahlenwerte von C und D festlegen werden.

2. Ist die Variable t die Zeit, ist im allgemeinen das *Anfangswertproblem* AWP das angemessene: Die Werte $u(t_0) = x_0$, $\dot{u}(t_0) = x_0'$ (bei DGlen n-ter Ordnung entsprechend bis $u^{(n-1)}(t_0)$) für eine bestimmte Zeit t_0 werden vorgegeben. Wir erhalten also ein Gleichungssystem für C, D:

$$C u_{h0}(t_0) + D u_{h1}(t_0) = x_0 - u_p(t_0)$$
$$C \dot{u}_{h0}(t_0) + D \dot{u}_{h1}(t_0) = x_0' - \dot{u}_p(t_0),$$

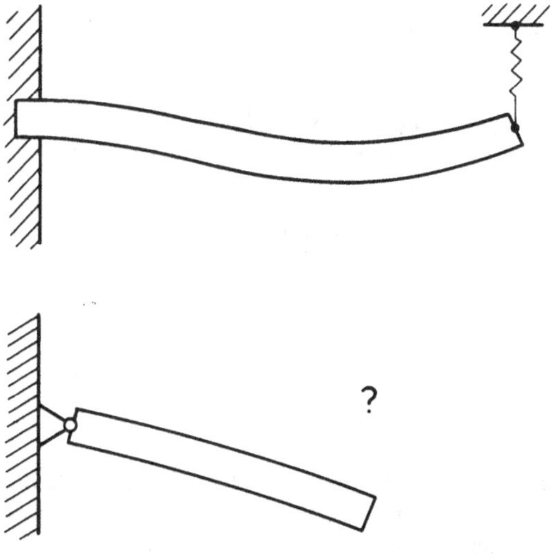

Abb. 6.11. Erläuterung siehe Text

dessen Hauptdeterminante wegen der Unabhängigkeit der Lösungen u_{h0}, u_{h1} ungleich Null ist (vgl. 6.2.1.3). C, D sind also eindeutig bestimmbar für jede Wahl von x_0, x_0', was wir ja schon seit 6.1.3.21 wissen.

3. Werden Bedingungen für mehr als einen Wert von t gestellt, spricht man von *Randwertproblemen* RWP.

Beispiel (6.2.0.2(iii))
Balken aus (iii a): $w = \frac{-q}{EJ} \cdot \frac{x^4}{24} + Cx^3 + Dx^2 + Fx + G$.

Ein Ende sei fest eingespannt [Abb. 6.11]. Ein Ende sei elastisch gelagert: Querkraft $Q = \dot{M}(l) = -d \cdot w(l)$ (d ist die »Federkonstante«. Biegemoment $M(l) = 0$; also $\ddot{w}(l) = 0$, $\dddot{w}(l) = -Q/EJ = k \cdot w(l)$ mit $k := -d/EJ$.

Also haben wir für die DGl 4. Ordnung 4 Bedingungen

$$\begin{array}{llr}
w(0) = 0 & \curvearrowright & G = 0 \\
\dot{w}(0) = 0 & \curvearrowright & F \quad = 0 \\
\ddot{w}(l) = 0 & \curvearrowright + 6Cl \qquad + 2D & = \frac{q}{EJ}\frac{l^2}{2} \\
\dddot{w}(l) - kw(l) = 0 & \curvearrowright + C(6 - kl^3) - Dkl^2 & = \frac{q}{EJ}\left(l - k\frac{l^4}{24}\right)
\end{array}$$

Die Hauptdeterminante des Gleichungssystems für C, D, F und G hat den Betrag $4kl^3 + 12$, also $\neq 0$, also gibt es eine eindeutige Lösung für C, D, F, G.

Betrachtet man hingegen [Abb. 6.11]:

Ein Ende ($x = 0$) gelenkig gelagert und ein Ende ($x = l$) frei, so erhält man

$$\begin{array}{ll}
w(0) = 0 \curvearrowright & G = 0 \\
\ddot{w}(0) = 0 \curvearrowright & D = 0 \\
\ddot{w}(l) = 0 \curvearrowright \frac{-q}{EJ} \cdot \frac{l^2}{2} + 6Cl = 0 & \\
\dddot{w}(l) = 0 \curvearrowright \frac{-q}{EJ} l \qquad + 6C = 0. &
\end{array}$$

Während F völlig unbestimmt bleibt, ergibt sich für C aus den beiden letzten Gleichungen ein Widerspruch, da $l \neq 0$; was physikalisch natürlich zu erwarten war: es gibt keine Lösung. Immerhin beruhigend, daß man bei diesem physikalischen Unsinn keine formale Lösung erhält.

Ein Problem mit 3 Werten von x, an denen Bedingungen vorgeschrieben sind, läßt sich durch getrennte Betrachtung der Abschnitte behandeln. Etwa gelenkige Lagerung bei $x = 0$ und $x = l$ und ein von l bis m überstehendes freies Ende [Abb. 6.12]: $w(0) = 0, \ddot{w}(0) = 0, w(l) = 0$, $\ddot{w}(l) = M(l)$ ist wegen des überstehenden Endes nicht gleich 0, sondern nach dem Hebelgesetz

$$\ddot{w}(l) = \int_l^m - q(\xi - l)\mathrm{d}\xi = -\frac{q}{2}(m - l)^2 .$$

So erhält man eine eindeutige Lösung von $x = 0$ bis l. Für die Lösung zwischen l und m erhält man die Randwerte bei $x = l$ aus der Knickfreiheit des Balkens: $w(l) = 0$, $\dot{w}(l)$ ist gleich dem aus der Lösung zwischen 0 und l an der Stelle l erhaltenen Wert. Am freien Ende hat man $\ddot{w}(m) = 0$, $\dddot{w}(m) = 0$.

Diese 4 Randwerte bestimmen die Lösung für $l \leqslant x \leqslant m$ eindeutig.

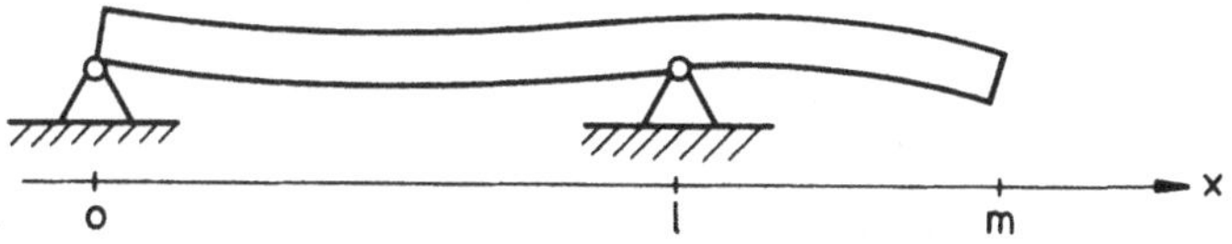

Abb. 6.12. Erläuterung siehe Text

5. *Bemerkung*

Die RW können auch nichtlineare Beziehungen zwischen den Ableitungen enthalten (z. B. falls die elastische Kraft im obigen Beispiel nicht exakt proportional zur Auslenkung $w(l)$ ist); aber im Regelfall kommt man mit *linearen* RW an *zwei Stellen* aus.

Die allgemeine Frage der Lösbarkeit ist im Gegensatz zum AWP nicht einfach und soll hier nicht weiter diskutiert werden.

6. Neben den Fällen der eindeutigen Lösbarkeit und der Unlösbarkeit wie bei obigen Beispielen gibt es manchmal mehrdeutige Lösbarkeit, die (wie schon bei Gleichungssystemen) besonders im *homogenen* Fall interessiert:

Beispiel (6.2.0.2 (iii b))

$$EJ\ddddot{w} + P\ddot{w} = 0$$

hat als homogene DGl stets die triviale Lösung $w(x) \equiv 0$.

Betrachten wir die Lösung

$$w = A\cos\lambda x + B\sin\lambda x + Cx + D \quad \left(\lambda = \sqrt{\frac{P}{EJ}}\right)$$

mit gelenkig gelagerten Enden [Abb. 6.13],

$$w(0) = 0, \ddot{w}(0) = 0 \curvearrowright A + D = 0, -A\lambda^2 = 0 \curvearrowright A = 0, D = 0$$

$$w(l) = 0, \ddot{w}(l) = 0 \curvearrowright B \cdot \sin\lambda l + Cl = 0, -B \cdot \lambda^2 \cdot \sin\lambda l \quad = 0$$

$$\curvearrowright B\sin\lambda l = 0, C = 0\,.$$

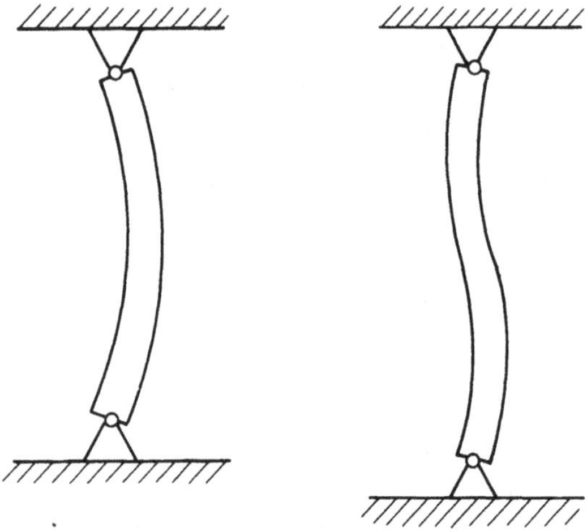

Abb. 6.13. Der ausknickende Balken bei $P = P_k$ und $P = 4P_k$

$B = 0$ ergibt die triviale Lösung bei $w(x) \equiv 0$.

Für $\lambda l = g \cdot \pi$ (g ganze Zahl) gibt es aber zusätzlich die Lösung

$$w(x) = B\sin\left(\sqrt{\frac{P}{EJ}} \cdot x\right) \text{ für ein beliebiges } B \in \mathbb{R}\,.$$

Physikalisch bedeutet dies, daß bei $\lambda = g \cdot \pi/l$ der Balken sich unter der Last seitlich durchbiegt, also „einknickt".

Bei einem Balken mit den Kenngrößen E, J, l ist also die kleinste Last P_k, die ein Knicken verursacht: $P_k = \frac{EJ}{l^2} \cdot \pi^2$.

Solche Probleme, bei denen nach nichttrivialen Lösungen der homogenen DGl gefragt wird, wobei ein Parameter in den Koeffizienten als veränderlich betrachtet wird (in diesem Fall P), nennt man *Eigenwertprobleme* EWP.

7. *Bemerkung*

An den Lösungen zum Beispiel (iii) sieht man sehr gut, was linearisierte Gleichungen beschreiben können und was nicht. Nimmt man die obige Lösung ernst, so muß man annehmen, daß beim Knicken sich der Balken sinusförmig ausbiegt, wobei bei vorgegebener Kraft P_k die maximale

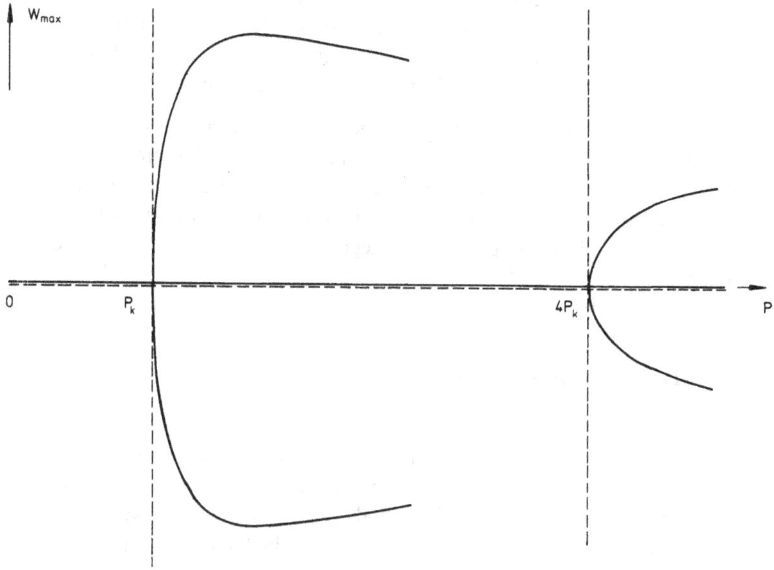

Abb. 6.14. Die maximale Auslenkung w_{max} in Abhängigkeit von der Belastung P. Gestrichelt der linearisierte Fall: Nur bei einzelnen Werten ($n^2 \cdot P_k$, $n \in \mathbb{N} \setminus \{0\}$) ist ein Ausknicken möglich, die Amplitude w_{max} ist unbestimmt. Die Berücksichtigung des nichtlinearen Faktors $(1 + \dot{w}^2)^{-3/2}$ in der Krümmung führt zu der durch die ausgezogenen Graphen dargestellten Abhängigkeit: für $P < P_k$ ist $w_{max} = 0$, ab $P = P_k$ ist die stabile Lösung eine Auslenkung, die bereits für kleine Überschreitung von P_k sehr groß wird; eine Kraft P von etwas mehr als $2 P_k$ reicht aus, um die beiden Balkenenden zusammenzubiegen, eine höhere Kraft verbiegt den Balken zur Schlaufe (für $P \to \infty$ nähert sich w_{max} wieder 0, hier nicht eingezeichnet). Der Lösungsast, der bei $4 P_k$ beginnt, entspricht einer S-förmigen Durchbiegung. Für einen realen Balken (von hochelastischen Fällen wie Blattfedern abgesehen) setzt bei nennenswerter Überschreitung von P_k elastische Nichtlinearität ein, später bricht der Balken

Auslenkung B beliebige Werte annehmen kann; aber der Abstand beider Enden bleibt l, unter Drucklast würde also ein Stab länger! Erhöht man die Last etwas über den kritischen Wert $P_k = EJ \cdot (\pi/l)^2$, so ist ein Knicken nicht mehr möglich, der Balken richtet sich wieder auf, denn erst bei dem Wert $P = E \cdot J \cdot (2\pi/l)^2$ ist wieder Einknicken möglich. Die korrektere nichtlineare DGl (6.2.0.2 (iii)) $\dfrac{\ddot{w}}{(1+\dot{w}^2)^{3/2}} = M(x)$ gibt den Knickvorgang in dieser Hinsicht viel vernünftiger wieder. Der minimale Wert für eine Knicklast $EJ(\pi/l)^2$ wird auch mit dieser Gleichung erhalten; bei dem Beginn des Einknickens ist die Näherungsannahme $\dot{w}^2 \ll 1$ eben »ideal« erfüllt. Für die Praxis ist gerade diese Ermittlung der maximalen Belastbarkeit das Interessante.

Im Diagramm [Abb. 6.14] sind die maximalen Auslenkungen w_m für die Lösungen der linearen und der nichtlinearen DGl eingetragen: In Abb. 6.13 ist die labile Lösung, die bei $4P_k$ aus der trivialen sich entwickeln kann, dargestellt. Die nichtlineare DGl ergibt für jedes P eine bzw. zwei stabile Lösungen (Durchbiegung nach rechts und Durchbiegung nach links) sowie für ein P mit $E \cdot J(m \cdot \pi/l)^2 < P \leqslant EJ[(m+1)\pi/l]^2$ noch $2m - 1$ labile Lösungen.

6.2.4 Der Potenzreihenansatz

Für Leser von 4.3.4

Die gewöhnlichen DGlen beschreiben in den Anwendungen üblicherweise das Verhalten von Systemen mit endlich vielen „Freiheitsgraden" (Parametern) im Laufe der Zeit. Während für Schwingungsvorgänge sowie für Einstellvorgänge in ein Gleichgewicht häufig lineare DGlen mit konstanten Koeffizienten brauchbar sind, werden andererseits die Gleichungen für die Bewegung in Kraftfeldern im allgemeinen nichtlinear (vgl. Beispiel 6.0.1.3 (ii)). Lineare DGlen mit nichtkonstanten Koeffizienten treten hierbei fast nie auf; sie werden in einem ganz anderen Zusammenhang wichtig. Beschreibt man Vorgänge in Zeit *und* Raum, erhält man partielle DGlen. Unter Annahme bestimmter Symmetrien lassen sich diese oft auf gewöhnliche lineare DGlen zurückführen (vgl. 8.2.2.4); diese haben meist folgende Eigenschaften: Sie sind nicht mehr so direkt physikalisch interpretierbar, ihre Koeffizienten sind meist Polynome niedrigen Grades in der Variablen t und entsprechend den irregulären Stellen der benutzten Koordinatensysteme (etwa $r = 0$ in Polarkoordinaten) erfüllt der höchste Koeffizient nicht mehr die Bedingung, für alle t ungleich Null zu sein.

Für diese DGlen ist ein Lösungsverfahren entwickelt worden, das gewissermaßen zwischen den Verfahren bei DGlen mit konstanten Koeffizienten mit expliziter Angabe der Lösungsmengen in geschlossener Form und den numerischen Verfahren für allgemeine DGlen mit einer Angabe einzelner Lösungen durch Zahlentabellen steht: Der „verallgemeinerte *Potenzreihenansatz*“: Man versucht, für die Lösung $u(t)$ die Taylorreihe zu ermitteln. Hier nur ein Beispiel, das insofern untypisch einfach ist, als man Lösungen in Gestalt elementarer Funktionen erhalten kann:

$$t\ddot{u} + 2\dot{u} + t \cdot u = 0 .$$

Wir setzen zunächst für $u(t)$ eine Potenzreihe an:

$$u = \sum_{k=0}^{\infty} a_k t^k, \curvearrowright t \cdot u = \sum_{k=0}^{\infty} a_k t^{k+1} = \sum_{k=1}^{\infty} a_{k-1} t^k$$

$$\dot{u} = \sum_{k=1}^{\infty} a_k \cdot k \cdot t^{k-1} = \sum_{k=0}^{\infty} a_{k+1}(k+1)t^k$$

$$\ddot{u} = \sum_{k=2}^{\infty} a_k \cdot k \cdot (k-1)t^{k-2}; \; t\ddot{u} = \sum_{k=2}^{\infty} a_k k(k-1)t^{k-1} = \sum_{k=1}^{\infty} a_{k+1}(k+1)kt^k$$

und erhalten:

$$\sum_{k=1}^{\infty} a_{k+1}(k+1)kt^k + \sum_{k=0}^{\infty} 2a_{k+1}(k+1)t^k + \sum_{k=1}^{\infty} a_{k-1} t^k = 0 .$$

Da eine Potenzreihe $\Sigma b_k t^k$ nur dann für alle t den Wert 0 haben kann, wenn alle $b_k = 0$ sind, können wir einen „Koeffizientenvergleich“ für die Koeffizienten von t^k durchführen:

$(k = 0)$ $2a_1 = 0$ (nur die mittlere Summe trägt etwas bei!)

$(k > 0)$ $a_{k+1}(k+1)k + 2a_{k+1}(k+1) + a_{k-1} = 0$

$$\curvearrowright a_{k+1} = \frac{-1}{(k+1)(k+2)} a_{k-1} .$$

Für die AW $u(0) = 1, \dot{u}(0) = 0$ muß $a_0 = 1$ und $a_1 = 0$ sein, wir erhalten weiter: $a_2 = \frac{-1}{2 \cdot 3}, a_3 = 0, \ldots$, für gerade n: $a_n = \frac{(-1)^{n/2}}{(n+1)!}$, für ungerade n: $a_n = 0$. Die Reihe $\Sigma a_k t^k$ konvergiert für alle $t \in \mathbb{C}$, da sie sich durch die für alle t konvergente Reihe $\Sigma \frac{1}{n!}|t|^n = e^{|t|}$ majorisieren läßt, vgl. 4.3.5.12 und 4.3.4.8. Die durch $\Sigma a_k t^k$ definierte Funktion $u(t)$ läßt sich differenzieren (4.3.4.22) und erfüllt tatsächlich die DGl.

Für die AW $u(0) = 0$, $\dot{u}(0) = 1$ gibt der Ansatz keine Lösung, da jede Potenzreihe, wie oben gezeigt, $a_1 = 0$ also $\dot{u}(0) = 0$ hat, wenn sie die DGl löst. Da wir aber schon eine Lösung haben, könnte man die anderen mit Hilfe des Satzes 6.2.1.4 zu ermitteln versuchen.

Wir gehen hier einen anderen Weg und setzen an:

$$u = t^l \cdot \sum_{k=0}^{\infty} a_k t^k \quad \text{(wobei } l \in \mathbb{C} \text{ noch zu bestimmen ist).}$$

Rechnung wie oben und Koeffizientenvergleich ergibt:

$$\sum_{k=1}^{\infty} a_{k+1}(k+l+1)(k+l)t^{k+l} + \sum_{k=0}^{\infty} 2a_{k+1}(k+l+1)t^{k+l} + \sum_{k=1}^{\infty} a_{k-1} t^{k+l} = 0$$

$$2a_1(l+1) = 0$$

$$a_{k+1}(k+l+1)(k+l+2) + a_{k-1} = 0 \quad \forall\, k \geqslant 1 .$$

Damit wir die beiden ersten Koeffizienten a_0, a_1 frei wählen können und so zwei unabhängige Lösungen erhalten, muß $l + 1 = 0$, also $l = -1$ sein. Wir erhalten $u(t)$ in der Form $\frac{1}{t}\Sigma a_k t^k$. Man zeigt leicht, daß für $a_0 = 0, a_1 = 1: u(t) = \frac{1}{t}\sin t$; für $a_0 = 1, a_1 = 0: u(t) = \frac{1}{t}\cos t$ ist, da für die Taylorreihen von $\sin t$ und $\cos t$ die Koeffizienten a_k die Bedingung $a_{k+1} = -\dfrac{a_{k-1}}{k(k+1)}$ erfüllen. Die schon oben erhaltene bei $t = 0$ reguläre Lösung ist $\frac{1}{t}\sin t$ (die Koeffizienten sind dort anders numeriert).

Bemerkung

Der Vorteil der Darstellung einer Lösung mittels einer Potenzreihe gegenüber einer Tabelle von Wertepaaren, wie sie ein numerisches Verfahren liefern würde, ist der, daß sich häufig über die Rekursionsformel analytische Gesetzmäßigkeiten finden lassen, auch wenn die Lösung keine elementare Funktion ist. Für einige solcher linearen DGlen hat die Untersuchung der Lösungen durch verallgemeinerte Potenzreihen zu einem weit ausgebauten Gebiet der Analysis geführt: „Funktionen der mathematischen Physik". Da dieses Gebiet zwar für die Behandlung vieler Probleme wichtig ist, aber weniger zum prinzipiellen Verständnis beiträgt, soll hier nicht weiter darauf eingegangen werden.

7. Lineare Funktionenräume *(ein Ausblick)*

Zu zwei Begriffen aus dem »physikalischen Alltag«, dem Frequenzspektrum und der δ-»Funktion«, soll dem Leser eine (sehr vorläufige!) Vorstellung vermittelt werden, mit welchen Konzepten und Methoden der Gebrauch dieser gar nicht so »harmlosen« Begriffe gerechtfertigt werden kann. Die entscheidende Idee dafür ist das Bemühen, Ergebnisse über endlichdimensionale Vektorräume auf Lineare Räume von Funktionen zu übertragen.

7.0 Einstieg

1. Bereits aus Kap. 3 und 4 wissen*) wir, daß viele Mengen von Funktionen Lineare Räume sind. Wichtig daran ist weniger diese Erkenntnis selbst, als vielmehr die Hoffnung, die sich daran knüpft, Ergebnisse im $\mathbb{V}_n$ auf diese Räume zu übertragen. Dazu benötigen wir sinnvolle Entsprechungen für

- ein Inneres Produkt $(.|.)$ und eine Norm $\|.\|$,
- Basen, aus denen sich alle Elemente linearkombinieren lassen,
- einige zugehörige Räume, insbesondere den dualen Raum $\mathbb{V}^*$.

Ein naheliegender Zugang ist der Versuch, zu »diskretisieren«. Man betrachtet endliche Mengen A von „Stützstellen", z. B. die k-stelligen Dezimalzahlen im Intervall $[0; +1]$ und »tabelliert« die Funktionen für genau diese Stellen. Das ergibt einen $(10^k + 1)$-dimensionalen Raum. Die Funktionen e_a, die für a, eine der Stützstellen, den Wert 1, für die anderen den Wert 0 haben, bilden eine Basis. Ein mögliches inneres Produkt ist $(f|g) = \sum_{a \in A} f(a) \cdot g(a)$.

Ein entscheidender Nachteil hiervon stellt sich beim Übergang zu »immer mehr« Stützstellen heraus: es gibt kein vernünftiges Grenzverhalten. Für das innere Produkt läßt sich dies leicht reparieren; man dividiere etwa durch die Zahl der Stützstellen, d. h. in unserem konkreten Fall durch $10^k + 1$, und erhält im Grenzfall $k \to \infty$:

$$(f|g) := \int_0^{+1} f(t) g(t) \mathrm{d}t \,.$$

Die Basis-»vektoren« haben dann nicht mehr die Länge 1, sondern im Grenzfall geht $(e_a|e_a) \to 0$. Würde man diese e_a »normieren«, also

*) Der Leser sollte sich noch einmal die Beispiele aus 3.1.1.5 und die Ergebnisse von 3.4 ins Gedächtnis rufen.

mit $10^k + 1$ multiplizieren, ergäben sich im Grenzfall »scharfe, unendlich hohe Spitzen«.

Versucht man, als Basen »schöne einfache Klassen« stetiger Funktionen zu nehmen, wie etwa Polynome, so findet man, daß diese selber schon Lineare Räume bilden, also keine weiteren stetigen Funktionen »erzeugen« können; mit einem neuen durch Potenzreihen nahegelegten Konzept kommt man aber weiter: konvergente Reihen als »unendliche Linearkombinationen«.

2. Der Reiz von Funktionenräumen liegt darin, daß es neben den algebraischen noch analytische lineare Operationen gibt, insbesondere das Differenzieren und Integrieren. Die »kühne« Forderung nach unbeschränkter Durchführbarkeit der Differentiation führt auf „Distributionen“ (siehe unten: 7.2), die einen dualen Raum bilden (dort findet sich dann auch die δ-Funktion). Durch lineare Transformationen kann man sogar algebraische und analytische Operationen ineinander überführen (und so etwa Differentialgleichungen auf algebraische zurückführen), der Übergang zum „Frequenzspektrum“ tut dieses (siehe unten: 7.3).

Die beiden wohl auffälligsten Züge der „Funktionalanalysis“ sind:
- das äußerst einfache und anschauliche Grundkonzept,
- die verwirrende Vielfalt von „Konvergenzen“ und „Räumen“.

7.1 Fourieranalyse

Die Darstellung von Funktionen in einer orthonormierten Basis.

7.1.1 Einige Normen auf $\mathscr{C}$

1. Auf der Menge $\mathscr{C}(A)$ der stetigen Funktionen $A \to \mathbb{R}$ kann man folgende Normen einführen (in Analogie zu 2.2.4 und 3.4.2.4)

$$\|f\|_\infty := \sup_{t \in A} |f(t)|$$

$$\|f\| := \|f\|_2 := \left(\int_A |f|^2 \mathrm{d}\mu\right)^{1/2}$$

$$\|f\|_1 := \int_A |f| \mathrm{d}\mu .$$

(Überzeugen Sie sich, daß diese Ausdrücke die Bedingungen 3.2.2.4 an eine Norm erfüllen; für $\|.\|_2$ ist dieser Nachweis am einfachsten auf einem »Umweg«, siehe dazu weiter unten unter 9.) Als typisches Beispiel für den Fall $\mu(A) < \infty$ wird im folgenden $A = [-1; +1]$ gewählt und $A = \mathbb{R}$ für $\mu(A) = \infty$.

2. Aus 5.1.3.5/9 folgt

$$\left(\int_A |f|\right)^2 \leqslant \int_A 1 \cdot \int_A f^2 = \mu(A) \int_A f^2 \leqslant (\mu(A))^2 \sup_{t \in A} |f(t)|^2$$

also: $\|f\|_1 \leqslant \sqrt{\mu(A)} \|f\|_2 \leqslant \mu(A) \|f\|_\infty$.

$$\int_A |f|^2 = \int_A |f| \cdot |f| \leqslant \sup |f| \cdot \int_A |f|, \text{ also } (\|f\|_2)^2 \leqslant \|f\|_\infty \cdot \|f\|_1 .$$

3. Zu jeder Norm gibt es die Begriffe *Beschränktheit* ($\exists K: \forall n: \|f_n\| \leqslant K$) und *Konvergenz* von Folgen ($\|f_n - f\| \to 0$). $\|.\|_\infty$-Konvergenz heißt „*gleichmäßige Konvergenz*"; $\|.\|_2$-Konvergenz heißt „*Konvergenz im (quadratischen) Mittel*". Von einer Norm-Konvergenz zu unterscheiden ist die *punktweise Konvergenz* $f_n \to f\ (\forall t \in A: f_n(t) \to f(t))$.

4. Es gilt:

(a) $\|f_n - f\|_\infty \to 0 \Leftrightarrow \sup_t |f_n(t) - f(t)| \to 0$
$\Rightarrow \forall t: f_n(t) \to f(t) \Leftrightarrow f_n \to f$.

(b) Sind die f_n stetig und gilt $\|f_n - f\|_\infty \to 0$, so ist f stetig.

(c) Für $\mu(A) < \infty$ folgt (aus 2):
$\|f_n - f\|_\infty \to 0 \Rightarrow \|f_n - f\|_2 \to 0 \Rightarrow \|f_n - f\|_1 \to 0$.

(d) Aus $\|f_n\|_\infty$ beschränkt und $\|f_n - f\|_1 \to 0$ folgt $\|f_n - f\|_2 \to 0$ (wegen 2).

(e) Für $\mu(A) < \infty$ gilt: Aus $f_n \to f$ und $\|f_n - f\|_2$ beschränkt folgt $\|f_n - f\|_1 \to 0$; aus $f_n \to f$ und $\|f_n - f\|_\infty$ beschränkt folgt $\|f_n - f\|_2 \to 0$ und $\|f_n - f\|_1 \to 0$.

((b) und (e) werden in diesem Buch nicht bewiesen.)

Achtung: Andere Beziehungen zwischen diesen Konvergenzen bestehen nicht [dazu folgen Gegenbeispiele in (i)]. Für $A = \mathbb{R}$, also auf $\mathscr{C}(]-\infty; +\infty[)$ gehen die Eigenschaften von (c) und (e) verloren [Gegenbeispiele (ii)]. Im Gegensatz zu endlich dimensionalen Räumen $\mathbb{E}_n$ bzw. $\mathbb{V}_n$ (vgl. 2.2.4.6) führen die drei Normen aus 1 auf unterschiedliche Beschränktheiten bzw. Konvergenzen.

Gegenbeispiele

(i) Für $A = [-1; +1]$.

Sei $g_a(t) := \dfrac{2t}{t^2 + a^2}$ mit $a > 0$. Es ist $\max_{t \in A} |g_a(t)| = g_a(a) = \dfrac{1}{a}$. Eine Stammfunktion zu g_a ist $\log(t^2 + a^2)$, zu $(g_a)^2$ ist $\dfrac{-2t}{t^2 + a^2} + \dfrac{2}{a} \arctan \dfrac{t}{a}$.

Beispiele für die Rechnungen zu nachstehender Liste.

$$g_{1/n}(t) \to \begin{cases} 2/t & t \neq 0 \\ 0 & t = 0 \end{cases} \qquad \|g_{1/n}\|_\infty = n$$

$$(\|g_{1/n}\|_2)^2 = 4n \arctan n - \frac{4 \cdot n^2}{1+n^2}$$

$$\|g_{1/n}\|_1 = \int_{-1}^{0} -g_{1/n} + \int_{0}^{1} g_{1/n} = 2\left(\log\left(1+\frac{1}{n^2}\right) - \log\frac{1}{n^2}\right)$$
$$= 2\log(n^2+1).$$

Für $f_n = \frac{1}{4\log n} \cdot g_{1/n}$ mit $n > 1$ ist:

$$|f_n(t)| \leqslant \left\{\begin{matrix} \frac{1}{2|t|\log n} & t \neq 0 \\ 0 & t = 0 \end{matrix}\right\} \to 0 \quad \text{(für } n \to \infty \text{ bei festem } t)$$

$$\|f_n\|_\infty = \frac{n}{4\log n} \to \infty$$

$$\|f_n\|_2 \to \infty \text{ wie } \frac{\sqrt{2\pi n}}{4\log n} \quad \left(\text{da } \lim \arctan n = \frac{\pi}{2} \text{ ist}\right).$$

$$\lim \|f_n\|_1 = \lim \frac{1}{2}\frac{\log(n^2+1)}{\log n} = \frac{1}{2}\lim \frac{2n}{n^2+1} \cdot \frac{1}{1/n} = 1 \text{ (4.2.7.13)}.$$

$$\text{Sei } \varphi_n : t \mapsto \begin{cases} (-1)^n \cdot t^{1/n} & t > 0 \\ 0 & t < 0 \end{cases}$$

$\to$	$f_n(t)$ $\not\to$	$\|f_n\|_1$	$\|f_n\|_2$	$\|f_n\|_\infty$
$\frac{1}{\log(\log n)} \cdot g_{1/n}$	$n^2 t^n$	∞	∞	∞
$\frac{1}{4 \cdot \log n} g_{1/n}$	$\frac{1}{2} n t^n$	1	∞	∞
$n^{-1/4} g_{1/n}$	$n^{3/4} t^n$	0	∞	∞
$\frac{1}{\sqrt{2\pi}} n^{-1/2} g_{1/n}$	$n^{1/2} t^n$	0	1	∞
$n^{-3/4} g_{1/n}$	$n^{1/4} t^n$	0	0	∞
$n^{-1} g_{1/n}$	$(-1)^n t^n$	0	0	1
$n^{-2} g_{1/n}$	$\nexists$ (4a)	0	0	0
$\nexists$ (4e)	$\varphi_n(t)$	1	1	1
$\nexists$ (4e)	$\varphi_n + n^{1/4} \cdot t^n$	1	1	∞
$\nexists$ (4d)	$\nexists$ (4d)	0	1	1

Die Folgen in der ($\rightarrow$)-Spalte konvergieren punktweise, und zwar gegen $f \equiv 0$, die Folgen in der ($\nrightarrow$)-Spalte nicht. Unter $\|f_n\|$ steht $\lim_{n\to\infty} \|f_n\|$; ist dieser Wert 1, so ist $\{f_n\}$ $\|.\|$-beschränkt, aber nicht $\|.\|$-konvergent; ist dieser Wert 0, so ist $\{f_n\}$ gegen $f \equiv 0$ $\|.\|$-konvergent.

Wem das Beispiel bei ($\nrightarrow$, 0, 0, 1) nicht gefällt, da $(-1)^n t^n$ für »fast alle Werte von t« (für $|t| \neq 1$) gegen $f \equiv 0$ konvergiert, nehme die f_n aus 5.1.3.7(d) und mache sie durch »Glätten« an den Sprungstellen stetig.

Die Angaben bei „$\nexists$" sind Hinweise auf die Aussagen (a)–(e) am Anfang dieses Absatzes.

(ii) Sei $A = \mathbb{R}$ und g_a wie in (i). Es gilt: $g_n(t) \to 0$ für alle t; $\|g_n\|_\infty = \frac{1}{n} \to 0$; $\|g_n\|_2 \to 0$; $\|g_n\|_1$ existiert nicht.

Für $\tilde{g}_n := \sqrt{n} \cdot g_n$ ist $\tilde{g}_n(t) \to 0$ für alle t; $\|\tilde{g}_n\|_\infty = \frac{1}{\sqrt{n}} \to 0$; $\|\tilde{g}_n\|_2 = \sqrt{2\pi}$;

Für $\hat{g}_n := n \cdot g_n$ ist $\hat{g}_n(t) \to 0$ für alle t; $\|\hat{g}_n\|_\infty \to 1$; $\|\hat{g}_n\|_2 \to \infty$.

5. Weiterhin können auf $\mathscr{C}$ definierte Funktionen oder Operationen bezüglich einer Norm stetig, bezüglich einer anderen Norm aber unstetig sein. Insbesondere lernen wir jetzt in ∞-dimensionalen Räumen unstetige Linearformen kennen:

Beispiel (vgl. Beispiel 3.1.3.13)

$\delta_a: f \mapsto \delta_a(f) = f(a)$ ist die Linearform, die einer Funktion ihren Wert an der Stelle a zuordnet. δ_a ist stetig bezüglich $\|.\|_\infty$, denn wegen 4(a) folgt aus $\|f_n - f\|_\infty \to 0$, daß $f_n(a) \to f(a)$, also

$$f_n(a) = \delta_a(f_n) \to \delta_a(f) = f(a).$$

δ_a ist unstetig bezüglich $\|.\|_2$; ein Gegenbeispiel ist Folge $f_n = t^n$ auf $A = [-1; +1]$ und $f \equiv 0$ bei $a = 1$: zwar geht $\|f_n - f\|_2 \to 0$ aber

$$\delta_1(f_n) = 1^n = 1 \neq 0 = \delta_1(f).$$

6. $\mathscr{C}([-1; +1])$ mit $\|.\|_\infty$

ist ein Banachraum, da er *vollständig* ist: Aus $\delta_n := \sup_m \|f_{m+n} - f_n\|_\infty \to 0$ folgt für alle t: $\delta_{n,t} := \sup_m |f_{m+n}(t) - f_n(t)| \leqslant \delta_n \to 0$, (da $|f_{m+n}(t) - f_n(t)| \leqslant \|f_{m+n} - f_n\|_\infty$), also ergibt die Vollständigkeit von $\mathbb{R}$ (2.2.5.8), daß es eine Funktion $f(t)$ gibt, gegen die $\{f_n\}$ $\|.\|_\infty$-konvergent ist; gemäß Aussage 4 (b) ist $f \in \mathscr{C}$.

7. Wichtig für die praktische Arbeit in $\mathscr{C}$ ist der

Satz (Approximationssatz von Weierstraß)

Für jede stetige Funktion $f: [-1; +1] \to \mathbb{R}$ und jede gewünschte Genauigkeit 10^{-n} gibt es ein Polynom f_n mit $|f_n(t) - f(t)| \leqslant 10^{-n}$ für alle $t \in [-1; +1]$; mit anderen Worten: $\|f_n - f\|_\infty \to 0$.

8. *Folgerung*

$\mathscr{C}([-1; +1])$ ist $\|.\|_\infty$-*separabel* (vgl. 3.4.2.1), da die Menge der Polynome mit Koeffizienten aus $\mathbb{D}$ (statt $\mathbb{R}$) zur Approximation ausreicht und abzählbar ist.

Warnung: In $\mathscr{C}(]-\infty; +\infty[)$ gilt Satz 7 nicht; dieser Raum ist auch nicht separabel.

9. $\mathscr{C}([-1; +1])$ *mit* $\|.\|_2$

ist ein Linearer Raum mit einer Norm, die von einem inneren Produkt stammt:

$$(f|g) = \int_{-1}^{+1} f(t)g(t)\mathrm{d}t \qquad \|f\|_2 = \sqrt{(f|f)}.$$

Daß $\int fg$ tatsächlich die Forderungen an ein inneres Produkt (3.2.2.1) erfüllt, ist direkte Konsequenz von Monotonie und Linearität der Integration. Daraus folgt gemäß 3.2.2.4, daß $\|.\|_2$ tatsächlich eine Norm ist; die Ungleichung 5.1.3.9 stellt sich als Spezialfall von 3.2.2.2 heraus:

$$\left(\int fg\right)^2 = (f|g)^2 \leqslant (f|f)(g|g) = \int f^2 \cdot \int g^2.$$

Wegen 4(c) läßt sich Satz 7 übertragen: Jedes $f \in \mathscr{C}$ kann durch Polynome f_n bezüglich $\|.\|_2$ approximiert werden. $\mathscr{C}$ ist aber nicht $\|.\|_2$-vollständig, also noch kein Hilbertraum; erst die Hinzunahme aller „quadratintegrablen" Funktionen (d. h. $\int_{-1}^{+1} [f(t)]^2 \mathrm{d}t$ existiert, aber f kann unstetig sein) ergibt einen $\|.\|_2$-vollständigen*) Raum.

Gegenbeispiel:

$$f_n := (|t| + 1/n)^{-1/4}; \; f(t) = \begin{cases} 0 & t = 0 \\ |t|^{-1/4} & t \neq 0 \end{cases} \quad A = [-1; +1].$$

f ist unstetig, aber $\|f\|_2$ existiert und es gilt $\|f_n - f\|_2 \to 0$; die Folge stetiger Funktionen $\{f_n\}$ führt also aus $\mathscr{C}$ »heraus«. Übrigens gilt $\|f_n - f\|_\infty \to \infty$, da $f_n(0) = \sqrt[4]{n} \to \infty$ geht.

---

*) Das gilt nur, wenn im Lebesgueschen Sinne integriert wird; vgl. 5.1.2.6.

7.1.2 Darstellung in orthonormierten »Basen«

Zunächst allgemeine Theorie; eine konkrete Wahl von $\mathbb{V}$ und einer Basis $\boldsymbol{e}_{(k)}$ erfolgt in 7.1.3. Nur) in diesem Abschnitt wird $\boldsymbol{f}$ statt f usw. geschrieben, um den Anschluß an Kap. 3 herzustellen.

1. *Das Konzept*

$\mathbb{V}$ sei ein Linearer Raum mit innerem Produkt $(.|.)$ und zugehöriger Norm $\|.\|$.

Gewählt werde eine Folge $\{\boldsymbol{e}_{(k)}\}$ von Elementen, die orthonormiert sind; d. h.:

$$(*)\ (\boldsymbol{e}_{(k)}|\boldsymbol{e}_{(l)}) = \delta_{kl} \qquad \forall\, k, l \in \mathbb{N}\,.$$

Versucht wird, Elemente von $\mathbb{V}$ in der Form darzustellen:

$$(**)\ \boldsymbol{f} = \sum_{k=0}^{\infty} f_k \boldsymbol{e}_{(k)}$$

(das soll heißen: die „Teilsummen" $\boldsymbol{f}_{(n)} := \sum_{k=0}^{n} f_k \boldsymbol{e}_{(k)}$ konvergieren gegen $\boldsymbol{f}$: $\|\boldsymbol{f}_{(n)} - \boldsymbol{f}\| \to 0$).

Erhofft wird, daß mit den Koordinaten f_k gerechnet werden kann wie mit Koordinaten im $\mathbb{V}_n$.

2. *Problemstellungen*

Existenz: (a) Welche der Elemente von $\mathbb{V}$ sind in der Form (**) darstellbar? (Falls alle, dann heißt das *System* $\{\boldsymbol{e}_{(k)}\}$ *vollständig.*)

(b) Welchen Koordinatenfolgen f_k entsprechen Elemente $\Sigma f_k \boldsymbol{e}_{(k)} \in \mathbb{V}$? (Ein »Konvergenzkriterium« sowie eine Anforderung an die *Vollständigkeit* des *Raumes* $\mathbb{V}$.)

Eindeutigkeit: Folgt aus $\Sigma f_k \boldsymbol{e}_{(k)} = \Sigma g_k \boldsymbol{e}_{(k)}$ auch $f_k = g_k$ für alle k? (Um $f_k = g_k$ aus $\Sigma(f_k - g_k)\boldsymbol{e}_{(k)} = 0$ schließen zu können, benötigt man die *Unabhängigkeit* des Systems $\{\boldsymbol{e}_{(k)}\}$)

Wie *berechnet* man die f_k?

Was *bedeuten* die f_k »geometrisch«?

Erfüllt sich die Hoffnung auf die Nützlichkeit der Koordinatendarstellung? Gilt:

(a) $\alpha\boldsymbol{f} + \beta\boldsymbol{g} = \alpha\Sigma f_k \boldsymbol{e}_{(k)} + \beta\Sigma g_k \boldsymbol{e}_{(k)} = \Sigma(\alpha f_k + \beta g_k)\boldsymbol{e}_{(k)}$

(b) $(\boldsymbol{f}|\boldsymbol{g}) = \Sigma f_k g_k$

(c) $\|\boldsymbol{f}\| = \sqrt{\Sigma f_k^2}$

(d) $\frac{\mathrm{d}}{\mathrm{d}t}\boldsymbol{f}(t) = \Sigma f_k \frac{\mathrm{d}}{\mathrm{d}t}\boldsymbol{e}_{(k)}(t)$ (im Fall von *Funktionen*räumen)

3. Eine Teilantwort gibt der

Satz (Fourierentwicklung in orthonormierten Systemen)

(a) Wenn $\boldsymbol{f} = \sum_{k=0}^{\infty} \varphi_k \boldsymbol{e}_{(k)}$ ist, so muß $\varphi_k = (\boldsymbol{f} | \boldsymbol{e}_{(k)}) =: f_k$ sein.

(Die f_k heißen „*Fourierkoeffizienten*".)

(b) Unter allen Linearkombinationen $\sum_{k=0}^{n} \varphi_k \boldsymbol{e}_{(k)}$ der ersten $(n+1)$ »Vektoren« $\boldsymbol{e}_{(k)}$ ist $\boldsymbol{f}_{(n)} = \sum_{k=0}^{n} f_k \boldsymbol{e}_{(k)}$ mit $f_k = (\boldsymbol{f} | \boldsymbol{e}_{(k)})$ diejenige, die der Funktion $\boldsymbol{f}$ am »nächsten« liegt:

$$\min_{\varphi_k} \left\| \boldsymbol{f} - \sum_{k=0}^{n} \varphi_k \boldsymbol{e}_{(k)} \right\| = \left\| \boldsymbol{f} - \sum_{k=0}^{n} f_k \boldsymbol{e}_{(k)} \right\| = \sqrt{\|\boldsymbol{f}\|^2 - \sum_{k=0}^{n} f_k^2}\,.$$

Beweis (a) Für $n \geqslant k$ ist das innere Produkt der Teilsummen mit $\boldsymbol{e}_{(k)}$:

$$\left(\sum_{m=0}^{n} \varphi_m \boldsymbol{e}_{(m)} \middle| \boldsymbol{e}_{(k)} \right) = \sum_{m=0}^{n} \varphi_m (\boldsymbol{e}_{(m)} | \boldsymbol{e}_{(k)}) = \varphi_k. \text{ Also ist}$$

$$|\varphi_k - f_k| = \lim_{n \to \infty} \left| \left(\sum_{m=0}^{n} \varphi_m \boldsymbol{e}_{(m)} - \boldsymbol{f} \middle| \boldsymbol{e}_{(k)} \right) \right| \leqslant \lim_{n} \left\| \sum_{m=0}^{n} \varphi_m \boldsymbol{e}_{(m)} - \boldsymbol{f} \right\| \cdot \|\boldsymbol{e}_{(k)}\| = 0$$

(Schwarzsche Ungleichung und Voraussetzung $\boldsymbol{f} = \lim_{n \to \infty} \sum^{n} \varphi_m \boldsymbol{e}_{(m)}$.)

(b) $(\boldsymbol{f} - \sum^{n} \varphi_k \boldsymbol{e}_{(k)} | \boldsymbol{f} - \sum^{n} \varphi_k \boldsymbol{e}_{(k)}) = \|\boldsymbol{f}\|^2 - 2 \sum^{n} f_k \varphi_k + \sum^{n} \varphi_k^2$.

Differenzieren nach den »Variablen« φ_k und Nullsetzen der Ableitung ergibt als Bedingung für die Lage des Extremums: $-2 f_k + 2 \varphi_k = 0$; der extremale Wert ist dort $\|\boldsymbol{f}\|^2 - \sum_{k=0}^{n} f_k^2$.

4. *Kommentar* zu Satz 3 (vgl. die Probleme in 2.)

3(a) sichert die *Eindeutigkeit* und liefert ein *Berechnungsverfahren* für die f_k. Es gibt natürlich viele Folgen von Linearkombinationen der $\boldsymbol{e}_{(k)}$, die gegen $\boldsymbol{f}$ konvergieren, wenn es überhaupt eine gibt; aber nur eine von diesen ist Folge von Teilsummen einer Reihe!

3(b) gibt eine *geometrische Deutung*: $\boldsymbol{f}_{(n)}$ ist der »Fußpunkt des Lotes« von $\boldsymbol{f}$ auf den von $\{\boldsymbol{e}_{(k)}; k = 0, \ldots, n\}$ erzeugten Teilraum von $\mathbb{V}$.

Ein Kriterium für die *Vollständigkeit* von $\{\boldsymbol{e}_{(k)}\}$: Für alle $\boldsymbol{f} \in \mathbb{V}$ muß $\|\boldsymbol{f}\|^2 = \sum_{k=0}^{\infty} f_k^2$ sein, da genau dann $\|\boldsymbol{f}_{(n)} - \boldsymbol{f}\| \to 0$ geht.

Ein *Konvergenzkriterium:* $\{f_k\}$ kann Koordinatenfolge nur dann sein, wenn $\Sigma f_k^2 < \infty$; dies ist bei Vollständigkeit des Raumes auch ein hinreichendes Kriterium.

7.1.3 Fourierreihen

1. Zurück zum konkreten Fall $\mathbb{V} = \mathscr{C}([-1;+1])$ mit $(f|g) = \int_{-1}^{+1} fg\,dt$.

Für eine orthonormale »Basis« bieten sich an: Polynome sowie Exponential- bzw. trigonometrische Funktionen; die kennt man »am besten« und hat nur hier die Chance, für eine nennenswerte Anzahl von wichtigen Funktionen f, die Fourierkoeffizienten (durch Partielle Integration) wirklich in geschlossener Form ausrechnen zu können.

(A) Fordert man, daß $e_{(k)}$ ein Polynom k-ten Grades ist, gelangt man zu den „Legendre Polynomen":

$$\sqrt{\frac{2k+1}{2}}\cdot p_k(t) = \frac{\sqrt{2k+1}}{\sqrt{2}\,2^k\cdot k!}\cdot\frac{d^k(t^2-1)^k}{dt^k},$$

denn diese erfüllen $\int_{-1}^{+1} p_k\cdot p_l\,dt = \delta_{kl}\cdot\frac{2}{2k+1}$ (vgl. 5.2.2.7 (iv)).

(B) Untersucht man nicht Funktionen auf $[-1;+1]$, sondern auf dem »Kreis« $\{z = e^{i\pi t}\}$ oder, was dasselbe ist, Funktionen mit Periode 2, geht man am besten von Polynomen zu Exponential-/Trigonometrischen Funktionen über:

$$t\mapsto e^{i\pi t},\ t^k\mapsto(e^{i\pi t})^k = e^{i\pi kt} = \cos\pi kt + i\sin\pi kt\,.$$

2. Die orthonormalen Systeme (*) und die Fourierentwicklungen(**), die „*Fourierreihen*" im engeren Sinne, sehen dann so aus:

$$(*)\ t\mapsto\frac{1}{\sqrt{2}}e^{i\pi kt}\quad (k \text{ durchläuft alle } \textit{ganzen} \text{ Zahlen } \mathbb{Z}!)$$

$$(**)\ f = c_0 + \sum_{k=1}^{\infty}(c_k e^{i\pi kt} + c_{-k}e^{-i\pi kt}) = \sum_{-\infty}^{+\infty} c_k e^{i\pi kt},\ c_k = \frac{1}{2}\int_{-1}^{+1} f(t)e^{-i\pi kt}dt$$

$$(*)\ t\mapsto\frac{1}{2} = \frac{1}{2}\cos 0\cdot t,\ \ t\mapsto\cos\pi kt,\ \ t\mapsto\sin\pi kt\quad (k\in\mathbb{N}\setminus\{0\})$$

$$(**)\ f = \frac{a_0}{2} + \sum_{k=1}^{\infty}(a_k\cos\pi kt + b_k\sin\pi kt)$$

$$a_k = \int_{-1}^{+1} f(t)\cos\pi kt\,dt\qquad b_k = \int_{-1}^{+1} f(t)\sin\pi kt\,dt\,.$$

Die Orthonormalität der trigonometrischen Funktionen wurde in 5.2.2.7 (v) gezeigt; für die Exponentialfunktionen folgt sie aus

$$\int_{-1}^{+1} e^{i\pi kt} \cdot e^{-i\pi mt}\,dt = \begin{cases} 2 \text{ für } k = m \\ 0 \text{ für } k \neq m \end{cases}$$

(Man beachte 3.3.4.5, also $(e^{i\pi kt}|e^{i\pi mt}) = \int e^{i\pi kt} \cdot e^{-i\pi mt}\,dt = \int e^{i\pi(k-m)t}\,dt$.)

Betrachtet man Funktionen der Periode $2l$, so arbeitet man mit

$$t \mapsto \frac{1}{\sqrt{2l}} e^{i\pi kt/l},\ f = \sum_{-\infty}^{\infty} c_k e^{i\pi kt/l},\ c_k = \frac{1}{2l} \int_{-l}^{+l} f(t) e^{-i\pi kt/l}\,dt .$$

Durch 7.1.1.7 ist für $\mathscr{C}([-1;+1])$ die *Vollständigkeit* eines Systems, das Polynome jeden Grades enthält, gesichert. Da $t \leftrightarrow e^{i\pi t}$ umkehrbar eindeutig ist, ist auch das System von „Exponentialpolynomen" $\{(e^{i\pi t})^k, (e^{-i\pi t})^k\}$ vollständig.

3. *Beispiele* (als *periodische* Funktionen in Abb. 7.1)

$f(t) = |t|$ für $|t| \leqslant 1$, $f(t+2p) = f(t)$ für alle $p \in \mathbb{Z}$

$$a_0 = \int_{-1}^{+1} |t|\,dt = 2\int_0^1 t\,dt = 1,\ b_k = 0$$

$$a_k = 2\int_0^1 t \cdot \cos \pi kt\,dt = 2\left[\frac{\cos \pi kt}{(\pi k)^2} + \frac{t \sin \pi kt}{\pi k}\right]_0^1 = \begin{cases} \dfrac{-4}{(\pi k)^2} & k \text{ ungerade} \\ 0 & k \text{ gerade} \end{cases}$$

$$f(t) = \frac{1}{2} - \frac{4}{\pi^2}\left(\cos \pi t + \frac{\cos 3\pi t}{3^2} + \frac{\cos 5\pi t}{5^2} + \cdots\right)$$

$g(t) = \operatorname{sgn} t$ für $|t| < 1$, $g(t+2p) = g(t)$ für alle $p \in \mathbb{Z}$

$$g(t) = \frac{4}{\pi}\left(\sin \pi t + \frac{\sin 3\pi t}{3} + \frac{\sin 5\pi t}{5} + \cdots\right).$$

(Dies erhält man durch Ausrechnen der b_k oder – allerdings auf zunächst »ungerechtfertigtem« Wege – durch Differenzieren von $f(t)$; differenziert man noch einmal, erhält man formal:

$$\dot{g}(t) = 4(\cos \pi t + \cos 3\pi t + \cos 5\pi t + \cdots),$$

eine Reihe, die ganz sicher nicht konvergiert, da die Folge der Glieder nicht gegen Null geht; für $t = 0$ etwa erhalten wir $4(1+1+1+\cdots) = \infty$ und für $t = \frac{1}{3}$ die unbestimmt divergente Folge $4(\frac{1}{2} - 1 + \frac{1}{2} + \frac{1}{2} - 1 + \frac{1}{2} + \cdots)$.)

Betrachten wir Beispiel 6.2.0.2 (i); was passiert mit dem „Störglied" $\dot{U}(t)$, wenn man an den Schwingkreis eine »Rechteckspannung« $U(t) = U_0 \cdot g(t)$ legt? Erfreulicherweise kommt das gleiche Ergebnis heraus, ob man ganz einwandfrei die DGl stückweise von Sprung zu Sprung löst, oder ob man diese divergente Reihe für $\dot{U}$ einsetzt.

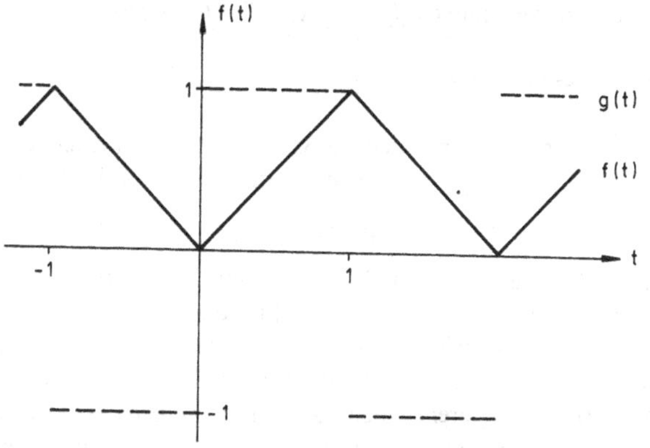

Abb. 7.1. Erläuterung siehe Text

Setzen wir der Einfachheit halber $R = 0$: $L\ddot{J} + \frac{1}{C} \cdot J = \dot{U}(t)$.

Bei einer von außen angelegten Spannung $U(t)$ mit einer Periode 2 machen wir den Ansatz: $J = \frac{a_0}{2} + \Sigma(a_n \cos \pi k t + b_n \sin \pi k t)$.

Etwa für $U(t) = U_0 \sin \pi t$ ist $\dot{U} = U_0 \pi \cos \pi t$ und

$a_1 = U_0 \pi \cdot C/(1 - CL \cdot \pi^2)$, $a_k = 0$ $(k \neq 1)$, $b_k = 0$

also: $J(t) = a_1 \cdot \cos \pi t$. (Ausnahme: Resonanzfall: $\pi^2 LC = 1$, da versagt unser Ansatz, da die Lösung nicht periodisch ist.)

Für $U = U_0 \cdot g(t)$ (Rechteckspannung) ist formal $\dot{U} = 4U_0(\cos \pi t + \cos 3\pi t + \cdots)$, also $a_k = 4(U_0/[1 - CL(\pi k)^2]$ (für ungerades k), $a_k = 0$ (für gerades k), $b_k = 0$. Diese Fourierkoeffizienten verhalten sich ungefähr wie $\frac{A}{k^2}$, mit $A = \frac{4U_0}{CL\pi^2}$, also wird die Lösung $J(t)$ trotz der »gewagten« Zwischenschritte durch eine »ordentliche« konvergente Reihe gegeben (wegen $|\cos k\pi t| \leqslant 1$ majorisiert durch die „harmonische Reihe" $A \cdot \sum \frac{1}{k^2}$, deren Konvergenz in 5.2.3.3 gezeigt wurde).

4. *Das Konvergenzverhalten von Fourierreihen*

Die Fourierreihen sind gemäß ihrer Konstruktion an die Norm $\|.\|_2$ *angepaßt.*

Jede Funktion $f: [-1;1] \to \mathbb{R}$, die quadratintegrabel ist, für die also $\|f\|_2$ existiert (dazu gehören alle stetigen Funktionen), ist $\|.\|_2$-Grenzwert ihrer Fouriersummen $f_{(n)} = \sum_{-n}^{+n} c_k e^{i\pi kt}$: $\|f_{(n)} - f\|_2 \to 0$:

aus $\sum_{-\infty}^{+\infty} |c_k|^2 = (\|f\|_2)^2 < \infty$ folgt $\|f_{(n)} - f\|_2 \to 0$.

Umgekehrt existiert (nach einem Satz von Riesz) zu jeder Koeffizientenfolge $\{c_k\}$ mit $\Sigma|c_k|^2 < \infty$ eine quadratintegrable Funktion f mit $\left\| \sum_{-n}^{n} c_k e^{i\pi kt} - f \right\|_2 \to 0$. Oft wird gefragt, ob $f_{(n)}$ nicht nur im quadratischen Mittel, sondern auch gleichmäßig oder punktweise gegen f konvergiert. Dies ist eine »unpassende« Frage, da $\|.\|_\infty$ die »falsche« Norm ist; sie ist daher äußerst schwierig und immer noch nicht völlig geklärt. Es gibt stetige Funktionen f, für die die Fouriersummen $f_{(n)}$ nicht für alle t gegen $f(t)$ konvergieren. Nach Satz 7.1.1.7 muß es aber für stetiges f auch $\|.\|_\infty$-konvergente Folgen von „trigonometrischen Polynomen" geben. Ein Satz von Fejer liefert eine solche Folge:

$$\tilde{f}_{(n)} := \frac{1}{n} \sum_{k=0}^{n} f_{(k)}, \quad \|\tilde{f}_{(n)} - f\|_\infty \to 0 \quad \text{für stetiges } f;$$

die arithmetischen Mittel der Fouriersummen konvergieren gleichmäßig gegen f, auch wenn die Fouriersummen selbst nicht punktweise konvergieren.

5. Für die Praxis brauchbar ist folgendes

Kriterium

Sei f eine periodische Funktion, die – abgesehen von endlich vielen *) Knick- und Sprungstellen – stetig differenzierbar ist. An diesen Stellen sollen von »links« und »rechts« Grenzwerte existieren:

$\lim f(t-h), \lim f(t+h), \lim \dot{f}(t-h), \lim \dot{f}(t+h)$ für $h > 0, h \to 0$,

sei $f(t) = \frac{1}{2} \lim [f(t-h) + f(t+h)]$.

Dann konvergiert die Fourierreihe $\{f_{(n)}(t)\}$ für jedes t gegen $f(t)$.

Ist darüber hinaus f stetig (hat also keine Sprünge), so geht $\|f_{(n)} - f\|_\infty \to 0$. ■

An den Sprungstellen tritt das *Gibbssche Phänomen* auf: Die $f_{(n)}$ »schwingen über« [vgl. Abb. 7.2]. Bei der Rechteckfunktion $g(t)$ aus 3 konvergieren die Maximalwerte der $g_{(n)}$ nicht gegen $\max g(t) = 1$, sondern gegen 1,18....

---

*) „endlich" viele im Periodizitätsbereich $[-1; +1]$; auf ganz $\mathbb{R}$ gibt es, wenn überhaupt welche, unendlich viele.

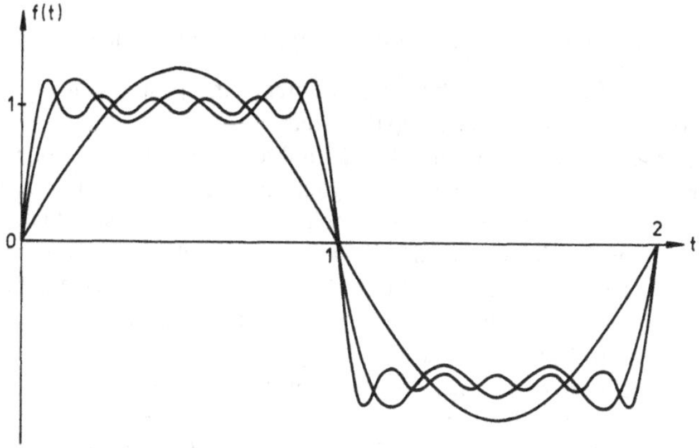

Abb. 7.2. Die Näherungen 1., 5. und 11. Ordnung für die Rechteckfunktion $g(t)$. Die Maxima der Näherungen konvergieren nicht gegen $\max g(t) = 1$, sondern gegen 1,18, die Lagen der Maxima konvergieren gegen die Sprungstellen (Gibbssches Phänomen)

6. Je »glatter« die Funktion, desto besser die Konvergenz:

Ist f r-mal stetig differenzierbar, dann fallen die Koeffizienten wie $1/k^r$ ab:

$$\exists M: |a_k|, |b_k| \quad \text{bzw.} \quad |c_k| \leqslant M/k^r .$$

Durch Partielle Integration ergibt sich nämlich:

$$c_k = \int_{-1}^{+1} f(t) \mathrm{e}^{-i\pi k t} \mathrm{d}t = \frac{-1}{i\pi k} f(t) \mathrm{e}^{-i\pi k t} \Big|_{-1}^{+1} + \frac{1}{i\pi k} \int_{-1}^{+1} \dot{f}(t) \mathrm{e}^{-i\pi k t} \mathrm{d}t$$

$$= \frac{1}{i\pi k} \int_{-1}^{+1} \dot{f}(t) \mathrm{e}^{-i\pi k t} \mathrm{d}t = \cdots = \frac{1}{(i\pi k)^r} \int_{-1}^{+1} f^{(r)}(t) \mathrm{e}^{-i\pi k t} \mathrm{d}t ;$$

man wähle $M = \frac{1}{\pi^r} \int_{-1}^{+1} |f^{(r)}(t)| \mathrm{d}t$.

Warnung: Werden statt Funktionen auf $\mathbb{R}$ mit Periode 2 Funktionen auf $[-1; +1]$ betrachtet, sind die Voraussetzungen durch die Forderung $f(-1) = f(+1), \ldots, f^{(r)}(-1) = f^{(r)}(+1)$ zu ergänzen!

7. *Anmerkung*

Mit Polynomen können Funktionen auf viele Arten approximiert werden:

(1) (Endliche) Linearkombinationen von Polynomen sind wieder Polynome; die Polynome bilden einen Linearen Raum.

(2) *Taylorreihen* $\sum \frac{f^{(k)}}{k!}(x - x_0)^k$. Analytische Funktionen f werden durch eine Folge von Polynomen („Potenzreihe") dargestellt, die in einem Punkt x_0 »optimal angepaßt« sind.

(3) *Interpolation:* Wählt man $k + 1$ Punkte x_i, so gibt es ein Polynom k-ten Grades p_k, das mit einer vorgelegten Funktion f in diesen Punkten übereinstimmt: $p_k(x_i) = f(x_i)$. Interpolation neigt zu Instabilität. So läßt sich nachrechnen, daß die Folge der Interpolationspolynome p_k für die »harmlos aussehende« Funktion $[1 + (\frac{x}{5})^2]^{-1}$ bei gleichmäßiger Verteilung der x_i auf dem Intervall $[-1; +1]$ divergiert.

(4) *Gleichmäßige Approximation:* Für jedes auf einem Intervall $[a; b]$ stetige f gibt es eine Folge von Polynomen $\{p_k\}$ mit $\|p_k - f\|_\infty \to 0$; der Maximalunterschied $\max|p_k(t) - f(t)|$ geht gegen 0.

(5) *Approximation im Mittel:* Für jede auf $[a; b]$ quadratintegrable Funktion f gibt es eine Folge von Polynom $\{p_k\}$ mit $\|p_k - f\|_2 \to 0$; der (quadratische) Mittelwert der Abweichungen $p_k - f$ geht gegen Null.

7.2 Distributionen

Der Raum der stetigen Linearformen auf einer Menge »glatter« Funktionen führt zu einer Erweiterung des Funktionsbegriffes und ist ein Bereich für uneingeschränkt zulässige Differentiation.

1. *Physikalischer Ausgangspunkt*

Durch Idealisierung entstehen bei »Dichten« oder »Verteilungen« (lat. „*distributiones*") die δ-»Funktionen«: Man konzentriert eine Masse in einem Punkt oder man betrachtet Kraftstöße, die in ∞-kurzer Zeit einen Impuls übertragen u. ä. Ein naheliegender Versuch, dieses mathematisch in den Griff zu bekommen, ist die Approximation einer solchen Dichte durch »glatte« Verteilungen δ_n, die im Grenzfall dieselbe »Wirkung« erzeugen wie die in einem Punkt konzentrierte. Als *Funktionen* können die δ_n natürlich *nicht* konvergieren; wie also sonst, und was heißt: „dieselbe Wirkung"? Nun, Dichten selbst sind nicht direkt zu beobachten, immer nur Integrale über sie. Bei einer Punktmasse μ in p gilt für die Masse m in einem Bereich A:

$$m(A) = \int_A \mu \cdot \delta(x - p)\,\mathrm{d}x = \begin{cases} \mu & p \in A \\ 0 & p \notin A \end{cases} \quad (x \in \mathbb{E}_3; \mathrm{d}x = \mathrm{d}x^1 \cdot \mathrm{d}x^2 \cdot \mathrm{d}x^3).$$

Das „Moment", das diese Masse (bezogen auf den Ursprung) erzeugt, ist:

$$\int_A r(x) \cdot \mu\delta(x - p)\,\mathrm{d}x = \mu \cdot r(p), \quad (r(x) = \|x\|).$$

Gesucht wird also eine Folge δ_n, so daß für jede offene Menge A $\lim \int_A \delta_n(x)\,dx = 1$ ist, falls $0 \in A$ bzw. $= 0$ ist, falls $0 \notin A$ ist, und – allgemeiner – $\lim \int f(x)\delta_n(x)\,dx = f(0)$ für eine stetige Funktion f ist, z. B. für das Moment: $f = \mu \cdot r$.

2. *Mathematischer Ausgangspunkt*

Einige wichtige lineare Operationen sind nicht stetig und – noch schlimmer – nicht für alle Funktionen definiert, z. B. δ_a (vgl. 7.1.1.5) oder $\frac{d}{dt}$ usw. Will man Mengen erhalten, in denen solche Operationen möglichst ohne Einschränkung durchführbar sind, muß man die Menge der betrachteten Funktionen entweder stark *einschränken* (etwa zu den analytischen Funktionen gehen, für die ist »so ziemlich alles erlaubt«) oder stark *erweitern*, nämlich um die »idealen Elemente«, die die Ergebnisse der formal angewendeten, aber in der Menge der stetigen Funktionen nicht durchführbaren Operationen werden sollen (so wie $\mathbb{Z}$ zu $\mathbb{Q}$ erweitert wird, um die Divisionen ausführen zu können).

Der Zusammenhang mit dem Ausgangspunkt von 1 wird am Beispiel 7.1.3.3 (Rechteckspannung U) deutlich. Die Fourierreihe für das δ-förmige Störglied $\dot{U}$ erhielten wir durch formales Differenzieren der Fourierreihe einer nicht differenzierbaren Funktion U.

Die Überlegungen von 1 weisen auch einen Weg zur Konstruktion der Distributionen: Die Wirkung der Verteilungen $\delta_n(x - p)$ auf f ist im Grenzfall $n \to \infty$ genau die der Linearform δ_p: $\delta_p(f) = f(p)$.

Will man alle Distributionen als *Linearformen* gewinnen, also als Elemente eines dualen Raumes $\mathbb{V}^*$, braucht man einen Raum von „Testfunktionen" $\mathbb{V}$. Operationen für Distributionen versucht man zu definieren, indem sie an den Testfunktionen ausgeführt werden, und die Distributionen dann als Linearformen auf die Ergebnisse wirken. Daher sollen alle Operationen, die für Distributionen erklärt werden sollen, in der Menge der Testfunktionen uneingeschränkt ausführbar sein.

Um alle diese Ausgangspunkte zu »verklammern«, müssen auch die gewöhnlichen Funktionen als Distributionen deutbar sein, nur dann erhält man eine *Erweiterung* des Funktionsbegriffes.

3. *Der Raum der Testfunktionen $\mathcal{D}$ (auf $\mathbb{R}$)*

Definition 1

Wir schreiben vor: Eine Funktion φ gehört zu $\mathcal{D}$, wenn

(1) φ beliebig oft differenzierbar ist,

(2) und es ein Intervall $[a;b] \subset \mathbb{R}$ gibt, so daß $\varphi \equiv 0$ auf $\mathbb{R} \setminus [a;b]$ ist,

(dann existiert auch $\int\limits_{-\infty}^{t} \varphi(s)\mathrm{d}s$, $\int\limits_{-\infty}^{t} \left(\int\limits_{-\infty}^{s} \varphi(r)\mathrm{d}r \right) \mathrm{d}s$ usw., aber im allgemeinen, nämlich wenn $\int\limits_{-\infty}^{+\infty} \varphi(t) \neq 0$ ist, ist eine Stammfunktion von φ nicht mehr Element von $\mathcal{D}$. Natürlich ist $\mathcal{D}$ ein Linearer Raum.)

Definition 2

Eine Konvergenz ist so erklärt:

$\varphi_n \to \varphi$ $(\varphi_n, \varphi \in \mathcal{D})$ gilt genau dann, wenn
(1) Es gibt ein Intervall $[a;b] \subset \mathbb{R}$: $\forall n: \varphi_n \equiv 0$ in $\mathbb{R} \setminus [a;b]$
(2) Alle Ableitungen $\varphi_n^{(k)}$ konvergieren gleichmäßig:

$\forall k \in \mathbb{N}: \|\varphi_n^{(k)} - \varphi^{(k)}\|_\infty \to 0$.

(Dann ist das Differenzieren eine *stetige* Operation auf $\mathcal{D}$.)

Definition 3

Eine *Distribution* ist Element des Dualraumes $\mathcal{D}^*$; d. h. $u \in \mathcal{D}^*$, wenn $u: \mathcal{D} \to \mathbb{R}$ *Linearform* ist und wenn u *stetig* ist: Aus $\varphi_n \to \varphi$ folgt $u(\varphi_n) \to u(\varphi)$ für alle $\varphi_n, \varphi \in \mathcal{D}$.

Bemerkungen

Es gibt wirklich solche Testfunktionen, z. B. ist

$$t \mapsto \begin{cases} e^{-\frac{1}{(t-a)^2(t-b)^2}} & a < t < b \\ 0 & \text{sonst} \end{cases}$$

nach dem Argument in 4.2.9.9 beliebig oft differenzierbar bei $t = a$ und b (und für die anderen t erst recht).

Es gibt »immer noch« unstetige Linearformen auf $\mathcal{D}$, aber es ist nicht mehr so einfach wie bei $\mathcal{C}$, solche zu finden.

Jeder stetigen Funktion f entspricht eine Distribution, nämlich die Linearform

$$\varphi \mapsto \int\limits_{-\infty}^{+\infty} f(t)\varphi(t)\mathrm{d}t\,.$$

(Das entspricht der Zuordnung von 4.4.3.3 (a) $\mathbb{V} \to \mathbb{V}^*$:

$f \to \downarrow f$ mit $(f|\varphi) = \downarrow f(\varphi)$ für alle $\varphi \in \mathbb{V}$.)

4. *Definition („Distributionelle Ableitung")*

Als Ableitung einer Distribution u definiert man sinnvollerweise diejenige Linearform u', die jeder Testfunktion φ den Wert $-u(\dot{\varphi})$ zuordnet.

Für stetig differenzierbare Funktionen u liest sich das so:

$$u'(\varphi) = \int_{\mathbb{R}} \dot{u}(t) \cdot \varphi(t) \mathrm{d}t = -\int_{\mathbb{R}} u(t) \cdot \dot{\varphi}(t) \mathrm{d}t = -u(\dot{\varphi})$$

(Das ergibt sich durch Partielle Integration, weil φ gemäß Definition 1(2) an den Enden eines hinreichend großen Intervalls gleich 0 ist.)

u' ist tatsächlich Linearform (weil $u'(\alpha\varphi + \beta\psi) = -u[(\alpha\varphi + \beta\psi)^{\dot{}}] = -u(\alpha\dot{\varphi} + \beta\dot{\psi}) = -\alpha u(\dot{\varphi}) - \beta u(\dot{\psi}) = \alpha u'(\varphi) + \beta u'(\psi)$ ist) und stetig, weil in $\mathscr{D}$ aus $\varphi_n \to \varphi$ auch $\dot{\varphi}_n \to \dot{\varphi}$ folgt (nach Definition 2(2)), also ist $u' \in \mathscr{D}^*$.

Achtung

Die „Variablen" von Distributionen sind Testfunktionen, nicht wie bei Funktionen Punkte. $\delta_0 : \varphi \mapsto \varphi(0)$, also $\delta_0(\varphi) = \varphi(0)$, die Schreibweise „$\delta(t)$" ist an sich sinnlos, auch in der Fassung $\int \delta(t)\varphi(t)\mathrm{d}t$; das ist nicht wirklich ein Integral, sondern eine suggestive Schreibweise für $\delta_0(\varphi)$.

Übrigens kann man Distributionen zwar nicht auf einzelne Punkte, aber auf beliebig kleine Intervalle $]a;b[$ »lokalisieren«, indem man Testfunktionen nimmt, die außerhalb von $[a;b]$ gleich 0 sind.

5. *Beispiel*

$f : t \mapsto \lvert t\rvert/2$	$\frac{1}{2}\int_{-\infty}^{+\infty} \lvert t\rvert \ddot{\varphi}(t)\mathrm{d}t = -\frac{1}{2}\int_{-\infty}^{0} t\ddot{\varphi}(t)\mathrm{d}t + \frac{1}{2}\int_{0}^{+\infty} t\ddot{\varphi}\mathrm{d}t$
$f' : t \mapsto \frac{1}{2}\operatorname{sgn}(t)$	$= \frac{1}{2}\int_{-\infty}^{0} \dot{\varphi}(t)\mathrm{d}t - \frac{1}{2}\int_{0}^{\infty} \dot{\varphi}(t)\mathrm{d}t = -\frac{1}{2}\int_{-\infty}^{+\infty} \operatorname{sgn}(t)\dot{\varphi}\mathrm{d}t$
$f'' : t \mapsto \delta(t)$	$= \frac{1}{2}\varphi(0) + \frac{1}{2}\varphi(0) = \varphi(0) = \int_{-\infty}^{+\infty} \delta(t)\varphi\mathrm{d}t$
$f''' : t \mapsto \delta'(t)$	

Die distributionelle Ableitung von δ ist dann die Linearform, die einem φ den Wert der Ableitung $-\dot{\varphi}$ bei $t = 0$ zuordnet.

Ein weiteres Beispiel für die Einführung einer Operation für Distributionen durch »Überwälzen« einer Operation für Testfunktionen unter dem »Integral«*):

$$\int_{-\infty}^{+\infty} \delta(at+b)\varphi(t)\mathrm{d}t = \mathrm{sgn}(a)\int_{-\infty}^{+\infty} \delta(u)\cdot\varphi\left(\frac{u-b}{a}\right)\frac{\mathrm{d}u}{a} = \frac{1}{|a|}\varphi\left(-\frac{b}{a}\right)$$

also: $\delta(at+b) = \frac{1}{|a|}\cdot\delta\left(t-\frac{b}{a}\right)$.

6. Zu jeder Distribution u gibt es eine Folge u_n von stetigen Funktionen (man kann sogar Testfunktionen wählen) mit der Eigenschaft, daß für jede Testfunktion φ gilt:

$$\lim_{n\to\infty}\int_{-\infty}^{+\infty} u_n(t)\varphi(t)\mathrm{d}t = \int_{-\infty}^{+\infty} u(t)\varphi(t)\mathrm{d}t\,.$$

Das bedeutet, daß das anfangs erwähnte Konzept durchführbar ist, über Folgen von Funktionen zu Distributionen zu gelangen. Zur δ-Distribution gelangt man zum Beispiel durch:

$\delta_n(t) := \frac{n}{\sqrt{\pi}}\mathrm{e}^{-(nt)^2}$, für ein stetiges und integrables f ist:

$$\lim_{n\to\infty}\int \delta_n(t)f(t)\mathrm{d}t = f(0)\,.$$

7. *Warnung*

Multiplikation von Distributionen ist im allgemeinen nicht möglich; »$\delta\cdot\delta$« ergäbe $\int\delta(t)\delta(t)\mathrm{d}t = \delta(0) = \infty$, aber $\lim_{n\to\infty}\int\delta(t+\frac{1}{n})\delta(t)\mathrm{d}t = \lim_{n\to\infty}\delta(\frac{1}{n}) = 0$.

7.3 Die Fouriertransformation

1. Analog zur Schreibweise der Linearformen $\int u(t)\varphi(t)\mathrm{d}t$ schreibt man lineare Transformationen formal:

$$T: f(t)\to\hat{f}(s): \hat{f}(s) = \int T(s,t)f(t)\mathrm{d}t$$

mit dem „Kern" T. Als wichtiges Beispiel wird hier $T(s,t) = \mathrm{e}^{-ist}$ betrachtet.

---

*) Die Substitution $\tau = at + b$ ergibt für $a < 0$ die Grenzen $\int_{+\infty}^{-\infty}$, also: $-\int_{+\infty}^{-\infty} = \mathrm{sgn}(a)\int_{-\infty}^{+\infty} = \frac{a}{|a|}\int_{-\infty}^{+\infty}$.

Zusatz: Zu dieser Transformation gelangt man, wenn man in der Fourierentwicklung die Länge $2l$ der Periode gegen ∞ gehen läßt und ersetzt*):

$$\frac{\pi k}{l} \to s, \quad \frac{\pi(k+1)}{l} - \frac{\pi k}{l} = \frac{2\pi}{2l} \to \mathrm{d}s, \quad 2lc_k \to \hat{f}(s), \quad \Sigma \to \int$$

$$f(t) = \sum_{-\infty}^{+l} c_k e^{i\pi kt/l} \to f(t) = \frac{1}{2\pi} \lim_{L\to\infty} \int_{-L}^{+L} \hat{f}(s) \mathrm{e}^{ist} \mathrm{d}s$$

$$2l \cdot c_k = \int_{-\infty}^{+\infty} f(t) \mathrm{e}^{-i\pi kt/l} \mathrm{d}t \to \hat{f}(s) = \lim_{L\to\infty} \int_{-L}^{+L} f(t) \mathrm{e}^{-ist} \mathrm{d}t .$$

2. *Regeln und Eigenschaften*

(a) Die Umkehrtransformation ist:

$$T^{-1}: f(t) = \frac{1}{2\pi} \int_{-\infty}^{+\infty} \mathrm{e}^{+ist} \hat{f}(s) \mathrm{d}s .$$

(Das wird oben im Zusatz zu 1. plausibel gemacht.) Insbesondere ist $\hat{\hat{f}}(t) = 2\pi f(-t)$.

(b) T und T^{-1} sind (natürlich!) linear:

$$\widehat{(\alpha f + \beta g)} = \alpha \hat{f} + \beta \hat{g} . \quad (\alpha, \beta \in \mathbb{R}|\mathbb{C})$$

(c) Ist f quadratintegrabel, so auch $\hat{f}$, und zwar gilt:

$$\int_{-\infty}^{+\infty} |f(t)|^2 \mathrm{d}t = \frac{1}{2\pi} \int_{-\infty}^{+\infty} |\hat{f}(t)|^2 \mathrm{d}t .$$

(d) Bei einer linearen Variablentransformation gelten folgende Regeln (über Substitution zu zeigen)

$$\widehat{f(t-b)} = \mathrm{e}^{-ibs} \hat{f}(s) \qquad \widehat{f(at)} = \frac{1}{|a|} \hat{f}\left(\frac{s}{a}\right)$$

$$\widehat{\mathrm{e}^{ibt} f(t)} = \hat{f}(s-b) \qquad \widehat{\frac{1}{|a|} f\left(\frac{t}{a}\right)} = \hat{f}(as) .$$

(e) Differentiationsregeln (über Partielle Integration zu erhalten)

$$\widehat{\frac{\mathrm{d}^n}{\mathrm{d}t^n} f(t)} = \widehat{f^{(n)}(t)} = (is)^n \hat{f}(s); \quad \widehat{(-it)^n f} = \hat{f}^{(n)} = \frac{\mathrm{d}^n}{\mathrm{d}s^n} \hat{f}(s) .$$

---

*) Die Existenz der uneigentlichen Integrale hängt vom Wert s ab. Für $f \in \mathcal{D}$ ist $\hat{f}(s)$ für alle $s \in \mathbb{C}$ definiert. Führt man $\hat{f}$ als Distribution ein, existiert $\hat{f}$ für die meisten wichtigen Funktionen f. Für Gültigkeitsvoraussetzungen der folgenden Formeln muß auf einschlägige Literatur verwiesen werden.

(Das ist die angekündigte »Algebraisierung« einer analytischen Operation: statt Differentiation nur noch Multiplikation; damit wird eine Rückführung von einigen Differentialgleichungen auf algebraische Gleichungen möglich.)

(f) $T\colon \mathrm{e}^{-a^2t^2/2} \mapsto \frac{\sqrt{2\pi}}{a}\,\mathrm{e}^{-s^2/2a^2}$.

Im Grenzfall $a \to 0$ bzw. $1/a \to 0$ erhält man (g) bzw. (h):

(g) $T\colon 1 \mapsto 2\pi\delta(s)$

(h) $T\colon \delta(t) \mapsto 1$

(i) $T\colon \mathrm{e}^{i\omega t} \mapsto 2\pi\delta(s-\omega)$ (wegen (g) und (d))

(j) $T\colon \sin\omega t \mapsto i\pi(\delta(s+\omega) - \delta(s-\omega))$

(k) $T\colon t^n \mapsto 2\pi i^n \delta^{(n)}(s)$ (wegen (e))

(l) $T\colon \frac{1}{2}\operatorname{sgn}(t) \mapsto \frac{1}{is}$

$$\left(\frac{1}{2}\int_{-\infty}^{+\infty} \operatorname{sgn}(t)\mathrm{e}^{-ist}\,\mathrm{d}t = \int_0^{\infty} \mathrm{e}^{-ist}\,\mathrm{d}t = \frac{1}{is}\right)$$

(m) $T\colon \begin{cases} \mathrm{e}^{-kt}\sin\omega t & (t \geqslant 0) \\ 0 & (t < 0) \end{cases} \mapsto \frac{\omega}{(k^2+\omega^2-s^2) + i2ks}$

(n) $T\colon \sum_{k=-\infty}^{+\infty} c_k \mathrm{e}^{i\omega kt} \to \sum_{-\infty}^{+\infty} 2\pi c_k \delta(s-k\omega)$.

3. *Beispiel* für die Lösung einer DGl durch Fouriertransformation (vgl. 7.1.3.3)

$$L\ddot{J} + \frac{1}{C}J = U(t) \mapsto \left(-Ls^2 + \frac{1}{C}\right)\hat{J} = \hat{U}.$$

Für eine Anregung durch einmaligen Stoß $U(t) = U_0 \cdot \delta(t)$ ist wegen 2(*h*) und 2(*m*) mit $k = 0, \omega = \frac{1}{\sqrt{LC}}$:

$$\hat{J} = \frac{CU_0}{1 - CLs^2}, \text{ also } J = U_0\sqrt{\frac{C}{L}} \cdot \sin\left(\frac{1}{\sqrt{LC}}t\right) \text{ für } t > 0.$$

Für eine Anregung durch harmonische Störung $U_0 \sin\omega_0 t$ (keine Resonanz, d. h. $\omega_0\sqrt{LC} \neq 1$)

$$\hat{J} = \frac{U_0 i\pi\delta(s+\omega_0)}{1/C - Ls^2} - \frac{U_0 i\pi\delta(s-\omega_0)}{1/C - Ls^2}.$$

Durch Umkehrtransformation ergibt sich:

$$J(t) = \frac{i\pi U_0}{2\pi L}\int_{-\infty}^{+\infty} e^{ist}\frac{\delta(s+\omega_0)-\delta(s-\omega_0)}{1/LC - s^2}\,ds = i\frac{U_0}{2L}\frac{e^{-i\omega_0 t}}{1/LC-\omega_0^2}$$

$$- i\frac{U_0}{2L}\frac{e^{i\omega_0 t}}{1/LC-\omega_0^2} = \frac{U_0/L}{1/LC-\omega_0^2}\sin\omega_0 t$$

(da $\int e^{ist}\delta(s+\omega_0) = e^{-i\omega_0 t}$).

4. *Das Frequenzspektrum*

Die Fourier-Transformation $T: f \to \hat{f}$ stellt physikalisch im wesentlichen die Ermittlung des »Frequenzspektrums« dar; in diesem Sinne ist ein Glasprisma oder besser noch ein Beugungsgitter ein Gerät, das eine einlaufende elektromagnetische (Licht-)Welle einer Fouriertransformation unterwirft. Eine periodische Funktion hat ein diskretes Spektrum (Regel 2(n)). Eine harmonische Welle $\sin\omega t$ mit »scharfer« Frequenz ω ist räumlich unendlich ausgedehnt; eine Stoßwelle mit »δ-förmigem Wellenberg« hat ein gleichmäßiges unendlich breites Frequenzspektrum (nach 2(h)); die »Breiten« σ, $\hat{\sigma}$ von Wellenbergen der Form $e^{-t^2/2\sigma^2}$ und ihren Frequenzspektren $e^{-s^2/2\hat{\sigma}^2} = e^{-s^2\sigma^2/2}$ erfüllen die »Unschärferelation« $\sigma\cdot\hat{\sigma} \approx 1$.

Beispiel: Ein Magnetband (Breite b) mit einer Induktionsdichte $B(x) = B_0\sin(2\pi\frac{x}{\lambda})$ läuft mit konstanter Geschwindigkeit $v = x/t$ an einem Tonkopf (Spaltbreite δ) vorbei und induziert eine Spannung $U = -w\cdot\dot{\Phi}$; w: Windungszahl; der Fluß Φ ist Spaltfläche $b\cdot\delta$ mal Mittelwert $\bar{B}$ der Flußdichte innerhalb des Spaltes:

$$\bar{B}(x) = \frac{1}{\delta}\int_{x-\delta/2}^{x+\delta/2} B(\xi)\,d\xi;$$

$$U = -w\delta b\frac{d\bar{B}}{dt}(vt) = -w\delta b\cdot\frac{1}{\delta}\cdot v\cdot B(\xi)\Big|_{vt-\delta/2}^{vt+\delta/2}$$

$$= -wbvB_0\left[\sin\omega\left(t+\frac{\delta}{2v}\right) - \sin\omega\left(t-\frac{\delta}{2v}\right)\right]$$

$$= -w\delta bB_0\frac{\sin(\omega\delta/2v)}{\omega\delta/2v}\cdot\omega\cdot\cos\omega t \quad \left(\text{mit } \omega = \frac{2\pi v}{\lambda}\right).$$

Das Verhältnis der Amplituden, der „Übertragungsfaktor" $\frac{U_0}{B_0} = 2wbv\cdot\sin\left(\frac{\omega\delta}{2v}\right)$ ist stark frequenzabhängig; bei sehr kleinen Frequenzen wie auch bei Frequenzen in der Nähe von $\omega = 2\pi v/\delta$ ist eine Übertragung praktisch unmöglich.

Bei einer beliebigen, nicht notwendig sinusförmigen Magnetisierung $B(x)$ liegt zwischen Aufnahme und Wiedergabe eine Mittelwertbildung $\bar{B}$ und eine Differentiation $\dot{\bar{B}}$, nach der der Funktionsverlauf im allgemeinen »nicht wiederzuerkennen« ist; z. B.

$$B(vt) = (vt)^2, \qquad \dot{\bar{B}} = 2v^2 t$$

$$B(vt) = \tan(vt), \qquad \dot{\bar{B}} = \frac{2\sin\delta}{\cos 2vt + \cos\delta} \cdot \frac{v}{\delta}.$$

Nur aufgrund folgender Sachverhalte funktioniert ein Tonbandgerät:

(i) Beliebige Funktionen $B(t)$ lassen sich in trigonometrische Funktionen »zerlegen« (Frequenzspektrum).

(ii) Es gibt frequenzabhängige Verstärker, die in einem weiten Bereich die Verzerrung des Übertragungsfaktors wieder rückgängig machen.

(iii) Das Ohr nimmt nur die Amplituden der sinusförmigen Erregungen wahr, nicht deren relative Phasenverschiebung.

8. Partielle Differentialgleichungen *(ein Ausblick)*

Die Behandlung partieller DGlen ist wohl das umfangreichste und eines der schwierigsten und wichtigsten Gebiete der Analysis. Alle räumlich veränderlichen Größen („Felder") der Physik genügen solchen Gleichungen. Hier soll nicht der Versuch gemacht werden, dieses Gebiet auch nur in seinen Grundzügen darzustellen; es werden an zwei extrem einfachen Beispielen unsystematisch einige Eigenschaften von Lösungen und Lösungsmengen erörtert und das wichtigste theoretische Konzept („sachgemäß gestelltes Problem") vorgestellt.

8.1 Die Potential- und die Wellengleichung

8.1.0 Vorbetrachtungen

1. Beide in diesem Kapitel behandelten Beispiele:

$$(P_3)\quad \text{Potentialgleichung: } \Delta u := \frac{\partial^2 u}{\partial x^2} + \frac{\partial^2 u}{\partial y^2} + \frac{\partial^2 u}{\partial z^2} = 0$$

$$(W_4)\quad \text{Wellengleichung: } \Box u := \frac{\partial^2 u}{\partial x^2} + \frac{\partial^2 u}{\partial y^2} + \frac{\partial^2 u}{\partial z^2} - \frac{1}{c^2}\frac{\partial^2 u}{\partial t^2} = 0$$

sind bereits aufgetreten ($\Delta f = 0$ als Gleichung für das Potential eines rotations- und divergenzfreien Feldes in 5.3.4.14; $\frac{\partial^2 u}{\partial x^2} - \frac{\rho}{E}\frac{\partial^2 u}{\partial t^2} = 0$ als Beispiel 6.0.1.3). Gemäß unserer Klassifikation der DGlen in 6.0.2: *Lineare homogene Einzel-DGlen mit konstanten Koeffizienten 2. Ordnung*, sind sie vom allereinfachsten Typ überhaupt (partielle Einzel-DGlen 1. Ordnung lassen sich nämlich auf Systeme gewöhnlicher DGlen zurückführen). Wir werden uns sogar im folgenden auf zwei Variable beschränken:

$$(P_2)\ \frac{\partial^2 u}{\partial x^2} + \frac{\partial^2 u}{\partial y^2} = 0 \quad \text{bzw.} \quad (W_2)\ \frac{\partial^2 u}{\partial x^2} - \frac{1}{c^2}\frac{\partial^2 u}{\partial t^2} = 0$$

und (W_2) durch Einführung der Variablen ct symmetrischer schreiben:

$$\frac{\partial^2 u}{\partial x^2} = \frac{\partial^2 u}{\partial (ct)^2}.$$

2. Um einen ersten Eindruck zu erhalten, warum diese beiden Gleichungen nicht nur sehr verschiedene Lösungsmengen haben, sondern auch völlig anderen Problemstellungen entsprechen, wollen wir diese DGlen »diskretisieren« nach dem Vorbild von Beispiel 6.0.1.3 (iii), d. h.

den Variablenbereich $\mathbb{R}^2$ durch $\mathbb{N}^2$ und die Ableitungen durch Differenzen ersetzen: In einem dieser Punkte und seinen vier benachbarten seien die Werte der Funktion:

u_0, u_+, u_-, u_l, u_r [vgl. Abb. 8.1].

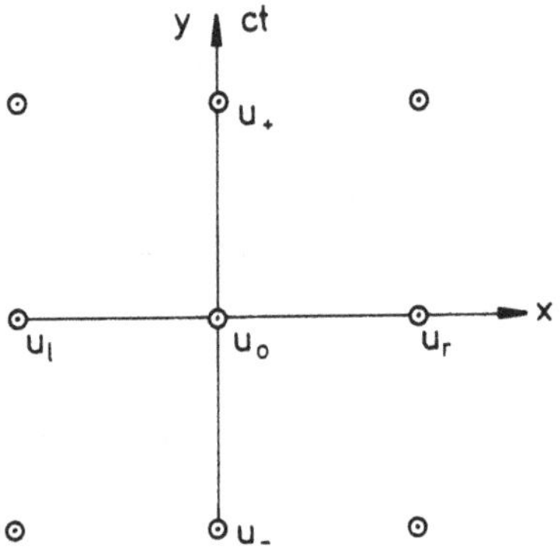

Abb. 8.1. Die Lage der Stützstellen für die Diskretisierung von (P_2) und (W_2)

$$\frac{\partial u}{\partial x}\left(x_0; t_0 + \frac{\Delta}{2}\right) \approx \frac{u_+ - u_0}{\Delta}, \frac{\partial u}{\partial x}\left(x_0; t_0 - \frac{\Delta}{2}\right) \approx \frac{u_0 - u_-}{\Delta}$$

$$\frac{\partial^2 u}{\partial x^2} = \frac{\partial}{\partial x}\left(\frac{\partial u}{\partial x}\right) \approx \frac{1}{\Delta}\left(\frac{u_+ - u_0}{\Delta} - \frac{u_0 - u_-}{\Delta}\right) = \frac{u_+ - 2u_0 + u_-}{\Delta^2}$$

usw.

3. $(P_2)\ 0 = \dfrac{\partial^2 u}{\partial x^2} + \dfrac{\partial^2 u}{\partial y^2}$ sagt jetzt:

$$\frac{u_+ - 2u_0 + u_- + u_r - 2u_0 + u_l}{\Delta^2} = 0 \curvearrowright u_0 = \tfrac{1}{4}(u_+ + u_- + u_r + u_l);$$

u_0 ist also das *arithmetische Mittel* der Werte der Funktion u an den angrenzenden Punkten; die Werte auf den »Ecken des Karos« kann man frei vorgeben, u_0 ist dann eindeutig bestimmt.

4. $(W_2) \dfrac{\partial^2 u}{\partial x^2} = \dfrac{\partial^2 u}{\partial (ct)^2}$ sagt:

$u_+ + u_- = u_r + u_l$ bzw. $u_+ - u_l = u_r - u_-$ bzw. $u_+ - u_r = u_l - u_-$:

Die Differenzen der u-Werte in der Diagonale bleiben konstant, wenn man diese in die andere Diagonalrichtung verschiebt; die Werte auf den Ecken des Karos sind nicht beliebig wählbar und u_0 ist durch sie nicht bestimmt.

Die physikalische Interpretation, x: räumliche Richtung, t: Zeit, sagt [vgl. Abb. 8.2]: Erzwingt man eine Differenz von u-Werten, so pflanzt sich diese mit der Geschwindigkeit $\frac{x}{t} = \pm c$ fort. Kennt man die Werte von u zur Zeit $t = 0$ und $t = -\Delta$, so kann man u für alle Zeiten t berechnen.

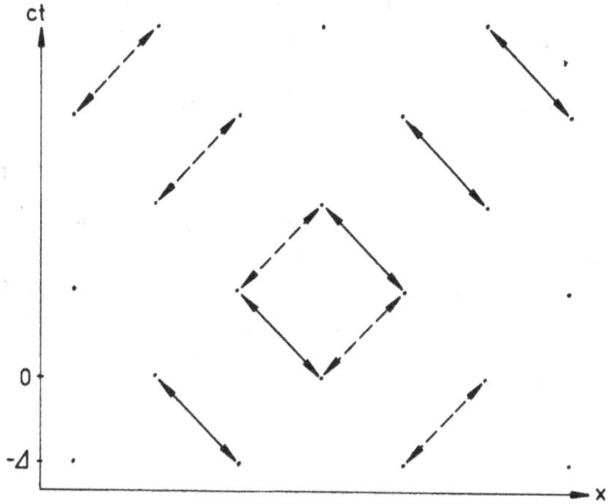

Abb. 8.2. Die Ausbreitung von Wellen im (diskretisierten) Raum-Zeit-Diagramm. Die Differenzen der Funktionswerte an Stellen, die durch die ausgezogenen (bzw. gestrichelten) Doppelpfeile verbunden sind, sind gleich. Das entspricht Wellen in eindimensionalen Medien (wie in Abb. 6.1.), von der die eine mit zunehmender Zeit nach rechts, die andere nach links wandert

5. (W_n) beschreibt also einen *Ausbreitungsvorgang* von Erregungen („Wellen"), (P_n) hingegen den *Gleichgewichtszustand* nach der Mittelung über alle Einflüsse. Ein bißchen anders gesagt: Ein elastisches Medium läßt Ausbreitung von Wellen zu (W_4); wartet man ab, bis alle Erregung abgeklungen ist bzw. die zeitliche Änderung $\frac{\partial u}{\partial t}$ gleich 0 ist, wird aus einer Lösung von (W_4) eine von (P_3).

8.1.1 Die allgemeine Lösung von W_2 und P_2

Der d'Alembertsche Ansatz

1. Die Interpretation von (W_2) im vorigen Abschnitt legt es nahe, neue Koordinaten längs der Diagonalen im $x - ct$-Diagramm zu wählen: $\xi := x + ct, \eta := x - ct$, also $2x = \xi + \eta, 2ct = \xi - \eta$. Dann ist:

$$\frac{\partial^2 u}{\partial\xi\partial\eta} = \frac{\partial}{\partial\xi}\left(\frac{\partial u}{\partial\eta}\right) = \frac{\partial}{\partial\xi}\left(\frac{\partial u}{\partial(ct)}\cdot\frac{\partial(ct)}{\partial\eta} + \frac{\partial u}{\partial x}\frac{\partial x}{\partial\eta}\right)$$
$$= \frac{\partial}{\partial\xi}\left(-\frac{1}{2}\frac{\partial u}{\partial(ct)} + \frac{1}{2}\frac{\partial u}{\partial x}\right) = \frac{1}{4}\left(-\frac{\partial^2 u}{\partial(ct)^2} - \frac{\partial^2 u}{\partial x\partial(ct)}\right.$$
$$\left. + \frac{\partial^2 u}{\partial(ct)\partial x} + \frac{\partial^2 u}{\partial x^2}\right) = \frac{1}{4}\left(\frac{\partial^2 u}{\partial x^2} - \frac{1}{c^2}\frac{\partial^2 u}{\partial t^2}\right),$$

also schreibt sich (W_2) als $4\frac{\partial}{\partial\xi}\left(\frac{\partial u}{\partial\eta}\right) = 0$. Also muß $\frac{\partial u}{\partial\eta}$ bezüglich ξ eine Konstante sein, d. h. nur Funktion von η: $\frac{\partial u}{\partial\eta} = \phi(\eta)$; damit erhalten wir: $u = \int\phi(\eta)d\eta + \chi$, wobei die Integrationskonstante χ nur von ξ abhängen darf. Daher ist u die Summe einer nur von η abhängigen Funktion und einer nur von ξ abhängigen Funktion; es hat die Gestalt $f(\xi) + g(\eta) = f(x + ct) + g(x - ct)$; umgekehrt erfüllt natürlich jede solche Summe die Gleichung $\frac{\partial^2 u}{\partial\xi\partial\eta} = 0 = \frac{\partial^2 u}{\partial\eta\partial\xi}$.

Satz (allgemeine Lösung von W_2)

Die allgemeine Lösung von

$$(W_2)\ \frac{\partial^2 u}{\partial x^2} - \frac{1}{c^2}\frac{\partial^2 u}{\partial t^2} = 0$$

ist die Gesamtheit der Funktionen $u(x,t)$ von der Gestalt

$$u(x,t) = f(x + ct) + g(x - ct),$$

wobei die Funktionen f, g zweimal differenzierbar sein sollen, aber sonst beliebig sind.

Achtung: u ist Funktion zweier Variabler, f und g sind Funktionen einer Variabler.

2. *Bemerkung:* Für Lösungen von $\frac{\partial}{\partial \xi}\left(\frac{\partial f(\xi)}{\partial \eta}\right) = 0$ bzw. $\frac{\partial}{\partial \eta}\left(\frac{\partial g(\eta)}{\partial \xi}\right) = 0$ ist jede Stetigkeitsvoraussetzung über f bzw. g überflüssig. Die Voraussetzung, daß f und g zweimal differenzierbar sind, ist nur nötig, damit sie überhaupt in die Gleichung (W_2) eingesetzt werden können. Läßt man diese Voraussetzung fallen, spricht man von „verallgemeinerten Lösungen", die auch für physikalische Anwendungen sehr nützlich sind: z. B. lassen sich „Schockwellen" so behandeln; das sind die Ausbreitungen von Erregungssprüngen*), etwa

$$u = \begin{cases} 0 & x > ct \\ 1 & x \leqslant ct \end{cases}, \quad \text{also} \quad \frac{\partial u}{\partial x} = -\delta(x - ct).$$

3. *Beispiel:* In Abb. 8.3 wird versucht, die Darstellung der Lösung $u = f(\xi) + g(\eta)$ zu veranschaulichen.

$$f(s) = -g(s) = \begin{cases} s^2 - 1 & |s| \leqslant 1 \\ 0 & |s| > 1 \end{cases}$$

$$u(x,t) = f(x + ct) + g(x - ct).$$

Die »Seilwelle« $u(x,t)$ wird in mehreren »Momentaufnahmen« gezeichnet, die schräg hintereinander gestellt werden, so daß das zeitliche »nach« durch das räumliche »hinter« ersetzt ist.

Die Erregungsgröße u einer Welle ist nicht notwendigerweise eine Auslenkung in einer Raumrichtung senkrecht zur x-Richtung, wie diese Art von Bildern es suggerieren und wie es bei Saiten- und Seilwellen tatsächlich der Fall ist; u mag auch Auslenkung in x-Richtung (Longitudinalwelle, etwa Schall in Luft) sein oder eine völlig ungeometrische Größe (wie: elektrische Feldstärke). Man sieht im Bild, daß f dem Verlauf einer in negativer, g dem einer in positiver x-Richtung laufenden Erregung entspricht. Übrigens tritt in unserem Beispiel der Fall auf, daß zu einem Zeitpunkt $t_0: u(x,t_0) = 0$ ist für alle x, weil zwei entgegengerichtete Erregungen sich auslöschen; da aber die Erregungsgeschwindigkeit $\frac{\partial u}{\partial t}(x,t_0) \not\equiv 0$ ist, ergibt sich danach nicht die triviale Lösung $u(x,t) \equiv 0$. (Als Anfangsdaten müssen $u(x,t_0)$ *und* $\frac{\partial u}{\partial t}(x;t_0)$ gegeben werden.)

*) In 7.2 wird das Objekt δ näher behandelt. Mit den Mitteln jenes Kapitels („Distributionen") kann man dieses Konzept „verallgemeinerte Lösungen" mathematisch rechtfertigen.

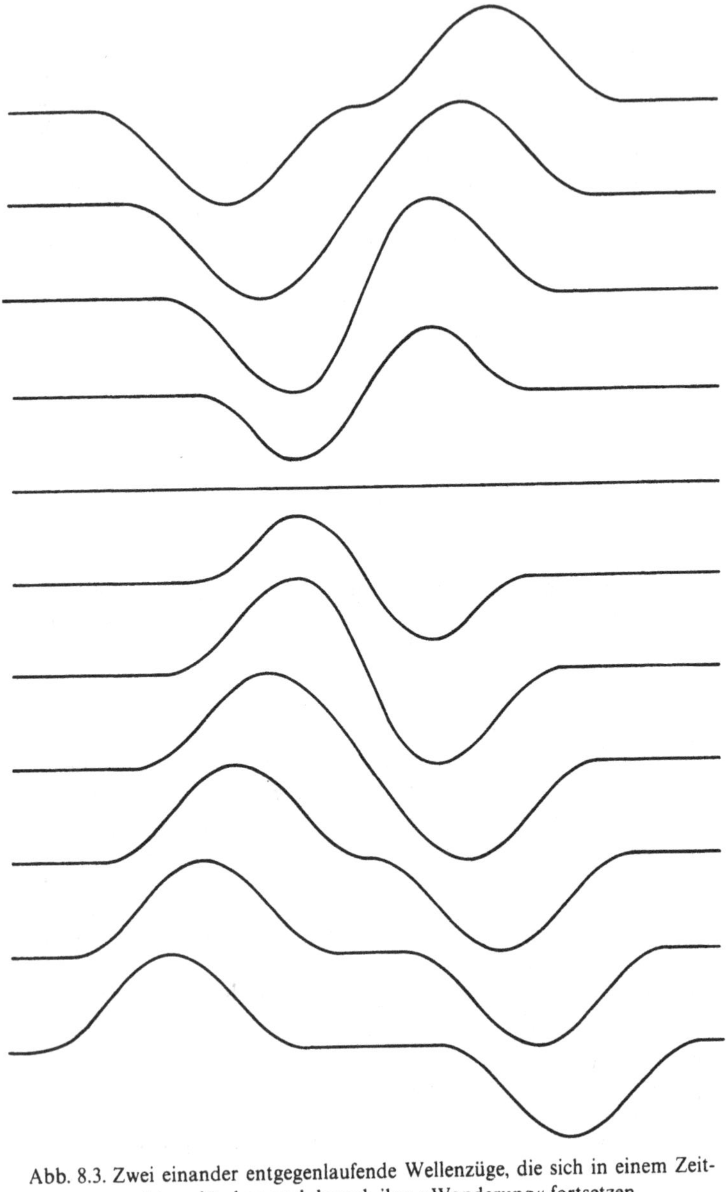

Abb. 8.3. Zwei einander entgegenlaufende Wellenzüge, die sich in einem Zeitpunkt auslöschen und danach ihre »Wanderung« fortsetzen

4. Durch einen formalen Trick *) läßt sich auch (P_2) mit obigem Verfahren behandeln: Setzt man in (W_2) den Parameter c gleich i, so folgt:

$$0 = \frac{\partial^2 u}{\partial x^2} + \frac{\partial^2 u}{\partial y^2} = \frac{\partial^2 u}{\partial x^2} - \frac{1}{i^2}\frac{\partial^2 u}{\partial y^2} = \frac{\partial^2 u}{\partial x^2} - \frac{\partial^2 u}{\partial (i y)^2} = 4\frac{\partial^2 u}{\partial z \partial \bar{z}}$$

mit $\begin{matrix} z = x + i y \\ \bar{z} = x - i y \end{matrix}$

Analog zu obiger Argumentation folgt, daß u von der Gestalt sein muß: $u(x, y) = f(x + i y) + g(x - i y) = f(z) + g(\bar{z})$ und daß umgekehrt jedes solche u die DGl (P_2) erfüllt, falls f, g zweimal differenzierbar sind. Durch unser Ausweichen ins Komplexe haben wir uns nun allerdings die scharfe Bedingung der komplexen Differenzierbarkeit eingehandelt:

Sei $f(z) = h(x, y) + ik(x, y)$ und $g(z) = l(x, y) + im(x, y)$ also $g(\bar{z}) = l(x, -y) + im(x, -y)$, so müssen die Cauchy-Riemannschen DGlen (5.4.2.1) $\partial_x h = \partial_y k$, $\partial_y h = -\partial_x k$, $\partial_x l = \partial_y m$, $\partial_y l = -\partial_x m$ gelten.

Soll $u(x, y)$ für reelle x, y auch reelle Werte haben, muß $i(k(x, y) + m(x, -y)) \equiv 0$ sein. Daraus folgt $\partial_x h(x, y) = \partial_y k(x, y) = -\partial_y m(x, -y) = \partial_x l(x, -y)$ und ebenso: $\partial_y h(x, y) = \partial_y l(x, -y)$, also unterscheiden sich $h(x, y)$ und $l(x, -y)$ nur um eine Konstante c, und wir erhalten $u(x, y) = f(z) + g(\bar{z}) = 2h(x, y) + c$.

Ist h Realteil einer komplex differenzierbaren Funktion $f = h + ik$, so ist $2h + c$ Realteil bzw. Imaginärteil der komplex differenzierbaren Funktionen $2f + c$ bzw. $2if + ic$, daher gilt der

Satz (allgemeine Lösung von P_2)

Die allgemeine Lösung von

$$(P_2)\ \frac{\partial^2 u}{\partial x^2} + \frac{\partial^2 u}{\partial y^2} = 0$$

ist die Gesamtheit der Realteile (bzw. Imaginärteile) $u(x, y)$ von komplex differenzierbaren Funktionen der Variablen $z = x + i y$.

Bemerkung: Aus den Cauchy-Riemannschen DGlen 5.4.2.1 folgt $\partial_x \partial_x u = \partial_x \partial_y v = \partial_y \partial_x v = -\partial_y \partial_y u$, also $\Delta u = 0$, ebenso $\Delta v = 0$. Zusammen mit obigem Satz ergibt sich, daß (P_2) im wesentlichen mit 5.4.2.1 (*) gleichwertig ist.

---

*) Die Ergebnisse der beiden Absätze 4 und 5 werden durch Formeln aus 5.4 (also Strang 2) begründet.

Bemerkung: Die Lösungen u von (P_2) sind allesamt unendlich oft differenzierbar und analytisch (in Taylorreihe entwickelbar) in jeder offenen Menge, in der sie existieren. Es gibt keine „verallgemeinerten Lösungen" wie bei (W_2).

5. *Bemerkung:* Wir geben hier eine Formel an, die unserer einleitenden Bemerkung über den Mittelungscharakter von (P_2) entspricht: Sei γ der Kreis mit Radius r und Mittelpunkt (x_0, y_0), so ist für jede Lösung u von (P_2):

$$u(x_0, y_0) = \frac{1}{2\pi r} \oint_\gamma u \,\mathrm{d}s\,,$$

die rechte Seite ist der Mittelwert von u auf dem Kreis γ. Für Leser von 5.4 hier der Beweis aus der Formel 5.4.3.5:

Nach Satz 4 ist u Realteil einer komplex differenzierbaren Funktion $f(z)$; $z - z_0 =: r\mathrm{e}^{i\varphi}$, $\mathrm{d}z = i \cdot r\mathrm{e}^{i\varphi}\mathrm{d}\varphi$ (da $r = \text{const.}$), $\mathrm{d}s = r\mathrm{d}\varphi$

$$\operatorname{Im}[2\pi i f(z_0)] = \operatorname{Re}[2\pi f(z_0)] = 2\pi u(x_0, y_0)$$

$$\operatorname{Im}\left[\oint_\gamma \frac{f(z)\mathrm{d}z}{z - z_0}\right] = \operatorname{Im}[i \oint f(z)\mathrm{d}\varphi] = \oint_\gamma u(x,y)\frac{\mathrm{d}s}{r}\,. \quad \blacksquare$$

6. *Folgerung (Extrema liegen auf dem Rand)* Sei u auf einem Bereich B eine Lösung von (P_2). Jeder Punkt $p \in B$, in dem u ein starkes (absolutes oder relatives) Maximum oder Minimum annimmt, liegt auf dem Rand ∂B. Andernfalls könnte man um p als Mittelpunkt einen Kreis γ legen, der ganz in B verläuft und erhielte $u(p)$ als *Mittelwert* der Werte von u auf γ; $u(p)$ kann also – im Widerspruch zur Annahme – nicht größer als $\max\limits_{q \in \gamma} u(q)$ sein.

Für alle $p \in B$ gilt: $\inf\limits_{q \in \partial B} u(q) \leqslant u(p) \leqslant \sup\limits_{q \in \partial B} u(q)$.

7. *Bemerkung:* Das Lösungsverfahren dieses Paragraphen und damit die einfache Darstellung der Lösungsmengen ist auf den zweidimensionalen Fall (W_2, P_2) beschränkt. Die hier aufgeführten Eigenschaften der Lösungen gelten hingegen in allen Dimensionen, insbesondere für (P_3), (W_4). Im folgenden Paragraphen werden Betrachtungsweisen benutzt, die – vom rechnerischen Aufwand abgesehen – dimensionsunabhängig sind.

8.2 Anfangs- und Randwertprobleme

8.2.1 Sachgemäß gestellte Probleme

1. Auch bei *partiellen* DGlen 2. Ordnung unterscheidet man AW- und RW-Probleme zur Kennzeichnung einer bestimmten Lösung in der

Lösungsgesamtheit. Wir wollen hier nur zwei spezielle Problemstellungen für (P_2, W_2) behandeln und dabei ein wichtiges, viel allgemeiner anwendbares Lösungsverfahren („*Separationsansatz*") vorführen sowie demonstrieren, daß im Einklang mit den physikalischen Anwendungen bestimmte Problemstellungen für bestimmte DGlen *unsachgemäß* sind.

2. *AWP:* Auf der »Anfangsmenge«, bei uns $\{t = 0\}$ bzw. $\{y = 0\}$, werden die Werte der Funktionen $u(x,t)$ bzw. $u(x,y)$ sowie ihre ersten Ableitungen $\frac{\partial u}{\partial t}$ bzw. $\frac{\partial u}{\partial y}$ vorgeschrieben: $u(x,0) = {}_0u(x)$; $\frac{\partial u}{\partial t}(x,0) = {}_0v(x)$. (Die Ableitungen $\frac{\partial u}{\partial x}$ sind auf $\{t = 0\}$ natürlich durch Vorgabe von u automatisch mitgegeben.)

Eine Modifikation ist das

· *ARWP:* Das Anfangs-Randwert-Problem, z. B. für eine bei $x = 0$ und $x = l$ eingespannte Saite: Hier werden auf der Anfangsmenge $\{t = 0\}$ die Größen ${}_0u(x)$ und ${}_0v(x)$ für $x \in]0,l[$ vorgeschrieben und auf dem Rand $\{x = 0\} \cup \{x = l\}$ der Wert für $u: u(0;t) = 0 = u(l;t)$ für alle Zeiten $t \geqslant 0$.

Gesucht wird in beiden Fällen, dem AWP und dem ARWP, eine Lösung $u(x,t)$ für die »Zukunft« der Anfangsmenge, d. h. für $\{t > 0\}$ bzw. $\{y > 0\}$ bzw. $\{t > 0; 0 < x < l\}$.

RWP: Es wird eine Lösung $u(x,y)$ bzw. $u(x,t)$ in einem beschränkten Gebiet B, bei uns dem Inneren des Einheitskreises $\{r < 1\}$ (mit $r^2 := x^2 + y^2$ bzw. $x^2 + c^2t^2$), gesucht und dazu *entweder u oder* $\frac{\partial u}{\partial r}$ auf dem Rand ∂B, bei uns $\{r = 1\}$, vorgeschrieben.

Eine Modifikation hiervon ist ein

Äußeres RWP: Hier wird die Lösung im unbeschränkten Bereich $\mathbb{R}^2 \setminus B$ gesucht, die die vorgegebenen Werte auf ∂B annimmt und im »Unendlichfernen« stetig sein soll.

3. *Definition:*

Ein AW- oder RW-Problem heißt *sachgemäß* gestellt, wenn die vorgelegte DGl

- eine Lösung u im gewünschten Bereich B besitzt, die die geforderten Bedingungen erfüllt (*Existenz*),
- nur eine Lösung zuläßt, die die Bedingungen erfüllt (*Eindeutigkeit*),
- bei kleinen Änderungen der Anfangs- bzw. Randwerte Lösungen hat, die sich nur wenig von der Lösung u unterscheiden (*Stabilität*).

In 6.1.3.10–14 wurde der Begriff „Stabilität" etwas erläutert. Dort wurde auch gezeigt, daß das AWP für gewöhnliche DGl stets sachgemäß gestellt wurde (ohne daß dieser Begriff benutzt wurde); RWP und EWP hingegen sind nicht immer sachgemäß, wie aus den Beispielen in 6.2.3 hervorgeht, in denen Existenz bzw. Eindeutigkeit und Stabilität verletzt sind.

In 8.2.3 werden wir noch eine Bemerkung zu „sachgemäß" machen; zuvor aber (W_2) und (P_2) untersuchen:

8.2.2 AWP und RWP für W_2 und P_2

1. *Das AWP ist für P_2 unsachgemäß gestellt.*

Sind ${}_0u(x)$, ${}_0v(x)$ Taylor-entwickelbar, existiert eine Lösung $u(x,y)$ zumindest in der Nähe von $\{y = 0\}$; für beliebige ${}_0u$, ${}_0v$ existiert im allgemeinen keine Lösung. Existiert eine Lösung, ist sie eindeutig. Die Stabilität hingegen ist stets verletzt; dieses wollen wir näher untersuchen:

$$u_n(x,y) = \frac{1}{2n^2}\cos(n(x + iy)) + \frac{1}{2n^2}\cos(n(x - iy))$$

$$= \frac{1}{2n^2}\cos nx \cdot (e^{ny} + e^{-ny})$$ ist Lösung von (P_2) zu den AW:

${}_0u_n = \frac{1}{n^2}\cos nx$, ${}_0v_n = 0$ (nach Satz 2 oder direktes Nachrechnen).

$u(x,y) \equiv 0$ ist Lösung zu den AW: ${}_0u \equiv 0 \equiv {}_0v$. Für jede Genauigkeitsschranke 10^{-k} ist $|{}_0u_n|$, dessen Ableitung $\left|\frac{d}{dx}\,{}_0u_n\right| = \left|-\frac{1}{n}\sin nx\right|$ und erst recht $|{}_0v_n|$ kleiner als 10^{-k} ist, wenn nur $n > 10^k$ ist; aber für jedes $y > 0$ divergiert $u_n(0,y)$ für $n \to \infty$, da $\frac{1}{n^2}e^{ny} \to \infty$ geht; es gibt also für beliebig kleine zugelassene Abweichungen 10^{-k} von den AW ${}_0u \equiv 0 \equiv {}_0v$ Lösungen, die in beliebiger Nähe der Anfangsmenge $\{y = 0\}$ beliebig stark von der Lösung $u \equiv 0$ abweichen. Wegen der Linearität und Homogenität von (P_2) läßt sich dieses auch für Lösungen u zu beliebigen AW »durchspielen« mit ${}_0u_n = {}_0u + \frac{1}{n^2}\cos nx$, ${}_0v_n = {}_0v$.

2. *Das RWP ist für W_2 unsachgemäß gestellt.*

Nicht für jede Vorgabe eines ${}_0u$ auf ∂B existiert eine Lösung. Gemäß der Darstellung von u gemäß Satz 8.1.1.1 ist [vgl. Abb. 8.4] nämlich $u(q_2) = u(q_1) + u(p_2) - u(p_1)$, also nicht mehr frei wählbar (vgl. 8.1.0.4). Auch ist die Eindeutigkeit nicht erfüllt: Die Funktion $\tilde{u}(x,t) = (x + ct)^2 + (x - ct)^2 - 2$ ist gleich 0 auf ∂B (da dort $x^2 + (ct)^2 - 1 = 0$) aber $\neq 0$ in B. Ist $u(x,t)$ Lösung eines RW Problems, so ist $u + \tilde{u}$ Lösung zum selben RW.

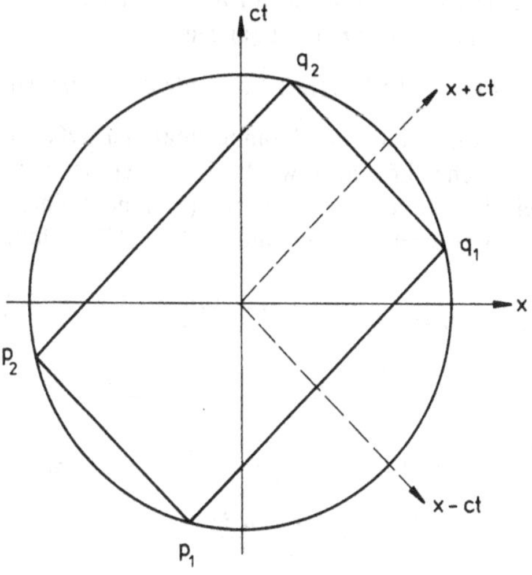

Abb. 8.4. Zwischen den Werten einer Lösung u von (W_2) an den hier im Raum-Zeit-Diagramm eingezeichneten Stellen p_1, p_2, q_1, q_2 besteht die Beziehung:

$$u(q_2) - u(q_1) = u(p_2) - u(p_1)$$

3. *Das RWP ist für P_2 sachgemäß gestellt.*

Der *Eindeutigkeitsbeweis* beginnt mit dem Schritt, der bei allen linearen Strukturen solchen Beweis einleitet: Seien zwei Lösungen $u(x,y)$ und $\tilde{u}(x,y)$ zu demselben RW gegeben, so ist $u - \tilde{u}$ eine Lösung von (P_2) zum RW ${}_0u = 0$. Gemäß Bemerkung 8.1.1.6 ist $0 = \min {}_0u \leqslant u(x,y) - \tilde{u}(x,y) \leqslant \max {}_0u = 0$, also folgt $u - \tilde{u} \equiv 0$ in B, d. h. $u \equiv \tilde{u}$. Schreibt man die Ableitungen ${}_0v = \left.\frac{\partial u}{\partial r}\right|_{\partial B}$ vor, muß wegen 5.3.4.3 $0 = \iint\limits_B \Delta u \, dv = \iint\limits_B \operatorname{div} \operatorname{grad} u \, dv = \oint\limits_{\partial B} (\operatorname{grad} u | \boldsymbol{n}) \, da = \oint\limits_{\partial B} {}_0v \, da = 0$ sein. ${}_0v$ ist also nicht ganz beliebig vorgebbar. Andererseits ist die Lösung u durch ${}_0v$ nur bis auf einen konstanten Summanden eindeutig bestimmt.

4. Die Konstruktion – und damit der *Existenz*beweis – erfolgt mittels des „*Separationsansatzes*“ in drei Schritten:

(1) Man wählt ein Koordinatensystem x^i, das B angepaßt ist (hier: Polarkoordinaten) und schreibt in diesem Δu an $\left(\text{hier: } \Delta u = \frac{1}{r} \frac{\partial}{\partial r} \cdot \left(r \frac{\partial u}{\partial r}\right) + \frac{1}{r^2} \frac{\partial^2 u}{\partial \phi^2}, \text{ siehe 4.4.3.6}\right)$.

(2) Man setzt spezielle Lösungen an als Produkte, deren Faktoren nur von jeweils einer Koordinate abhängen:

$u(x^1,\dots,x^r) = F(x^1)\cdot G(x^2)\dots H(x^r)$ (hier: $u(r,\phi) = F(r)\cdot G(\phi)$).

(3) Wegen der Linearität und Homogenität der DGl sind Linearkombinationen solcher Lösungen wieder Lösungen der DGl. Man versucht nun, diejenige »Linearkombination« (Summe, Reihe, Integral) zu finden, die die vorgegebenen Bedingungen (RW, AW) erfüllt.

$$\text{Wir erhalten so: } 0 = \Delta u = \frac{1}{r}\frac{\partial}{\partial r}\left(r\cdot\frac{\partial(F\cdot G)}{\partial r}\right) + \frac{1}{r^2}\frac{\partial^2(F\cdot G)}{\partial\varphi^2}$$
$$= \frac{G(\varphi)}{r}\frac{\mathrm{d}}{\mathrm{d}r}\left(r\frac{\mathrm{d}F(r)}{\mathrm{d}r}\right) + \frac{F(r)}{r^2}\cdot\frac{\mathrm{d}^2G(\varphi)}{\mathrm{d}\varphi^2};$$

schließt man die triviale Lösung $u \equiv 0$ aus, kann man durch $F\cdot G$ teilen:

$$\frac{r^2}{F(r)}\frac{\mathrm{d}^2F}{\mathrm{d}r^2} + \frac{r}{F(r)}\frac{\mathrm{d}F}{\mathrm{d}r} = -\frac{1}{G(\phi)}\frac{\mathrm{d}^2G}{\mathrm{d}\phi^2}.$$

Da die linke Seite nicht von ϕ, die rechte nicht von r abhängt, können beide Seiten bei Änderung von φ oder r ihren Wert nicht ändern, d. h. sie sind gleich einer Konstanten K.

Für G folgt daraus:

$$\frac{1}{G}\cdot\ddot{G} = -K \quad \text{bzw.} \quad \ddot{G} + K\cdot G = 0.$$

Um eindeutig definierte Funktionen auf ∂B zu erhalten, dürfen wir nur Funktionen $G(\varphi)$ mit einer Periode 2π zulassen; daraus folgt, daß $K \geqslant 0$ und $\sqrt{K}\in\mathbb{N}$ ist:

$$G(\phi) = C\cdot\cos n\phi + D\sin n\phi \qquad n = \sqrt{K}\in\mathbb{N};\ C, D\in\mathbb{R}.$$

Für F haben wir dann die DGl:

$$\frac{r^2}{F}\ddot{F} + \frac{r}{F}\dot{F} = K \quad \text{bzw.} \quad r^2\ddot{F} + r\dot{F} - n^2F = 0.$$

Das Auftreten solcher linearen DGlen mit nichtkonstanten Koeffizienten ist typisch für den Separationsansatz (vgl. 6.2.4); in unserem Falle läßt sich die allgemeine Lösung sogar noch explizit angeben:

$F = A_+ r^n + A_- r^{-n}$ ($A_\pm\in\mathbb{R}$) für $n > 0$ bzw. $F = B + \tilde{B}\cdot\log r$ für $n = 0$.

5. Für eine Lösung eines RWP muß $A_- = 0$ bzw. $\tilde{B} = 0$ sein, sonst gäbe es einen Pol bei $(x,y) = (0,0)$; für eine Lösung des äußeren RWP muß $A_+ = 0$ bzw. $\tilde{B} = 0$ sein, sonst wäre die Stetigkeit im Unendlichfernen verletzt. Als allgemeine Überlagerung von Lösungen der Form $F(r) \cdot G(\phi)$ erhalten wir also*)

$$u(r,\phi) = \sum_{n=0}^{\infty} (C_n \cdot \cos n\phi + D_n \sin n\phi) r^{\pm n},$$

wobei in $r^{\pm n}$ das „+" für eine Lösung im Kreisinneren, das „−" für eine bei ∞ reguläre Lösung im Kreisäußeren zu nehmen ist.

Sind jetzt RW $u(1,\phi) = {}_0u(\phi)$ durch eine zweimal differenzierbare Funktion ${}_0u(\phi)$ vorgegeben, so erhält man die Koeffizienten C_n, D_n durch Fourierentwicklung von ${}_0u(\phi)$:

$$C_0 = \frac{1}{2\pi} \int_0^{2\pi} {}_0u(\phi) \mathrm{d}\phi, \; C_n = \frac{1}{\pi} \int_0^{2\pi} {}_0u(\phi) \cos n\phi \, \mathrm{d}\phi,$$

$$D_n = \frac{1}{\pi} \int_0^{2\pi} {}_0u(\phi) \sin n\phi \, \mathrm{d}\phi .$$

Damit ist die Existenz der Lösung gezeigt; ein Stabilitätsbeweis würde den Einsatz von Methoden der Funktionalanalysis erfordern.

6. *Das AWP (ARWP) ist für W_2 sachgemäß gestellt.*

Hat man zwei Lösungen $u(x,t)$, $\tilde{u}(x,t)$ zu demselben AW, so erfüllt die Differenz $u - \tilde{u}$ das AWP

$$\Box(u - \tilde{u}) = 0,$$

$${}_0(u - \tilde{u})(x) = {}_0u(x) - {}_0\tilde{u}(x) = 0, \; {}_0(v - \tilde{v})(x) = 0 .$$

Gemäß der Darstellung der Lösungsmenge in 8.1.1.1 folgt über $u - \tilde{u} = f(x + ct) + g(x - ct)$, $0 = {}_0(u - \tilde{u})(x) = f(x) + g(x)$ und $0 = {}_0(v - \tilde{v})(x) = \partial_t(u - \tilde{u})(x,0) = c \cdot f(x) - c \cdot g(x)$ dann $f \equiv 0 \equiv g$, also $(u - \tilde{u})(x,t) \equiv 0$, also $u \equiv \tilde{u}$.

Man beachte den Unterschied zum RWP: aus ${}_0u(x) = 0$ allein folgt noch nicht, daß $u \equiv 0$ ist (nur daß $g(x) = -f(x)$ ist), erst die zusätzliche Forderung ${}_0v(x) = 0$ schließt nichttriviale Lösungen aus (da dann auch $g(x) = +f(x)$ ist). Die Eindeutigkeit der Lösung des ARWP ist ähnlich zu zeigen.

7. Die Konstruktion der Lösung erfolgt wieder über den Separationsansatz $u = F(x) \cdot G(ct)$ und ergibt:

---

*) Da die C_n und D_n beliebig sind, kann man A_+ bzw. A_- gleich 1 setzen. In der Physik heißen die Faktoren $\|C_n \cos n\varphi + D_n \sin n\varphi\| = \sqrt{C_n^2 + D_n}$ „Multipole"; mit wachsender Ordnung n wird ihr »Abfall im Unendlichen« r^{-n} stärker.

$$F = C \cdot \cos \sqrt{K}x + D \cdot \sin \sqrt{K}x$$
$$G = A \cdot \cos \sqrt{K}ct + B \cdot \sin \sqrt{K}ct .$$

Beim ARWP muß F die Bedingung $F(0) = F(l) = 0$ erfüllen, also: $C = 0$, $\sqrt{K} = n\frac{\pi}{l} (n \in \mathbb{N})$. Die Überlagerung von Lösungen der Form $F(x) \cdot G(ct)$ hat also die Gestalt*):

$$u = \sum_{n=1}^{\infty} \left(A_n \cos\left(\frac{n\pi}{l} ct\right) + B_n \sin\left(\frac{n\pi}{l} ct\right)\right) \sin\left(\frac{n\pi}{l} x\right),$$

insbesondere:

$$u(x,0) = \sum A_n \sin\left(\frac{n\pi}{l} x\right), \quad \frac{\partial u}{\partial t}(x,0) = \sum \frac{cn\pi}{l} B_n \sin\left(\frac{n\pi}{l} x\right).$$

Durch Fourierentwicklung ergibt sich also:

$$A_n = \frac{2}{l} \int_0^l {}_0u(\xi) \sin\left(\frac{n\pi}{l} \xi\right) d\xi , \quad B_n = \frac{2}{cn\pi} \int_0^l {}_0v(\xi) \sin\left(\frac{n\pi}{l} \xi\right) d\xi .$$

Beim AW entfällt jede Einschränkung für K, die Lösungen der Form $F(x) \cdot G(ct)$ können sein (mit $\lambda = \sqrt{|K|}$, für $K < 0$ also $\sqrt{K} = i\lambda$):

$$(A e^{\lambda x} + B e^{-\lambda x})(C e^{\lambda ct} + D e^{-\lambda ct}) \text{ und}$$
$$(A \cos \lambda x + B \sin \lambda x)(C \cos \lambda ct + D \sin \lambda ct),$$

von denen der erste Typ mit seiner Unbeschränktheit für $x \to \pm\infty$ physikalisch uninteressant ist. Eine Überlagerung von Lösungen des zweiten Typs ergibt sich über die Fouriertransformation (vgl. 7.3; die dortige Darstellung über e^{-ist} ist leicht auf $\substack{\cos \\ \sin} \lambda t$ umzuschreiben mit $s \leftrightarrow \lambda$).

$$u(x,t) = \int_{-\infty}^{+\infty} (A_1(\lambda) \cdot \cos(c\lambda t) + B_1(\lambda) \sin(c\lambda t)) \cos \lambda x \, d\lambda$$
$$+ \int_{-\infty}^{+\infty} (A_2(\lambda) \cos(c\lambda t) + B_2(\lambda) \sin(c\lambda t)) \sin \lambda x \, d\lambda$$

mit

$$A_{1,2} = \frac{1}{\pi} \int_{-\infty}^{+\infty} {}_0u(\xi) \substack{\cos \\ \sin}(\lambda\xi) d\xi, \quad B_{1,2} = \frac{1}{c\lambda\pi} \int_{-\infty}^{+\infty} {}_0v(\xi) \substack{\cos \\ \sin}(\lambda\xi) d\xi .$$

---

*) Diese Darstellung der Lösung $u(x,t)$ ist eine Zerlegung in *stehende harmonische* Wellen mit den Wellenknotenabständen $1/n$ ($n = 1$: „Grundschwingung", $n \geqslant 1$: „($n - 1$)-te Oberschwingung").

Diese Darstellung setzt also die „Fouriertransformierbarkeit“ der AW ${}_0u(x), {}_0v(x)$ auf $\mathbb{R}$ voraus; das ist für die bekannteste Lösung der Wellengleichung: $u = A \cdot \sin(x - ct)$ nicht erfüllt, denn $\int_{-\infty}^{+\infty} |\sin x| \, dx$ divergiert. Physikalisch entspricht dem, daß in dieser reinen sin-Welle unendliche viel Energie enthalten ist; für Wellen mit endlichem Energieinhalt hingegen ist $\int_{-\infty}^{+\infty} |{}_0u(x)|^2 \, dx$ endlich und daher ist dann ${}_0u(x)$ Fourier-transformierbar (ebenso ${}_0v$). Man kann sich durch Benutzung von Distributionen weiterhelfen (für $u = A \cdot \sin(x - ct)$ wäre $A_2(\xi) = A \cdot \delta(\xi - 1)$, aber einfacher ist der Lösungsansatz gemäß der Gestalt in 8.1.1.1: Aus

$$\begin{aligned} {}_0u(x) &= f(x) + g(x), \\ {}_0v(x) &= \partial_t[f(x+ct) + g(x-ct)]_{t=0} = c\dot{f}(x) - c\dot{g}(x) \quad \text{folgt*)} \\ f(x) &= \frac{1}{2}\left({}_0u(x) + \frac{1}{c}\int_0^x {}_0v(\xi)\,d\xi\right), \; g(x) = \frac{1}{2}\left({}_0u(x) - \frac{1}{c}\int_0^x {}_0v(\xi)\,d\xi\right), \end{aligned}$$

also: $$u(x,t) = \frac{{}_0u(x+ct) + {}_0u(x-ct)}{2} + \frac{1}{2c}\int_{x-ct}^{x+ct} {}_0v(\xi)\,d\xi\,.$$

Auf diese Art erhält man eine zweimal stetig differenzierbare Lösung, wenn die AW ${}_0u$ zweimal, die AW ${}_0v$ einmal stetig differenzierbar sind, unabhängig von jeder Bedingung an endlichem Energieinhalt; weiterhin ist aus ihr die Stabilität der Lösung gegen kleine Änderungen der AW ablesbar, da alle benutzten Rechenoperationen stetig sind. Dem steht als Nachteil gegenüber, daß es keine einfache Verallgemeinerung für die höherdimensionalen Fälle (W_3) und (W_4) gibt. Auch ist das „Fourier-spektrum“ für viele theoretische Interpretationen wichtig.

8.2.3 Abschlußbemerkungen

1. (P_2) bzw. (W_2) sind die einfachsten Spezialfälle der beiden wichtigsten Klassen von partiellen DGlen, den *„elliptischen“* bzw. *„hyperbolischen“* DGlen; deren Lösungen sind im allgemeinen nicht mehr in geschlossener Form darstellbar, zeigen aber qualitativ ein ähnliches Verhalten wie bei (P_2) bzw. (W_2).

2. Die *geometrische* Bedeutung der Lösungen von (P_3) haben wir in 4.4 kennengelernt: $\Delta u = \operatorname{div} \operatorname{grad} u = 0$ zeichnet die Potentiale von

---

*) Die Zerlegung $u = f + g$ ist nur bis auf eine Konstante C bestimmt: $\tilde{f} = f + C, \tilde{g} = g - C$ gibt $u = \tilde{f} + \tilde{g}$. Wir wählen C so, daß $f(0) = g(0)$ ist.

rotations- und divergenzfreien Vektorfeldern im $\mathbb{E}_3$ aus; insbesondere ist „Δ" eine Operation, die unabhängig von der Koordinatenwahl beschrieben werden kann: $\Delta u = \Sigma_l \Sigma_k \frac{1}{\sqrt{g}} \partial_k (\sqrt{g}\, g^{kl} \partial_l u)$. Betrachtet man auf dem 4-dimensionalen Raum $\mathbb{E}_4$ einen »metrischen Tensor«, der in kartesischen Koordinaten (x, y, z, t) auf $\mathbb{E}_4$ die Koordinaten $g_{11} = g_{22} = g_{33} = -g_{44} = 1$, $g_{kl} = 0$ für $k \neq l$ hat, so ist

$$\Box u = \Sigma_k \Sigma_l \frac{1}{\sqrt{g}} \partial_k (\sqrt{g}\, g^{kl} \partial_l u),$$

also die »Δ-Operation« auf $\mathbb{E}_4$. Die physikalische Interpretation dieses Tensors g müssen Sie in einem Buch, das „Relativitätstheorie" behandelt, nachlesen. Zuzugeben ist, daß nicht alle partiellen DGlen sich so natürlich geometrisch interpretieren lassen wie (P_3) und (W_4).

3. Bei jedem »Problem« (1.4.5), bei dem es für die Menge der Lösungen und die Menge der Parameter (Anfangswerte usw.) einen Stetigkeitsbegriff gibt, kann man die Definition 8.2.1.3 anwenden. In solchem Sinne ist die Differentiation von Funktionen: $\dot{f}(t) = g(t)$, f gegeben und g gesucht, nicht sachgemäß, wie in 4.2.10 begründet wurde.

Daß ein Problem unsachgemäß gestellt ist, bedeutet weder, daß es unlösbar ist, noch daß es in physikalischen Anwendungen nicht auftreten könnte. »Typisch« für das Auftreten solcher Problemstellungen ist folgendes

Beispiel

$m \cdot \ddot{\boldsymbol{x}} = \boldsymbol{f}(\boldsymbol{x}, \dot{\boldsymbol{x}}, t)$; in der »Ideologie« der Mechanik ist die Kraft $\boldsymbol{f}$ die »Ursache«. Wird $\boldsymbol{f}$ gegeben, hängt die »bewirkte« Veränderung des Ortes $\boldsymbol{x}(t)$ stetig von $\boldsymbol{f}$ ab (Sachgemäß). In der Praxis wird aber eine Kraft *gemessen*, indem man ihre »Wirkung« $\boldsymbol{x}(t)$ beobachtet und $\boldsymbol{f}$ dann durch zweimaliges Differenzieren erhält, was nach 4.2.10 *unsachgemäß* ist. (Denken Sie an die Kraft $\boldsymbol{f}(t)$ zwischen zwei Stahlkugeln beim „elastischen Stoß". Da sie in äußerst kurzer Zeit eine erhebliche Änderung des Geschwindigkeitsvektors $\boldsymbol{v}(t) = \dot{\boldsymbol{x}}$ bewirkt, muß $\boldsymbol{f}(t)$ »ziemlich groß« werden; aber wie groß $\max \|\boldsymbol{f}\|$ wirklich ist, ist schwer zu messen.)

9. Register

9.1 Bestiarium der Vektorrechnung

Vektoren und solche, die es sein sollen; welchen in diesem Buch eingeführten Objekten sie entsprechen.

1. *Freiheit der Lage*

Vektoren: Verschiebungen im $\mathbb{E}_3$, Veranschaulichung: Pfeil (3.1.1.5 (iii)), Vektoren bilden einen Vektorraum $\mathbb{V}_3$.

Ortsvektoren: Punkte im $\mathbb{E}_3$ (3.2.0); können nicht addiert werden, bilden also keinen Vektorraum. Die »Differenz« zweier Ortsvektoren $p - q$ ist ein Vektor aus $\mathbb{V}_3$, nämlich die Verschiebung, die q in p überführt; die »Summe« eines Ortsvektors und eines Vektors ist dementsprechend ein Ortsvektor. Veranschaulichung: Pfeil vom Koordinatenursprung zum Punkt.

Gebundene Vektoren: Funktionswerte eines Vektorfeldes; sind als Elemente von $\mathbb{V}_3(p)$ an einen Fußpunkt $p \in \mathbb{E}_3$ gebunden. Nur Addition von Vektoren mit demselben Fußpunkt ist möglich. Sie bilden ∞^3 viele voneinander zu unterscheidende Vektorräume $\mathbb{V}_3(p)$; besser ist es, den unendlich dimensionalen Linearen Raum der Vektorfelder $\mathscr{F}(\mathbb{E}_3 \to \mathbb{V}_3)$ zu betrachten (4.4.2.4).

Verschiebbare Vektoren: Manche Größen, die sich aus einem gebundenen Vektor $\boldsymbol{a} \in \mathbb{V}(p)$ ergeben, ändern sich nicht, wenn man $\boldsymbol{a}$ durch bestimmte Vektoren mit anderen Fußpunkten ersetzt.

Beispiel: Kräfte am starren Körper als *linienflüchtige Vektoren.* Die „*Wirkungslinie*" einer Kraft $\boldsymbol{a}$, die im Punkt p angreift, ist die Gerade durch p, die die Richtung von $\boldsymbol{a}$ hat. Zwei Kräfte, die an einem starren Körper angreifen mit derselben Wirkungslinie, gleichem Betrag, aber entgegengesetzter Richtung, heben einander in ihrer Wirkung auf [Abb. 9.1]. Zwei Kräfte mit gleichen Beträgen, Wirkungslinien, Richtungen haben dieselbe Wirkung und werden daher als gleich angesehen („Linienflüchtige Vektoren" können längs ihrer Wirkungslinie »verschoben« werden).

Schneiden sich die Wirkungslinien zweier Kräfte $\boldsymbol{a}, \boldsymbol{b}$ in einem Punkt p, so können sie nach p verschoben und dort addiert werden. Sind die Wirkungslinien parallel, so kann man versuchen, durch Addition zweier einander aufhebender Kräfte $\boldsymbol{c} - \boldsymbol{c}$ die Summe $\boldsymbol{a} + \boldsymbol{b}$ als $(\boldsymbol{a} + \boldsymbol{c}) + (\boldsymbol{b} - \boldsymbol{c})$ [Abb. 9.2] zu ermitteln. Das funktioniert genau dann

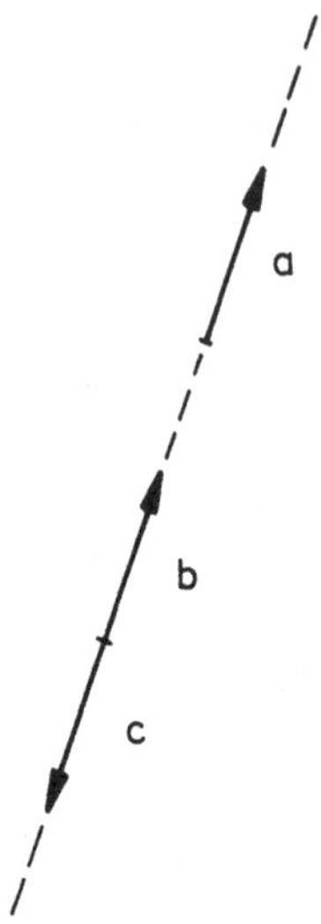

Abb. 9.1. Da die Kraft $\boldsymbol{c}$ an einem starren Körper sowohl eine Kraft wie $\boldsymbol{a}$ als auch eine Kraft wie $\boldsymbol{b}$ aufhebt, müssen $\boldsymbol{a}$ und $\boldsymbol{b}$ dieselbe Wirkung auf den Körper haben

nicht, wenn $\boldsymbol{a}$ und $\boldsymbol{b}$ entgegengesetzt mit gleichem Betrag sind („Kräftepaare"); dann bilden $\boldsymbol{a} + \boldsymbol{c}$ und $\boldsymbol{b} - \boldsymbol{c}$ wieder solch ein Kräftepaar. Ein Kräftepaar kann in der Ebene der beiden Wirkungslinien („Wirkungsebene") beliebig verschoben werden, d. h.: zu jedem Paar paralleler Geraden in dieser Ebene gibt es ein Kräftepaar mit diesen Geraden als Wirkungslinien, das dieselbe Wirkung ausübt wie das ursprüngliche Kräftepaar [Abb. 9.3]. Zwei Kräftepaare können addiert werden, ihre Summe ist wieder ein Kräftepaar oder der Nullvektor.

Wenn man einen festen Punkt p wählt, läßt sich jede Kraft $\boldsymbol{a} \in \mathbb{V}(q)$ als Summe einer in p angreifenden, zu $\boldsymbol{a}$ betragsgleich parallelen Kraft $\tilde{\boldsymbol{a}} \in \mathbb{V}(p)$ und des Kräftepaares $-\tilde{\boldsymbol{a}}, \boldsymbol{a}$ darstellen. Die Summe zweier Kräfte mit windschiefen Wirkungslinien ist daher eine Kraft plus ein Kräftepaar. Die Menge aller Kräfte in p ist ein 3-dim. Vektorraum, ebenso die Menge aller Kräftepaare im $\mathbb{E}_3$. Die Menge aller Kräfte im $\mathbb{E}_3$ ist kein Linearer Raum; erst durch Hinzunahme der Kräftepaare entsteht ein 6-dim. Vektorraum (eine Basis ist z. B.: eine Basis von $\mathbb{V}(p)$ plus drei Kräftepaare mit Wirkungsebenen, die genau den Punkt p gemeinsam haben).

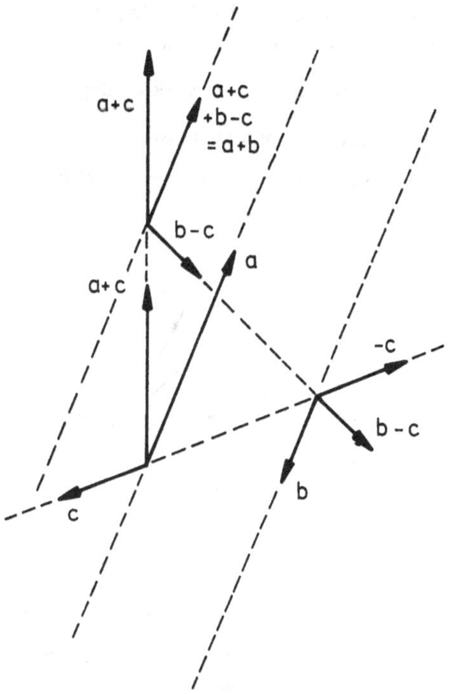

Abb. 9.2. Die Summe zweier Kräfte mit parallelen Wirkungslinien kann durch Einführen zweier einander aufhebender »Hilfskräfte« $\boldsymbol{c}$ und $-\boldsymbol{c}$ ermittelt werden. (Überlegen Sie sich, weshalb $\boldsymbol{a} + \boldsymbol{b}$, abgesehen von der Lage auf seiner Wirkungslinie, von der Wahl von $\boldsymbol{c}$ unabhängig ist)

Beispiel: Impulse als *freie Vektoren.*

Zur Ermittlung des Gesamtimpulses dürfen Einzelimpulse frei im Raum verschoben werden; bei Ermittlung des Drehimpulses ist dies nicht erlaubt.

Achtung: Besonders bei Vektor*feldern* unterscheide man

- Koordinaten von Punkten im $\mathbb{E}_n$,
- Koordinaten von Vektoren in einem $\mathbb{V}_3(p)$ bezüglich einer Basis (im Normalfall der »natürlichen« Basis 4.4.2.5). Letztere werden oft „Komponenten" genannt; konsequent ist aber folgender Sprachgebrauch (im $\mathbb{V}_2$ mit Basis $\boldsymbol{e}_{(1)}, \boldsymbol{e}_{(2)}, \boldsymbol{a} = a^1 \boldsymbol{e}_{(1)} + a^2 \boldsymbol{e}_{(2)}$):

a_1 ist die 1. *Koordinate* bezüglich der Basis $\{e_{(k)}\}$;
$a^1 e_{(1)}$ ist die 1. *Komponente* bezüglich der Basis $\{e_{(k)}\}$;
$\dfrac{(\boldsymbol{a}|\boldsymbol{e}_{(1)})}{(\boldsymbol{e}_{(1)}|\boldsymbol{e}_{(1)})} \cdot \boldsymbol{e}_{(1)}$ ist der *Anteil* von $\boldsymbol{a}$ in $\boldsymbol{e}_{(1)}$-Richtung (der in orthonormierter Basis gleich der 1. Komponente ist).
$\dfrac{(\boldsymbol{a}|\boldsymbol{e}_{(1)})}{\|\boldsymbol{e}_{(1)}\|}$ ist die Projektion $p_{\boldsymbol{e}_{(1)}}\boldsymbol{a}$ von a in $e_{(1)}$-Richtung (in orthonormierter Basis gleich der 1. Koordinate).

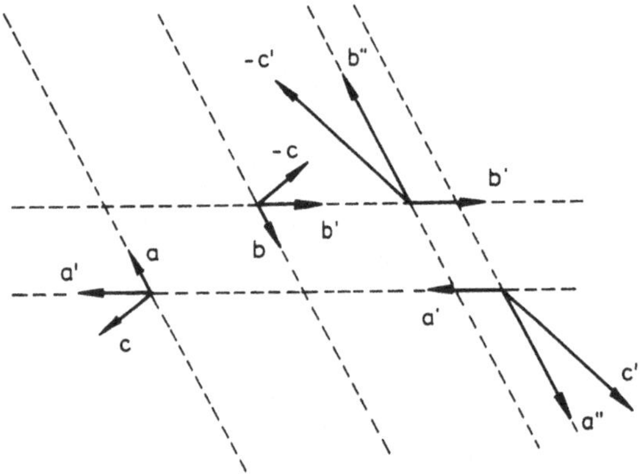

Abb. 9.3. Das Versetzen eines Kräftepaares $(\boldsymbol{a}, \boldsymbol{b})$ auf ein Paar von Wirkungslinien, die zu den ursprünglichen nicht parallel sind: man verschiebe $\boldsymbol{a}$ und $\boldsymbol{b}$ in die Schnittpunkte der alten und neuen Geraden und führe geeignete Hilfskräfte $\boldsymbol{c}$, $-\boldsymbol{c}$ ein und erhält $(\boldsymbol{a}', \boldsymbol{b}')$ mit den neuen Geraden als Wirkungslinien. Bei zwei parallelen Paaren von Wirkungslinien muß man ein nicht paralleles Paar dazwischenschalten $(\boldsymbol{a}, \boldsymbol{b}) \to (\boldsymbol{a}', \boldsymbol{b}') \to (\boldsymbol{a}'', \boldsymbol{b}'')$

2. *Transformationseigenschaften* (vgl. 4.4, insbesondere 4.4.3.3) bei einem Wechsel der Basis $\bar{e}_{(k)} = \Sigma_l A^l_{\bar{k}} e_{(l)}$ insbesondere dem der natürlichen Basis bei Koordinatentransformationen $x^k = u^k(\bar{x}^m)$ mit $A^l_{\bar{m}} = \dfrac{\partial u^l}{\partial \bar{x}^m}$ (3.1.4.3, 4.4.1.2).

Vektoren (auch „kontravariante" oder „polare" Vektoren genannt) Elemente von $\mathbb{V}$; $v^{\bar{k}} = \Sigma_m A^{\bar{k}}_m v^m = \Sigma_m \dfrac{\partial \bar{u}^k}{\partial x^m} v^m$.

Kovektoren (auch „kovariante" Vektoren), Elemente von $\mathbb{V}^*$;
$v_{\bar{k}} = \Sigma_m A^m_{\bar{k}} v_m = \Sigma \dfrac{\partial u^m}{\partial \bar{x}^k} v_m$. (In diesem Buch: „Linearformen", „Gra-

dienten", beste Veranschaulichung: Ebenenpaare; vgl. 3.1.1.5 (iv b), leider meist Pfeile.)

Beispiel: Die „reziproke" (in diesem Buch: „duale") Basis.

Ein Kristallgitter setzt sich periodisch aus „Elementarzellen" zusammen, die die Form eines Spates haben. Ihre Oberflächen bilden „Netzebenen". In einem angepaßten Koordinatensystem fallen die Flächen mit ganzzahligen Koordinatenwerten mit diesen Netzebenen zusammen. Die zugehörige Basis von $\mathbb{V}(p)$ besteht aus »Pfeilen längs den Kanten der Elementarzellen«; wird die Basis von $\mathbb{V}^*(p)$ nicht durch (Netz-)Ebenenpaare, sondern durch Pfeile veranschaulicht, zeigen diese »ziemlich unmotiviert in die Gegend« [Abb. 9.4].

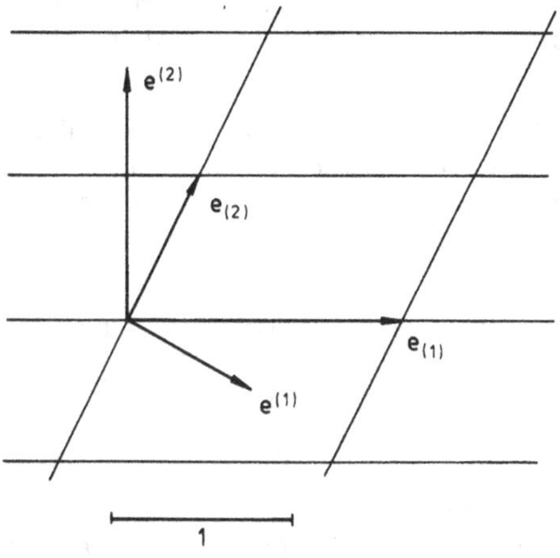

Abb. 9.4. Die reziproke Basis bei schiefwinklig aufeinanderstehenden Netzebenen im Kristallgitter (eine Raumdimension wurde fortgelassen; die Netz*ebenen* sind daher »Geraden« parallel zu $e_{(1)}$ bzw. $e_{(2)}$. Zum Zeichnen der »Länge« der $e^{(k)}$ muß eine Längeneinheit angegeben werden.

Axiale Vektoren sind eigentlich schiefe Tensoren 2. Stufe, aus denen gemäß 4.4.3.3 Vektoren gemacht werden. Sie entstehen meist als Kreuzprodukt $\boldsymbol{v} \times \boldsymbol{w}$ oder als rot $\boldsymbol{v}$, deren Koordinaten in einer *positiv orientierten orthonormierten* Basis $\Sigma\Sigma\varepsilon_{klm} v^l w^m$ bzw. $\Sigma\Sigma\varepsilon_{klm}\partial_l v^m$ sind.

Beispiele: Drehmoment, Winkelgeschwindigkeit, Magnetfeldstärke. Veranschaulichung: Flächenstück bestimmter Größe (oder üblicherweise: Normale darauf). „Axiale" Vektoren werden sie erst, wenn sie nicht korrekt als Vektoren bzw. Tensoren transformiert werden (also nicht mit dem Tensor η_{klm} sondern dem Permutationssymbol ε_{klm}), insbesondere wenn man bei einer Umorientierung des Koordinatensystems das Vorzeichen »vergißt«, vgl. 3.4.2.7.

Beispiel: Bei einer Punktspiegelung der kartesischen Koordinaten: $x^{\bar{k}} = -x^k$ wechseln die Koordinaten „polarer" Vektoren das Vorzeichen: $r^{\bar{k}} = -r^k$, die des „axialen" Drehmoments $\boldsymbol{d} = \boldsymbol{r} \times \boldsymbol{f}$ nicht:

$$d^{\bar{1}} = \Sigma\Sigma\varepsilon_{1lm} r^{\bar{l}} f^{\bar{m}} = \begin{vmatrix} r^{\bar{2}} & r^{\bar{3}} \\ f^{\bar{2}} & f^{\bar{3}} \end{vmatrix} = \begin{vmatrix} -r^2 & -r^3 \\ -f^2 & -f^3 \end{vmatrix} = \begin{vmatrix} r^2 & r^3 \\ f^2 & f^3 \end{vmatrix} = d^1$$

Ortsvektoren werden als Punkte des $\mathbb{E}_3$ transformiert: $p^{\bar{k}} = \bar{u}^k(p^m)$.

Spalten- bzw. Zeilenvektoren sind die n-Tupel der Koordinaten von Elementen aus $\mathbb{V}_n$ bzw. $\mathbb{V}_n^*$ in einer für den Matrizenkalkül günstigen Anordnung.

3. *Schreibweisen* der Vektoralgebra im Tensorkalkül, in der symbolischen Schreibweise dieses Buches, im Matrizenkalkül, und sonstige. Zur Tensoranalysis siehe 4.4.3.4/5 und 5.3.2. In den meisten Büchern mit Tensorkalkül werden die Summenzeichen fortgelassen („Einsteinsche Summationskonvention").

(Tensor)	(symbol.)	(Matrix)	(sonstiges)
v^k	$\boldsymbol{v}$	$\boldsymbol{v}$	$\mathcal{v}, \vec{v}, \mathfrak{v}$
$\Sigma g_{kl} v^l$	$\downarrow\boldsymbol{v}$	$\boldsymbol{v}^T$	
$\Sigma\Sigma g_{kl} v^k w^l$	$(\boldsymbol{v}\|\boldsymbol{w})$	$\boldsymbol{v}^T \boldsymbol{w}$	$g(\boldsymbol{v}, \boldsymbol{w}), \boldsymbol{v}\boldsymbol{w}, (\boldsymbol{v}, \boldsymbol{w})$
$\sqrt{\Sigma\Sigma g_{kl} v^k v^l}$	$\\|\boldsymbol{v}\\|$		$v, \|\boldsymbol{v}\|$
$\Sigma f_k v^k$	$\boldsymbol{f}(\boldsymbol{v})$	$\boldsymbol{f}\boldsymbol{v}$	$\langle \boldsymbol{f}, \boldsymbol{v}\rangle, (\boldsymbol{f}, \boldsymbol{v})$
t^k_l, q_{kl}	$\boldsymbol{T}, \boldsymbol{Q}$	$\boldsymbol{T}, \boldsymbol{Q}$	
$\Sigma t^k_l v^l$	$\boldsymbol{T}(\boldsymbol{v})$	$\boldsymbol{T}\boldsymbol{v}$	
$\Sigma t^k_l u^l_m$	$\boldsymbol{T} \circ \boldsymbol{U}$	$\boldsymbol{T}\boldsymbol{U}$	
$\Sigma\Sigma q_{kl} v^k w^l$	$\boldsymbol{Q}(\boldsymbol{v}, \boldsymbol{w})$	$\boldsymbol{v}^T \boldsymbol{Q} \boldsymbol{w}$	
(Basisvektoren)			
$e^l_{(k)} = \delta^l_k, \bar{e}^l_{(k)} = A^l_{\bar{k}}$	$\boldsymbol{e}_{(k)}, \bar{\boldsymbol{e}}_{(k)}$	– (2)	
(Transformationskoeffizienten)			
$A^k_{\bar{l}}, A^{\bar{k}}_l$	– (1)	$\boldsymbol{A}, \boldsymbol{A}^{-1}$	
$v^{\bar{k}} = \Sigma A^{\bar{k}}_l v^l$	– (1)	$\bar{\boldsymbol{v}} = \boldsymbol{A}^{-1}\boldsymbol{v}$	
$t^{\bar{k}}_{\bar{l}} = \Sigma\Sigma A^{\bar{k}}_p A^q_{\bar{l}} t^p_q$	– (1)	$\bar{\boldsymbol{T}} = \boldsymbol{A}^{-1}\boldsymbol{T}\boldsymbol{A}$	

$q_{\bar{k}\bar{l}} = \Sigma\Sigma A^p_{\bar{k}} A^q_{\bar{l}} q_{pq}$	$-$ (1)	$\bar{Q} = A^T Q A$	
$v^{[a} w^{b]}$	$\boldsymbol{v} \wedge \boldsymbol{w}$	$-$ (3)	
$\Sigma\Sigma\Sigma g^{ab} \eta_{bcd} v^c w^d$	$\uparrow *(\boldsymbol{v} \wedge \boldsymbol{w})$	$-$ (3)	$\boldsymbol{v} \times \boldsymbol{w}, [\boldsymbol{v}, \boldsymbol{w}]$
$\Sigma\Sigma\Sigma \eta_{abc} v^a w^b z^c$	$*(\boldsymbol{v} \wedge \boldsymbol{w} \wedge \boldsymbol{z})$	$-$ (3)	$[\boldsymbol{v}, \boldsymbol{w}, \boldsymbol{z}]$, $\det(\boldsymbol{v}, \boldsymbol{w}, \boldsymbol{z})$
$\Sigma\Sigma \eta^{abc} q_{bc}$	$*\boldsymbol{q}$	$-$ (3)	

Zu den »Lücken« in dieser Liste

(1) Der symbolische Kalkül ist koordinatenfrei, daher fehlen Bezeichnungen für Basistransformationen.

(2) Bei Matrizen (= Koordinatenschemata) werden die Basisvektoren nicht angeschrieben.

(3) Äußere Produkte lassen sich nicht als Matrizenprodukte schreiben.

9.2 Vertauschbarkeit von Operationen (Verträglichkeit von Strukturen)

Zwei Prozeduren heißen »vertauschbar«, wenn das Ergebnis von der Reihenfolge ihrer Durchführung unabhängig ist. Sehr viele mathematische Sätze können als Aussagen über eine (Nicht-)Vertauschbarkeit angesehen werden. Das Vertauschen von Prozeduren aus verschiedenen Strukturen sagt etwas über die »Verträglichkeit« dieser Strukturen aus.

1. *Quantifikationen* (1.3.3, besonders Beispiel 1.3.3.2)

$$\exists s \in S : \exists t \in T : a(s;t) \Leftrightarrow \exists t \in T : \exists s \in S : a(s;t) \quad \text{u. a.}$$

aber im allgemeinen:

$$\nexists s \in S : \nexists t \in T : a(s;t) \qquad \nexists t \in T : \nexists s \in S : a(s;t)$$
$$\Updownarrow \qquad\qquad\qquad \Updownarrow$$
$$\forall s \in S : \exists t \in T : a(s;t) \not\Leftrightarrow \forall t \in T : \exists s \in S : a(s;t)$$
$$\exists s \in S : \forall t \in T : a(s;t) \not\Rightarrow \forall t \in T : \exists s \in S : a(s;t) \quad \text{u. a.}$$

2. *Rechenoperationen* sind untereinander nur selten vertauschbar: Für Addition und Multiplikation gelten Assoziativ-, Kommutativ- und Distributivgesetz (2.3.2.1); im allgemeinen ist $a - b \neq b - a$; $a - (b - c) \neq (a - b) - c$, entsprechend bei a/b, a^b; $\sqrt{a + b} \neq \sqrt{a} + \sqrt{b}$ für $a \neq 0 \neq b$, u. a.

Nichtvertauschbarkeitsregeln sind der Binomische Satz (2.1.2.6) und die Potenzgesetze (2.3.2.6).

3. *Lineare Operationen/Funktionen* sind nach Definition vertauschbar mit der Addition und der Zahlenmultiplikation in einem Linearen Raum.

Lineare Transformationen und Linearformen (Kap. 3 und 7)
Differentiation (4.2.4.2); Integration (5.1.3.3).

4. *Funktionen* (und Abbildungen) sind untereinander fast nie vertauschbar (z. B.: $\sin(x^2) \neq (\sin x)^2$; $\sqrt{1 + x^2} \neq 1 + \sqrt{x^2}$ für fast alle x).

Wichtige Ausnahmen:

(a) *Umkehrfunktionen*, wenn die Wertemenge gleich der Definitionsmenge ist: $f: A \to A, f^{-1}: A \to A$, dann ist $f \circ f^{-1} = \mathrm{id}_A = f^{-1} \circ f$. (1.3.5.5).

(b) *Potenzfunktionen:* $f_a: t \mapsto t^a, f_a \circ f_b = t^{a \cdot b} = f_b \circ f_a$.

(c) *Lineare Transformationen* $T, U: \mathbb{V} \to \mathbb{V}$; wenn die Koordinatenschemata (Matrizen) in einer Basis gleichzeitig auf Diagonalgestalt gebracht werden können (3.3.2) ist $T \circ U = U \circ T$. Das ist bei $\mathbb{V}_1 = \mathbb{R}$ immer erfüllt, bei mehrdimensionalen Räumen $\mathbb{V}$ aber im allgemeinen nicht erfüllt (berühmtes Beispiel: die Vertauschungsrelation 3.4.1.5, die eigentlich „Nichtvertauschungsrelation" heißen müßte).

(d) Von den Symmetrien des $\mathbb{E}_3$ sind die Translationen untereinander (3.1.1.5 (iii)) und Rotationen um dieselbe Achse*) untereinander vertauschbar.

5. Viele Rechenoperationen und Funktionen sind vertauschbar mit der Ordnungsrelation („*Monotonie*"): 2.2.3.12 oder mit Grenzübergängen („*Stetigkeit*"): 2.2.5.12 und 3.4.1.1.

Achtung: x/y und x^y sind unstetig bei (0;0); aus $a_n < b_n$ für alle $n \in \mathbb{N}$ folgt nur $\lim a_n \leqslant \lim b_n$ nicht $\lim a_n < \lim b_n$.

Nicht alle linearen Funktionen sind stetig, (3.4.1; 7.1.1.5).

Die lexikographische Ordnung ist auf $\mathbb{C}$ und $\mathbb{R}^n$, $\mathbb{E}_n$, $\mathbb{V}_n (n > 1)$ mit den Rechenoperationen und der Stetigkeitsstruktur »unverträglich«.

Wenn Reihen (Grenzwerte der Teilsummen) absolut konvergieren, kann man algebraisch mit ihnen wie mit Summen rechnen: 4.3.4.21.

6. *Grenzübergänge* (ggf. in verkappter Form als analytische Operationen).

Allgemein gilt: $\lim\limits_{x \to a} \left(\lim\limits_{y \to b} f(x;y) \right) = \lim\limits_{y \to b} \left(\lim\limits_{x \to a} f(x;y) \right)$, $a, b, x, y \in \mathbb{R}$, wenn f bei $(a;b)$ als Funktion auf $\mathbb{R}^2$ stetig ist (Stetigkeit in den beiden Variablen einzeln reicht nicht aus!); dieser Hinweis ist aber oft nicht besonders hilfreich. Hier eine Sammlung wichtiger Regeln:

(a) $\partial_x \partial_y f = \partial_y \partial_x f$, falls f'' existiert (4.2.7.2).

---

*) Dann sind die zugehörigen orthogonalen Matrizen (3.3.4.3 B) gleichzeitig diagonal.

(b) $\int(\int f\,\mathrm{d}y)\mathrm{d}x = \int(\int f\,\mathrm{d}x)\mathrm{d}y$, wenn $\iint f\,\mathrm{d}\mu$ oder $\int(\int|f|\mathrm{d}y)\mathrm{d}x$ existiert (5.1.4.3/4).

(c) $\frac{\mathrm{d}}{\mathrm{d}t}\int f(x;t)\mathrm{d}x = \int \partial_t f(x;t)\mathrm{d}x$, wenn $g(x) := \max_t |f(x;t)|$ und $\tilde{g}(x) := \max|\partial_t f(x;t)|$ integrierbar sind (5.1.3.8).

(d) $\left(\sum_{k=0}^{\infty} a_k x^k\right)' = \sum_{k=0}^{\infty}(a_k x^k)'$ und $\int \sum_{k=0}^{\infty} a_k x^k \mathrm{d}x = \sum_{k=0}^{\infty} \int a_k x^k \mathrm{d}x$

Im Innern des Konvergenzbereiches (4.3.4.22/24).

(e) $\lim f_n = f \Rightarrow \lim \int f_n = \int f$,
wenn $g(x) = \max_n |f_n(x)|$ integrierbar ist (5.1.3.7).

(f) $f(t) \leqslant g(t)$ für alle $t \in A \Rightarrow \int_A f \leqslant \int_A g$ (5.1.3.4).

(Achtung: Entsprechendes gilt nicht für das Differenzieren:)

$\lim f_n = f \not\Rightarrow \lim(\dot{f}_n) = (\lim f_n)^{\cdot}$ (vgl. 4.2.10);

$f \leqslant g \not\Rightarrow \dot{f} \leqslant \dot{g}$ (z. B.: $f = \sin x$; $g \equiv 2$).

7. *Stabilität von Lösungen* („sachgemäß gestellte Probleme")
Die Lösung x einer Gleichung $a(x;p) = 0$ (p steht für Koeffizienten, Anfangswerte und andere Parameter des Problems) ist stabil, wenn aus $a(x_n;p_n) = 0$ und $p_n \to p$ folgt, daß $x_n \to x$ geht.

(a) Die Lösungen linearer Gleichungssysteme $\boldsymbol{A}\boldsymbol{x} = \boldsymbol{b}$ (3.3.1) hängen stetig von den Koeffizienten a_l^k und b^k ab, wenn $\det(a_l^k) \neq 0$ ist.

(b) Die Lösungen $\boldsymbol{x}(t)$ von expliziten gewöhnlichen DGlen $\dot{\boldsymbol{x}} = \boldsymbol{f}(t;\boldsymbol{x})$ hängen bei festem t stetig von $\boldsymbol{f}$ und von den Anfangswerten $\boldsymbol{x}(0)$ ab, wenn $\boldsymbol{f}$ eine Lipschitzbedingung erfüllt (6.1.3.11/12).

(c) Bei partiellen DGlen hängen Stabilitätseigenschaften vom Typ ab (8.2.1; 8.2.2.1/2; 8.2.3.3).

9.3 Register für wichtige Beweisverfahren, Axiomensysteme, Klassen von Funktionen, physikalische Beispiele

Die Angabe 7.3.2(c)/4–6/8(*) ist Hinweis auf fünf Stellen:
7.3.2(c) [Kap. 7, Abschnitt 3, Absatz 2, Regel hinter der Marke (c)], 7.3.4, 7.3.5, 7.3.6 und Fußnote zu 7.3.8.

1. *Beweisprinzipien und -schemata*

Es werden Stellen aufgeführt mit Erläuterungen des Prinzips (fett), Anwendungen in Beweisen und Beweisskizzen, bei deren Vervollständigung das Prinzip angewendet werden müßte (in Klammern), etwa bei „usw." statt Induktionsbeweises. Vollständigkeit der Liste wird nicht angestrebt. Manchmal ist das Beweisschema nicht eindeutig festgelegt; Widerspruchsbeweise etwa lassen sich oft durch eine geringfügige sprachliche Änderung in „direkte Beweise" umformen, ohne daß ein mathematischer Schritt abgeändert würde.

Es finden sich unter

(a, b, c) logische Gerüste,

(d, e, f, g) mathematische »Tricks«,

(h, i, k) wichtige Ungleichungen zum Abschätzen,

(l, m, n) Strategien zum Ermitteln von Lösungen.

Ein Beweis kann daher mehrfach aufgeführt sein.

(a) *Widerspruchsbeweis:* Aus ($a \Rightarrow$ nicht a) folgt: a ist falsch.

1.3.4, 2.1.2.18/19, 2.2.5.1, 3.1.3.8(2), 3.3.3.5, 3.4.1.5, 4.2.5.1, 4.2.8.8, 4.3.2.7/10, 5.4.3.10, 8.1.1.6.

(b) *Gegenbeispiele:* Aus ($\exists x$: nicht $a(x)$) folgt: ($\forall x$: $a(x)$) ist falsch.

1.2.2.1, 2.2.3.18, 2.2.5.6/9/17/18, 3.1.3.13, 3.4.1.5, 3.4.2.4, 4.2.2, 4.2.6.3/4, 4.2.7.3, Abb. 4.7, 4.2.9.4/6/9, 4.2.10.2, 5.1.2.2/5, 5.1.3.1/4, 5.1.3.7(c,d), 5.2.1.2/4, 5.2.3.4(iii), 5.4.1.3, 5.4.3.11, 6.1.3.8/14, 7.1.1.4/5/9, 8.2.2.1/2.

(c) *Vollständige Induktion:* Aus $a(0)$ und $\forall k: a(k) \Rightarrow a(k+1)$ folgt $\forall n \in \mathbb{N}: a(n)$.

1.3.4, **2.1.1.9**, 2.1.2.1/3/4/6/9/10, 2.2.3.22/24, 2.2.4.2, 3.1.2.3(10)/(13), 3.4.1.2(7), 4.2.4.1(4), 4.2.7.4, 4.2.9.9, 5.2.2.7 (ii, iii, iv), 6.1.3.2 (B1)/9/15.

(d) *Differenz von Produkten:* $\tilde{a}\tilde{b} - ab = \tilde{a}\tilde{b} - \tilde{a}b + \tilde{a}b - ab = \tilde{a}(\tilde{b} - b) + (\tilde{a} - a)b$.

2.2.3.4/6, Abb. 2.2, 2.2.5.12, 3.4.1.1, 4.2.2(6), 4.2.4.1(3), 4.2.6.4, 4.2.7.2, 4.3.1.4(2), 4.3.4.21, 6.1.3.13.

(e) *Lineare Eindeutigkeit:* Ist $e_{(k)}$ Basis eines Linearen Raumes, so folgt aus $\Sigma a^k e_{(k)} = \Sigma b^k e_{(k)}$, daß $a^k = b^k$ für alle k ist.

3.1.2.3(3), 3.1.3.8(2), 3.3.2.4, 4.2.2(5), 4.3.2.7/8/10, 4.3.4.26, 5.1.3.6, 5.4.3.10, 6.2.4, 7.1.2.3(a), 8.2.2.3/6.

(f) *Konvergenz* (in einem vollständigen normierten Raum) *durch Majorisierung mit geometrischer Folge/Reihe*

2.2.1, 2.2.5.21, 4.2.8.5, 4.3.4.14/15/18/19, 5.4.3.8, 6.1.3.2(B2).

(g) *Konvergenz* (in einer vollständigen geordneten Menge) *aus Monotonie und Beschränktheit*

2.2.2.5, **2.2.5.7**, 2.2.5.8/9, 2.3.2.7(C), 4.3.4.10/16, 5.1.3.7(a,b).

(h) *Dreiecksungleichung* ($\|a + b\| \leqslant \|a\| + \|b\|$)

2.2.3.3/19, 2.2.4.3, Abb. 2.5, 3.2.2.3, 3.4.1.1/2(4,6), 4.2.2(2,6), 4.2.5.1/10, 4.2.6.4, 4.2.8.5, 4.3.2.5, 4.3.4.7/8/17/21, 5.1.3.5, 7.1.2.3.

(i) *Schwarzsche Ungleichung* $(\|a \cdot b\| \leqslant \|a\| \cdot \|b\|)$
2.2.3.2/23, 2.3.2.4, **3.2.2.2**, 3.4.1.1/5, 3.4.3, Abb. 3.7, 4.2.2(6), 4.2.4.1(3), 4.2.8.3/8, 4.3.4.4/22, 5.1.3.9, 7.1.1.2/9, 7.1.2.3.

(k) *Schrankensatz* $(\|f(x + h) - f(x)\| \leqslant \sup\|f'\| \cdot \|h\|)$
4.2.5, 4.2.6.4, 4.2.7.11, 4.2.8.3, 4.2.10.3, 4.3.4.22, 5.1.3.5, 5.2.1.3, 5.2.2.1, 5.4.3.4/6, 6.1.1.6, 6.1.3.2 (A 3, B 1, C 1, D)/13.

(l) *Ansatz* **1.4.6**/7
d'Alembert- – 8.1.1
Exponential- – $(e^{\lambda t})$ 6.2.2.1
Faustregel- – 6.2.2.8/9
– einer Fourierreihe 7.1.3.3
Potenzreihen- – 6.2.4
Produkt- – 6.2.1.4/7 („Variation der Konstanten")
Separations- – 8.2.1.1, 8.2.2.4/5/6

(m) *Substitution* **1.4.6**/7
(Integrationsregel) **5.2.2.3**/6, **5.3.2.7**, 6.1.2.3/4, 7.3.2(d)
(bei DGlen) 6.1.2
(Variablensubstitution) [→ 9.5 Koordinatentransformation, Variablentransformation] 6.1.2.4(*)

(n) Eine zunächst in *speziellen Koordinaten* hergeleitete, auf koordinatenunabhängige Gestalt gebrachte Formel ist allgemeingültig **3.2.1.1**, 3.2.3.1, 3.2.4.3/5, 3.3.3.5

2. *Axiomensysteme*

Äquivalenz 1.3.2.3
Peano Axiome (für ℕ) 2.1.1
Ordnungsstruktur 2.2.2
Metrische Struktur (Abstand) 2.2.4
Konvergenz 2.2.5.6
Körper **2.3.2**, 3.0.4
Linearer Raum **3.1.1**, 3.0.4
Abhängigkeit 3.1.2.2/3
Hilbertraum (Inneres Produkt) } 3.2.2
Banachraum (Norm) } 3.4.2
Determinanten 3.2.3.2(1, 2, 3)
Gruppe 3.4.4
(Lebesguesches) Volumenmaß 5.1.1
Sachgemäßes Problem 8.2.1

3. *Hierarchien von Funktionenmengen*

(Erläuterungen zu den Diagrammen auf Seite 226)

$f: \mathbb{R}|\mathbb{C} \to \mathbb{R}|\mathbb{C}$

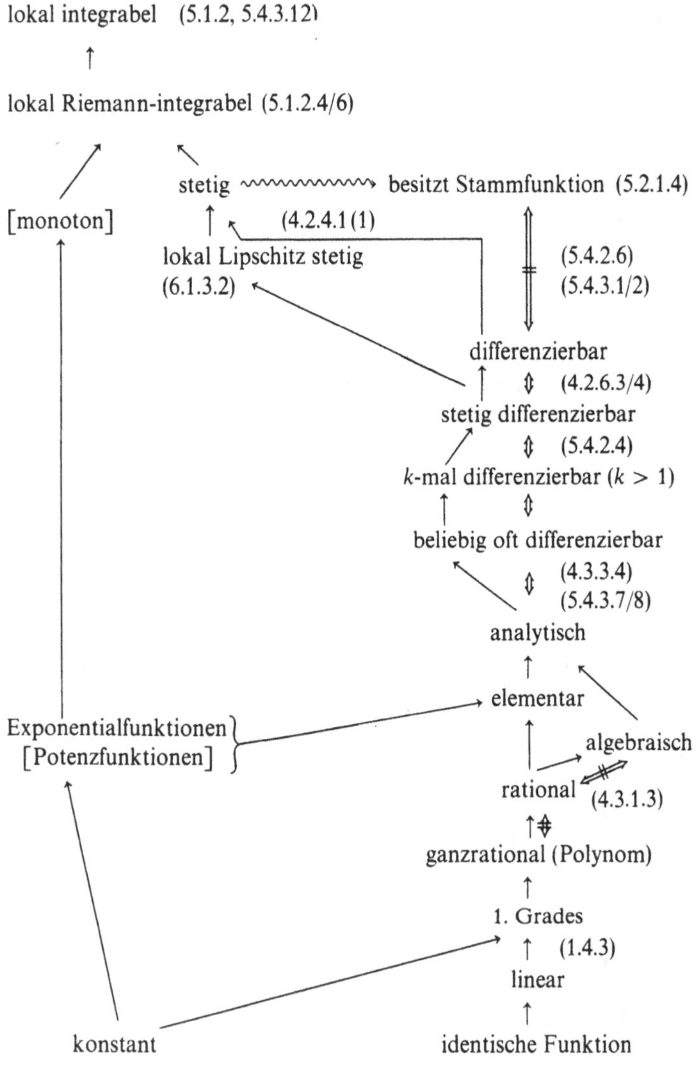

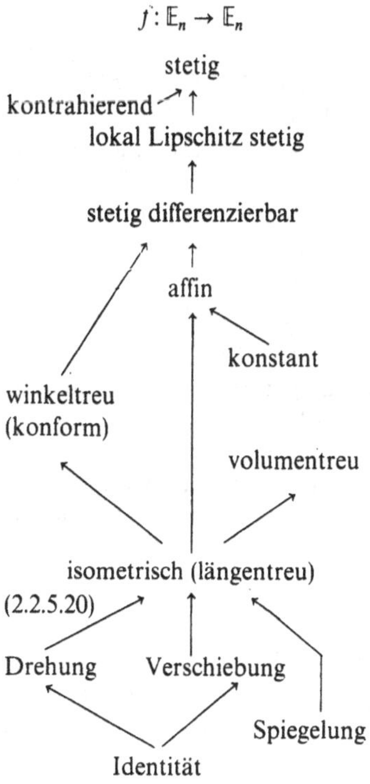
$f\colon \mathbb{E}_n \to \mathbb{E}_n$
stetig
kontrahierend
lokal Lipschitz stetig
stetig differenzierbar
affin
konstant
winkeltreu
(konform)
volumentreu
isometrisch (längentreu)
(2.2.5.20)
Drehung
Verschiebung
Spiegelung
Identität

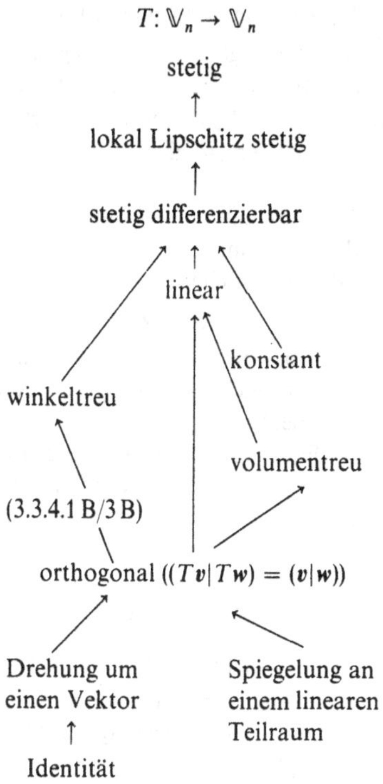
$T\colon \mathbb{V}_n \to \mathbb{V}_n$
stetig
lokal Lipschitz stetig
stetig differenzierbar
linear
konstant
winkeltreu
volumentreu
(3.3.4.1 B/3 B)
orthogonal $((T\boldsymbol{v}|T\boldsymbol{w}) = (\boldsymbol{v}|\boldsymbol{w}))$
Drehung um
einen Vektor
Spiegelung an
einem linearen
Teilraum
Identität

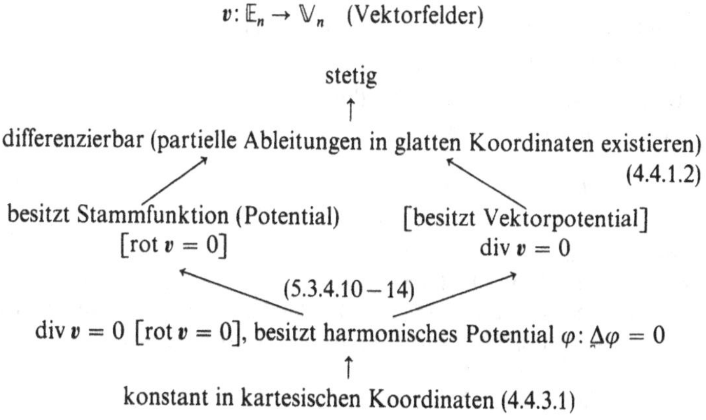
$\boldsymbol{v}\colon \mathbb{E}_n \to \mathbb{V}_n$ (Vektorfelder)
stetig
differenzierbar (partielle Ableitungen in glatten Koordinaten existieren)
(4.4.1.2)
besitzt Stammfunktion (Potential)
[rot $\boldsymbol{v} = 0$]
[besitzt Vektorpotential]
div $\boldsymbol{v} = 0$
(5.3.4.10 – 14)
div $\boldsymbol{v} = 0$ [rot $\boldsymbol{v} = 0$], besitzt harmonisches Potential φ: $\Delta\varphi = 0$
konstant in kartesischen Koordinaten (4.4.3.1)

In den Diagrammen bedeutet:

$a \to b$ Aus Eigenschaft „a“ folgt „b“

$a \rightsquigarrow b$ Im Falle $\mathbb{R} \to \mathbb{R}$: aus „$a$“ folgt „$b$“; im Falle $\mathbb{C} \to \mathbb{C}$: aus „$b$“ folgt „$a$“

$a \nLeftrightarrow b$ „a“ und „b“ sind gleichwertig im Falle $\mathbb{C} \to \mathbb{C}$

$a \Leftrightarrow b$ „a“ und „b“ gleichwertig im Falle $A \to \mathbb{C}$ (A offene Teilmenge von $\mathbb{C}$)

[a] Eigenschaft „a“ ist nur im Falle $\mathbb{R} \to \mathbb{R}$ bzw. nur im Falle $n = 3$ (bei $\mathbb{E}_n$) definiert.

lokal a: Eigenschaft „a“ gilt auf jedem Gebiet der Form

$\{t \in \mathbb{R}|\mathbb{C}| \, |t| \leqslant R\}$ bzw. $\{p \in \mathbb{E}_n|\mathbb{V}_n| \, |p| \leqslant R\}$ $(R \in \mathbb{R}^+)$

„integrabel“ im Falle $\mathbb{C} \to \mathbb{C}$ ist im Sinne von 5.4.3.12 zu verstehen

„volumentreu“ im Falle $\mathbb{E}_n \to \mathbb{E}_n$ (mit Maß μ gemäß 5.1.1) bedeutet: für alle meßbaren Mengen $A \subset \mathbb{E}_3$ ist $\mu(f(A)) = \mu(A)$

im Falle $\mathbb{V}_n \to \mathbb{V}_n$ (gemäß 3.2.3) bedeutet: $\det T = \pm 1$.

„winkeltreu“ ist die Analogie zu 5.4.2.2 für $\mathbb{E}_n$ bzw. $\mathbb{V}_n$, wobei allerdings nicht mehr zwischen positiven und negativen Winkeln unterschieden werden kann.

Das Diagramm $T: \mathbb{V}_n \to \mathbb{V}_n$ ist nur teilweise auf ∞-dimensionale Hilberträume übertragbar.

Weitere wichtige Funktionen zwischen $\mathbb{R}^k$, $\mathbb{V}_m$, $\mathbb{E}_n$ (siehe auch 3.1.3.11)

Koordinatentransformation (Umparametrisierung) $u: \mathbb{R}^k \to \mathbb{R}^k$ (umkehrbar eindeutig, beliebig oft differenzierbar)

Koordinaten $\varphi: \mathbb{E}_n \to \mathbb{R}^n$ (umkehrbar eindeutig)

[transformiert: $\tilde{\varphi} = u \circ \varphi: \mathbb{E}_n \to \mathbb{R}^n \to \mathbb{R}^n$]

Kurven, Flächen, Körper $\gamma: \mathbb{R}^k \to \mathbb{E}_n$ ($k \leqslant n$; stetig)

[umparametrisiert: $\tilde{\gamma} = \gamma \circ u: \mathbb{R}^k \to \mathbb{R}^k \to \mathbb{E}_n$]

Skalarfelder $s: \mathbb{E}_n \to \mathbb{R}$

Linearformen $f: \mathbb{V}_n \to \mathbb{R} = \mathbb{V}_1$ (linear)

Linearformenfelder $f: \mathbb{E}_n \to \mathbb{V}_n^*$ („Gradientenfeld“)

4. *Beispiele mit physikalischen Begriffen*

Balken 6.2.0.2 (iii), 6.2.3.3/4/6, Abb. 6.7 – 9/11 – 14

Drehimpuls 5.3.3.5, 5.3.4.9, 9.1.1

elektrisches Feld einer Ladung 5.3.4.16

elektrischer Stromkreis 1.1 (*), 1.3.5.4, 1.4.4, 5.2.2.6 (iii) (→ Schwingkreis)

Energie 4.4.3.9 (iii), 5.2.2.6 (iii), 6.0.1.3 (iii), 6.0.2.10, 6.2.2.14, 8.2.2.7 .

Frequenzspektrum 7.3.1, 8.2.2.7

Geschwindigkeit 4.1, 4.2.5.10, 4.4.2.2

9.4 Liste der Symbole und Abkürzungen

I. Symbole aus Buchstaben

$\mathfrak{A}(M)$	Menge der meßbaren Teilmengen von M (5.1.1.17)
$\mathscr{C}$, $\mathscr{C}(A)$	Menge der stetigen Funktionen (mit Definitionsmenge A)
$\mathscr{D}$, $\mathscr{D}^*$	Mengen der Testfunktionen bzw. Distributionen (7.2.3)
$\mathscr{F}(A \to B)$	Menge der Funktionen $f\colon A \to B$
$\mathscr{L}(\mathbb{V} \to \mathbb{W})$, $\mathscr{L}_c(\mathbb{V} \mapsto \mathbb{W})$	Menge der linearen bzw. stetigen linearen Funktionen
$\mathscr{L}(\mathbb{V}, \mathbb{V}' \to \mathbb{W})$	Menge der bilinearen Funktionen von $\mathbb{V} \times \mathbb{V}'$ nach $\mathbb{W}$ (3.1.3.1)
$\mathfrak{P}(M)$	Menge der Teilmengen von M (Potenzmenge) (1.3.2.1)
$\mathbb{C}$, $\mathbb{D}$, $\mathbb{D}_n$, $\mathbb{N}$, $\mathbb{Q}$, $\mathbb{R}$, $\mathbb{R}^+$, $\mathbb{R}_0^+$, $\mathbb{R}^-$, $\mathbb{Z}$	komplexe, Dezimal-, n-stellige Dezimal-, natürliche, rationale, reelle, positiv reelle, nicht negative reelle, negative reelle, ganze Zahlen
$\mathbb{D}_\infty$	nichtabbrechende Dezimalbrüche
$\mathbb{E}$, $\mathbb{E}_n$	Euklidischer Raum (n-dimensional)
$\overline{\mathbb{R}} = \mathbb{R} \cup \{\pm\infty\}$	erweiterte Zahlengerade (2.2.2.4)
$\mathbb{V}$, $\mathbb{W}$, $\mathbb{V}$, $\mathbb{V}_n$, $\tilde{\mathbb{V}}$	Lineare Räume (n-dimensional)

$\forall, \not\forall, \exists, \nexists, \exists!$	Für alle, nicht für alle, es existiert, es existiert nicht, es existiert genau ein (1.3.3)
$O(h), o(h)$	„Ordnung" (4.2.2)
$\circ, f \circ g$	Verkettung von g mit f (1.3.5.4)
O	Ursprung, Nullpunkt („origo")
$\mathbf{0}, \boldsymbol{o}$	Nullvektor
$\emptyset$	leere Menge
$\Gamma, \Gamma(x)$	Gammafunktion (5.2.2.7)
∂B	Rand von B (2.2.5.13)
$\partial_k f(x_1,\ldots,x_n) = \dfrac{\partial f}{\partial x^k}$	partielle Ableitung nach der k-ten Variablen
$\delta_p, \delta_0 = \delta(t), \delta_n(t)$,	Delta-»Funktion« (3.1.3.13, 7.2.1/4/6)
$\delta_l^k = \delta_{kl}$	„Kronecker-Symbol", Koordinaten von $\mathrm{id}_{\mid V_n}$ (3.1.3.9)
$\delta(x, y)$	Abstand von x und y (2.2.4.3)
δ_m	Länge des m-ten Folgenabschnittes (2.2.5.8)
Δ	„Differenz", etwa $\Delta x = x_2 - x_1$
Δ	„Laplace-Operator", etwa $\Delta u = 0$: Potential-DGl
$\in, \notin$	ist Element von, ist nicht Element von
$\varepsilon_{kl}, \varepsilon_{klm}$	„Permutationssymbol" (3.1.4.7)
η, η_{klm}	schiefer Tensor (3.2.4.1)
g, g_{ab}	metrischer Tensor (3.2.1.1)
$\mu, \mathrm{d}\mu, \mathrm{d}\mu(x, y)$	Maß (Lebesgue-Maß) (5.1.1)
$\sigma, \mathrm{d}\sigma, \dot{\sigma}, \mathrm{d}\boldsymbol{\sigma}, \dot{\boldsymbol{\sigma}}$	Volumenelemente bei der Integration (5.3.2)
$\Sigma, \Sigma_k, \sum\limits_{k=1}^{n}, \overset{\infty}{\Sigma}, \sum\limits_{k=1}^{\infty}$	Summe (Summationsindex k) bzw. Reihe
∇	„Nabla" (4.4.3) symbolischer Vektor $(\partial_x, \partial_y, \partial_z)$
$\square$	„Quabla", Wellenoperator, d'Alembertoperator (8.1.0.1)
$\blacksquare$	Ende eines Abschnittes, Beweises

2. Unterscheidungszeichen

$a', \bar{a}, \tilde{a}, \hat{a}, a^+, a^-, a_0$ u. ä.	zur Unterscheidung von „a"
$n!$	n-Fakultät (2.1.1.5)
$n\vert$	Nachfolger von n (2.1.1.1)
$\hat{f}$	Fouriertransformierte von f (7.3)
$^*a$	polarer Tensor (4.4.3.3)
a^*	adjungiert, dual (Tensor, Matrix) (3.1.3.5/9)
a^k	k-te Koordinate des Vektors oder Punktes $\boldsymbol{a}$ oder: k-te Potenz von a
a_k	k-te Koordinate der Linearform $\boldsymbol{a}$ oder: k-tes Glied der Folge $\{a_n\}$
a_n^m	Koordinate einer linearen Transformation, Matrixkoeffizient (m-te Zeile, n-te Spalte), Glied einer Doppelfolge (n-tes Glied der m-ten Folge) (2.2.5.6)
$a_{n'}$	Teilfolge von $\{a_n\}$ oder Koordinate von $\boldsymbol{a}$ in Basis $\boldsymbol{e}'_{(k)}$
a'_n	Folge mit gleichem Grenzwert wie $\{a_n\}$

$a^m_{(n)}$	m-te Koordinate des n-ten Vektors
$a^{m'}_{n'}$, $a^{\bar{m}}_{\bar{n}}$	Koordinate der Transformation A in der Basis $e'_{(k)}$, $\bar{e}_{(k)}$
A^m_n	Untermatrix (3.3.1.5)
$a^m_{n'}$, $a^{m'}_n$	Transformationskoeffizienten
a^{-1}	bei Zahlen: $1/a$, bei Funktionen: Umkehrfunktion (1.3.5.5)
$e_{(k)}$, $e^{(k)}$	k-ter Vektor einer Basis (der dualen Basis)
$q \cdot h^{(2)} = q(h,h)$	Bilinearform als „quadratische Form" (4.2.7.2)
$T^{(k)} = T \circ T \circ \cdots \circ T$	»Potenzen von Transformationen« (4.3.4.4)
$a^{(0)} = a, a^{(1)} = \dot{a}, a^{(2)} = \ddot{a}, \ldots, a^{(k)}, \ldots$	Ableitungen im dynamischen Konzept (4.1.1, 4.3.1.4)
$a^{(0)} = a, a^{(1)} = a', a^{(2)} = a'', \ldots, a^{(k)}, \ldots$	Ableitungen als lineare Näherungen (4.2.3/7)
t_N, t_E, t_W	Lage von Nullstellen, Extrema, Wendestellen (4.3.5)
$\bar{z}$	zu z konjugiert komplexe Zahl (2.3.2.11) oder: wahrer Wert (gegenüber dem Näherungswert z) (2.2.3.4)
$\bar{A} = A \cup \partial A$	Abschluß der Menge A (2.2.5.13)
$\bar{8}$	8-Periode
$\bar{\varphi}$	gestreckter Winkel (2.3.1.3)
${}_0a$, a_0	Anfangswert bei DGlen
$\widehat{pq}$, $\overline{pq}$	Kurve von p nach q, Gerade von p nach q

3. Klammern und senkrechte Striche

(...), [...]	in üblicher Weise als Klammern benutzt
$(a;b)$	Das von a und b gebildete Paar (von $(b;a)$ zu unterscheiden)
$(\boldsymbol{a}\vert\boldsymbol{b})$	inneres Produkt (3.2.2)
$(\boldsymbol{a} \wedge \boldsymbol{b})$, $*(\boldsymbol{a} \wedge \boldsymbol{b})$	äußeres Produkt (3.2.3/4)
$[\boldsymbol{a}, \boldsymbol{b}] = \boldsymbol{a} \times \boldsymbol{b}$	Kreuzprodukt (3.2.4.3)
$[a;b]$, $]a;b]$, $[a;\infty[$, usw.	Intervalle (2.2.2.4)
$q_{(kl)}$, $q_{[kl]}$	symmetrischer bzw. schiefer Anteil von q (3.1.4.7(4))
$e_{(k)}$, $h^{(k)}$	(geklammerte Indizes, siehe oben in 2)
$\begin{pmatrix} a & b \\ c & d \end{pmatrix} = \begin{bmatrix} a & b \\ c & d \end{bmatrix}$	Matrix
$\binom{m}{n}$	Binomialkoeffizient (2.1.1.7)
$\{a, b, \ldots, d\}$, $\{a \in M \vert p(a)\}$	Mengen (1.3.2)
$\begin{cases} a & \text{(Fall 1)} \\ b & \text{(Fall 2)} \end{cases}$	Fallunterscheidung
$\vert a\vert$	Betrag von a (2.2.3.1)
$\begin{vmatrix} a & b \\ c & d \end{vmatrix}$	Determinante (3.2.3)
$\Vert a\Vert$, $\Vert a\Vert_k$ $(k = 1, 2, \infty)$	Norm von a (2.2.4, 3.2.2.4)
$\Vert a - b\Vert$	Abstand zwischen a und b (2.2.4.3/7)
$\mathbb{R}\vert\mathbb{C}$	„$\mathbb{R}$ oder $\mathbb{C}$, je nachdem"
$m\vert n$	m ist Teiler von n (2.2.2.1)

$k\vert$	Nachfolger von k (2.1.1.1)
f/g	f durch g
$\notin, \not\perp, \nexists, \neq, \not\to$ usw.	Negation einer Beziehung
$f(x)\vert_a^b = [f(x)]_a^b = f(b) - f(a)$,	
$f(x)_{\vert a} = f(a)$	
$f_{\vert A}$	Restriktion von f auf A

4. Pfeile

$A \to B$	Die Menge A wird in B abgebildet
$a_n \to a$	a_n konvergiert gegen a
$a \to \tilde{a}$	a geht über in $\tilde{a}$ (Variablen-, Koordinaten-, Fouriertransformation)
$a \leftrightarrow \tilde{a}$	a entspricht $\tilde{a}$
$a \mapsto f(a)$	Der Variablen a wird der Funktionswert $f(a)$ zugeordnet
$a \Rightarrow b$	aus „a" folgt „b", anders gesagt: „nicht a" oder „b"
$a \Leftrightarrow b$	a ist gleichwertig mit b
$a :\Leftrightarrow b$	a wird definitionsmäßig mit b gleichgesetzt
$\vec{a}$	Vektor
$\uparrow\boldsymbol{a}, \downarrow\boldsymbol{a}$	Übergang zum dualen Vektor (4.4.3.3)
$a \curvearrowright b$	a gilt. Daraus folgt dann auch b

5. Sonstige Symbole

$f \circ g$	Verkettung (1.3.5)
$A \times B$	Mengenprodukt (1.3.2.1)
$m \times n$	$m \cdot n$ (in m Zeilen und n Spalten angeordnete Elemente)
$\boldsymbol{v} \times \boldsymbol{w}$	Kreuzprodukt (3.2.4.3)
$\boldsymbol{v} \otimes \boldsymbol{w}, \mathbb{V} \otimes \mathbb{W}$	Tensorprodukt (3.1.3.2(*), 3.1.4.7(2))
$V \oplus W$	Summe von linearen Räumen (3.1.3.2)
$a \pm b$	$a + b$ oder $a - b$ je nachdem
$\int, \int_B, \int_a^b = \int_{[a;b]}, \iint, \iiint, \oint, \oiint$	Integrale (5.1.0.3, 5.3.3.3, 5.3.4.1)
$a < b, a \leqslant b, a > b$	a kleiner, nicht größer, größer als b
$a \ll b$	a vernachlässigbar klein gegenüber b
$a \prec b$	a ist im Sinne der Ordnung „$\prec$" kleiner als b
$a = b, a \neq b, a \approx b$	a ist gleich, ungleich, ungefähr gleich b
$a := b$	a wird gleich b gesetzt (nach Definition)
$a \sim b$	a steht zu b in der Relation „$\sim$" (oft: a ist äquivalent zu b in einem bestimmten Sinne) oder: a proportional zu b
$f(x) \equiv g(x)$	Die Funktionen f und g stimmen für alle Werte der Variablen überein ($f = g$ sagt dasselbe, $f(x) = g(x)$ hingegen nicht!)
$A \cup B, A \cap B, \complement A, A \setminus B, \bigcup_i A_i, \bigcap_i A_i$	Mengenoperationen (1.3.2.2)
$A \subset B, A = B$	A ist enthalten in, ist gleich B
$\sphericalangle(\boldsymbol{v}, \boldsymbol{w})$	Winkel zwischen $\boldsymbol{v}$ und $\boldsymbol{w}$
(*), (**)	Marke für wichtige Formel usw., (um sich einfach auf diese Formel beziehen zu können), Hinweise auf Fußnoten

6. Abkürzungen

arc	Arcus (2.3.1.1)
arcsin, arctan	Umkehrfunktionen zu sin, tan
ARW, ARWP	Anfangsrandwert(problem)
cos	Kosinusfunktion (2.3.1.2)
det	Determinante
div	Divergenz (4.4.3.4)
DGl, DGlen	Differentialgleichung(en)
dim	Dimension (3.1.2.4)
EW, EWP	Eigenwert(problem)
exp	Exponentialfunktion
ggf.	gegebenenfalls
ggT	größter gemeinsamer Teiler
grad	Gradient (4.4.3.4)
Grad(f)	Grad des Polynoms f (4.3.2.3)
id	Identische Abbildung/Funktion
inf	Infimum, untere Grenze (2.2.2.5)
Im(z)	Imaginärteil von $z \in \mathbb{C}$ (2.3.1.1)
Iso-...	Mengen gleicher...
kgV	kleinstes gemeinsames Vielfache
lim, $\lim\limits_{n\to\infty}$, $\lim_n$	Grenzwert (für $n \to \infty$)
$\lim\limits_{a\to b} f(a)$	Grenzwert von $f(a_n)$ für alle Folgen $a_n \to b$
lin	linear
log	Logarithmus (natürlicher) (2.3.2.7(J))
max, max A	Maximum (der Menge A) (2.2.2.5)
$\max\limits_{x\in A} f(x)$, $\max\limits_{A} f(x)$	Maximum der Wertemenge $f(A)$
min	Minimum
o. ä.	oder ähnliches
Re(z)	Realteil von $z \in \mathbb{C}$ (2.3.1.1)
rot	Rotation (4.4.3.4)
RW, RWP	Randwert(problem)
sgn	Signumfunktion, Vorzeichen (2.2.3.1)
sin	Sinusfunktion (2.3.1.2)
Spur(T)	Spur der Transformation/Matrix T (3.1.4.7)
sup	Supremum (2.2.2.5)
$\sup\limits_{a} f(a,b)$	das (von b abhängige) Supremum bei festem b über alle zugelassenen a
tan	Tangensfunktion (2.3.1.2)
u. a., u. ä.	und anderes (ähnliches)

9.5 Sachwortverzeichnis

Seitenzahlen hinter „I" beziehen sich auf den ersten Teilband. Aufgeführt werden Begriffserklärungen (fett gedruckt) und Stellen, darunter auch Abbildungen und Fußnoten, mit wichtigen Aussagen über diesen Begriff (in Klammern, falls das Stichwort nicht ausdrücklich genannt wird).

Vollständigkeit wird dabei nicht angestrebt (es wäre etwa kaum sinnvoll, jedes Auftreten des Wortes „Funktion" zu registrieren); in Ergänzung zu dieser Liste sollen die anderen Register in Kap. 9 und das Inhaltsverzeichnis benutzt werden.

Bei Begriffen aus mehreren Worten wird (unüblicherweise) nach dem Adjektiv bzw. dem Eigennamen, nicht nach dem Substantiv geordnet (so findet sich „erweiterte Zahlengerade" unter E, „Satz des Pythagoras" unter P, nicht unter S).

Berichtigungen zu Teilband I

VIII, 7. v. o.	4.3.4 statt 4.4.2
40, 4. v. o.	$0{,}\bar{3} \cdot 3 = 0{,}\bar{9}$
49, 13. v. u.	$a < -1$ statt $a \leqslant -1$
54, 1. v. o.	„*vollkonvex*" bezüglich der Metrik $\|.\|$ statt „*konvex*"
55, 1. v. u.	in $\bar{\mathbb{R}}$ statt in $\mathbb{R}$
64, 14. v. u.	$A \subset f^{-1}$ statt $A = f^{-1}$
67, 10. v. u.	$a = \sin$ statt $a' = \sin$
71, 2. v. o.	$\|z_1\| \cdot \|z_2\|$ statt $\|z_1\| \cdot z_2\|$
77, 4. v. u.	die monoton bezüglich $\prec$ wachsenden
84, 5. v. u.	$\sum_{k=0}^{n}$ statt $\sum_{k=0}^{\infty}$ (zweimal)
94, 4/5 v. o.	Linearformen $f \in \mathbb{W}^*$ Linearformen $f \circ T \in \mathbb{V}^*$ zuordnet
100, 3. v. o.	Geraden $\{f(\boldsymbol{v}) = 0 \text{ bzw. } 1\}$
116, 7. v. o.	$\boldsymbol{\Sigma}_m$ statt $\boldsymbol{\Sigma}_l$
133, 5. v. u.	$\|f(\boldsymbol{v} - \boldsymbol{w}, \tilde{\boldsymbol{v}} - \tilde{\boldsymbol{w}})\|$ statt $\|f(\boldsymbol{v}, \tilde{\boldsymbol{v}}) - f(\boldsymbol{w}, \tilde{\boldsymbol{w}})\|$
136, 12. v. o.	(H 4 bzw. B 4) statt (4), (H 5 bzw. B 5) statt (5)
137, 10. v. o.	$\alpha f(\boldsymbol{e})$ statt $a f(\boldsymbol{e})$
138, 8. v. o.	ergänze: für alle drei betrachteten Normen $\|.\|_{1,2,\infty}$
139, 10. v. u.	ergänze: Auch $\|T\|_s := \max\|\lambda_k\|$ ist eine Norm, die oft als „Spektralnorm" bezeichnet wird. Es gilt $\|T\|_s \leqslant \|T\|$.
159, 9. v. u.	$2^{-3/2}$ statt $2^{-1/2}$
163, 12. v. u.	partiellen Ableitungen 2. Ordnung
170, 12. v. u.	$\|f'(f(d))^{-1}\|$ statt $\|f'(f(d))\|$
173, 17. v. o.	$f \cdot h \cdot h = 0$
174, 5. v. o.	$\text{const.}/z \cdot e^{z^2}$ statt $0/e^{z^2}$.
175, 16. v. u.	$\varphi(x, y) = 0$ statt φ
13. v. u.	$\frac{\partial f}{\partial x}(x, y)\Big\|_{x = x_E,\, y = g(x_E)}$ statt $\frac{\partial f}{\partial x}(x_E)$; entsprechend bei $\frac{\partial f}{\partial y}$
3. v. u.	$\partial_y f - \lambda \partial_y \varphi = 0$
14, 19. v. o.	2.2.5.2 statt 2.2.5.1
35, 10. v. o.	2.1.1.7 statt 2.1.1.6

76, 2. v. o.	$e^{i\varphi/n}$ statt $e^{i\pi/n}$
97, 13, v. u.	A_n^* statt $(A_n)^*$
101, 7. v. u.	$T \circ U$ statt $T \cdot U$
102, 3. v. o.	$v \cdot w = -1/9$ statt $-1/3$
116, 10. v. u.	$A_{l'}^{k'} A_{m'}^{l}$ statt $A_{l'}^{k} A_m^l$
118, 6. v. u.	$*(w \wedge z)$ statt $(w \wedge z)$
148, 12. v. u.	$(k-1)$-ter Ordnung statt k-ter Ordnung
161, 13. v. o.	ergänze: $f(g^1(t), g^2(t), \ldots, g^m(t))$ wird zu $f(g^l(t))$ oder zu $f(g(t))$ abgekürzt
168, 7. v. u.	$\|x_1 - x_0\| \cdot M^{n-1}$ statt $\|\tilde{x}_1 - x_0\| \cdot M^n$
175, 6. v. o.	$4z$ statt $2z$